KB064111

초파리

Fly
an Experimental Life

생물학과 유전학의
역사를 바꾼 숨은 주인공

초파리

마틴 브룩스 지음
이충호 옮김 | 전주홍 감수

갈매나무

| 개정판 추천의 글 |

숨은 영웅에게 바치는 헌사

나는 유전자 네트워크를 분석하여 암세포의 생물학적 특징을 이해하고 새로운 치료전략을 개발하는 연구를 진행하고 있다. 암생물학 분야에서 유전자 연구는 상당히 중요한 의미를 지닌다. 유전자 돌연변이가 축적되다 보면 우리에게 치명적인 암세포가 나타나기 때문이다. 그래서 유전자를 연구하면, 어떻게 암세포가 끊임없이 성장할 수 있는지, 암세포는 어떻게 항암치료제의 효과를 무력하게 만드는지 등에 대한 비밀을 파헤칠 수 있다. 이렇듯 유전자는 질병을 이해하고 치료하는 중요한 열쇠가 된다.

오늘날 암 치료의 패러다임은 정밀의학 중심으로 크게 바뀌고 있다. 쉽게 말해 암 조직에서 일어난 유전자 변이를 검사한 후 환자 개인에게 가장 효과적인 표적치료제를 처방한다는 뜻이다. 그래서 정밀의학의 탄생은 유전학의 역사라는 대서사시를 빼놓고 설명하기 어렵다. 이런 이유에서 나는 수업 시간에 유전자에 관해 설명할 때면 늘 찰스 다윈, 그레고어 멘델, 토머스 헌트 모건, 오즈월드 에이버리, 제임스 왓슨, 프랜시스 크릭, 프레더릭 생어 등 유전학 분야에서 내로라하는 과학자들이 이루어낸 위대한 업적을 소개한다.

얼마 전 갈매나무 출판사로부터 《초파리, 생물학과 유전학의 역사를 바꾼 숨은 주인공》(이하 《초파리》) 개정판에 대한 감수와 추천사를 부탁받았다. 우선 그다지 주목받지 못하는 초파리를 전면에 내세워 주인공으로 부각하는 점이 시선을 끌었다. 또한 초파리라는 창으로 생물학과 유전학의 역사를 조망하는 시도가 신선해 보였다. 지금껏 초파리를 이용하여 직접 실험을 해 본 적은 없지만, 현재 유전자 연구를 진행하고 있는 처지에서 그리고 유전학과 발생학 지식의 상당 부분이 초파리 연구로부터 얻은 것임을 잘 알기에, 충분히 읽어볼 만한 가치가 있다고 생각했다.

《초파리》를 읽은 지 얼마 지나지 않아 나도 모르게 감탄과 탄식이 새어 나왔다. 어떻게 지금까지 이 책을 모르고 있었을까. 초파리의 공은 박물학의 전통을 실험생물학으로 바꾸어 놓았다는 데에 그치지 않는다. 알고 보면 초파리는 생물학의 역사에서 큰 변곡점을 맞이할 때마다 늘 그 자리를 지켰던 주인공이었다. 그 주인공 덕분에 우리는 생명의 비밀을 쥐고 있는 유전자의 실체에 접근할 수 있게 되었다. 이 책은 그 주인공의 모습을 생생하게 들춰낸 유쾌한 도발이다. 이제라도 이 책을 읽고 추천할 수 있어 얼마나 큰 다행인가.

《초파리》는 과학계의 가십거리를 골라 재미 삼아 소비하는 그런 책이 아니다. 결코, 가볍거나 허술하거나 식상하게 글을 풀어내지 않는다. 그렇다고 해서 전혀 어렵거나 지루하거나 진부하지도 않다. 시종일관 진중하게 초파리 연구를 통해 얻은 과학 지식을 설명하고 있지만, 때로는 소설을 읽는 듯 상상력을 자극하고 때로는 역사의 현장 속으로 직접 빨려 들어가는 듯하다. 바로 눈앞에서 초파리 실험이 생생하게 펼쳐질 뿐만 아니라 과학자의 열정과 고뇌 그리고 좌절과 절망도 고스란히 느껴진다. 과학과 문학을 넘나들기에 《초파리》는 더욱 매력적이다.

1970년대 이후 유전공학기술이 급속히 발전되자 암호화된 유전정보를 완전히 해독하려는 기획은 돈키호테의 꿈에 머무르지 않고 상상력 밖으로 뛰쳐 나와 현실이 되었다. 바로 사람 유전체 프로젝트 착수로 구체화한 것이다. 이를 두고 1980년 노벨화학상 수상자 월터 길버트는 “우리가 누구인지를 밝히는 성배를 찾는 작업이 이제 그 정점에 도달했습니다”라고 선언하기도 했다. 유전자는 성배이고 분자유전학자는 아서왕의 기사가 된 것이다.

하지만 1900년 윌리엄 캐슬이 초파리를 실험실에 데뷔시키지 않았더라면, 이어 토머스 헌트 모건이 돌연변이 초파리와 사투를 벌이지 않았더라면, 감히 성배를 찾아 떠날 생각을 할 수 있었을까? 19세기에 제안된 카를 에른스트 폰 베어의 발생 이론, 찰스 다윈의 진화 이론, 그레고어 멘델의 유전 이론의 생물학적 원리는 초파리의 인도를 받아 비로소 물질적 기반 위에서 새롭게 쓰일 수 있었다. 《초파리》가 다루는 과학 이야기는 발생학, 진화생물학, 유전학에 그치지 않는다. 노화생물학과 뇌신경과학의 발전에 초파리가 어떻게 이바지했고 세계에 대한 인식의 범위를 얼마나 넓혔는지, 이 책은 호소력 있게 전달한다.

책 제목을 보고 초파리 연구 결과만 쉽게 풀어 쓴 책이라고 생각하면 완전히 오판이다. 《초파리》를 읽다 보면 이내 토머스 쿤이 쓴 《과학혁명의 구조》의 생물학 버전을 읽는 듯한 착각에 빠지기도 한다. 테오도시우스 도브잔스키의 생물학적 종이라는 개념이 종에 관한 우리의 생각을 얼마나 속박했는지, 토머스 헌트 모건이 왜 찰스 다윈과 그레고어 멘델을 비판했는지도 흥미진진하다. 그다지 알려지지 않았던 저명 과학자의 삶을 새롭게 조망해 볼 수도 있다는 점 또한 빼놓을 수 없는 이 책의 재미다. 도브잔스키와 앨프리드 스터티번트의 갈등을 보고 있노라면, 실험실이라는 공간 역시 사람 냄새 나는 곳임을 새삼 느끼게 된다.

영화 〈가타카〉는 유전자 계급사회에 대한 논란에 불을 지핀 바 있다. 몇 년 전 중국에서 디자이너 베이비가 실제로 탄생하여 파란을 일으켰다. 사실 자연을 개량하려는 인류의 실험은 오래전부터 이어져 왔다. 이런 실험을 시도하지 않았다면 신석기 혁명을 이끈 일부 동물과 식물의 가축화와 작물화도 없었을 것이다. 플라톤과 아리스토텔레스 이래로 인간을 개량하려는 욕망 역시 꾸준히 이어져 왔다. 19세기 말 탄생한 프랜시스 골턴의 우생학은 이런 욕망의 과학적 지위를 확보하려는 기획이었다. 물론 이제는 국가 주도의 극단적인 우생학은 폐기되어 사라졌지만, 대중문화 속에서 우생학적 관념이 완전히 사라졌다고 보기 어렵다.

바이오 신약 개발, 유전자 변형 식품 등에서도 볼 수 있듯 유전자 조작 기술의 발전에 대한 기대와 우려가 교차하고 있다. 역사학자 펠리페 페르난데스아르메스토는 "유전학을 통해 떠올릴 수 있는 가장 두려운 일은 유전학이 인간을 변화시킬 것이라는 사실이 아니라 인간의 삶을 변화시킬 것이라는 사실입니다"라고 언급한 바 있다. 그렇다면 어떻게 해야 바이오 대전환 등의 문명사적 대전환 한가운데에서 현명하게 살아갈 수 있을까? 불필요하고 소모적인 염려와 논쟁을 멀리하고 생산적이고 건강한 사유가 그 어느 때보다도 절실히 필요하다.

야만의 시대에서 지성의 시대를 열어 준 초파리는 탈진실과 반

지성의 위험에 놓인 우리에게 다시 한번 큰 울림을 준다. 이것이 우리가 《초파리》를 일독해야 할 충분한 이유다. 나 역시 이제 강의 내용에 초파리를 추가할 것이다.

전주홍 서울대학교 의과대학 생리학교실 교수

| 초판 추천의 글 |

"초파리를 빼놓고 생물학을 논하지 말라"

이 책의 프롤로그에는 본론을 시작하기에 앞서 초파리가 생물 실험에 널리 쓰이는 까닭을 다음과 같이 설명하는 부분이 있다.

> "작은 크기와 까다롭지 않은 습성 때문에 초파리는 기르고 먹이는 데 비용이 얼마 들지 않는다. 500ml크기의 우유병에 썩어가는 바나나 한 조각만 넣어 두면 초파리 200마리가 2주일 동안 행복하게 살 수 있고, 초파리는 암컷 한 마리가 알을 수백 개나 낳기 때문에 번식시키기도 쉽다. 게다가 초파리는 한 세대가 사는 시간도 짧다. 태어나서 생식하고 죽기까지 불과 몇 주일밖에 걸리지 않는다."

초파리를 전공하는 내 제자 하나도 그놈들을 채집하느라고 숲

속, 강가 여기저기에 바나나 껍질을 놓아두고는 했다. 초파리를 직접 구해 보고 싶다면 집에서 베란다나 마당에 커다란 대접 같은 것을 준비하고 과일 껍질을 모아 놔둬 보라. 어느새 어디서 왔는지도 모를 작은 파리들이 들끓기 시작할 것이다. 흐물흐물 발효하는 껍질을 살짝 들춰 보면 파리 알, 구더기, 번데기도 쉽게 만날 수 있어 실험실이 따로 없다. 얼마 뒤에 그릇을 툭 쳐 보면 수백 마리, 아니 수천 마리의 초파리가 떼거리로 날아오른다. 이때 나는 초파리 떼에 머리를 쑤셔 박고 도리질하면서 즐기기도 한다.

과일 껍질이 알코올 발효를 하고 이어서 초산 발효를 하니, 초파리들은 그렇게 술과 식초를 먹이로 삼고 살아가는 셈이다. 실제로 초파리는 알코올 분해 효소인 ADH, ALDH를 많이 가지고 있다. 그래서 나는 농담으로 선천적으로 알코올 분해 효소가 없어 술을 입에도 대지 못하는 사람들을 '초파리만도 못한 사람'이라 표현하는가 하면, 야생 초파리들의 눈이 붉은 것은 술을 많이 마신 탓이라고 비뚜름하게 말하기도 한다.

초파리는 다양한 생물학 실험에 필요한 중요한 요건을 충분히 갖춘 실험 재료이다. 이미 초파리에 관해 10만여 편의 논문이 나왔고, 오늘날에도 매일 새로운 논문이 쏟아지고 있다. 초파리를 통해 최초의 유전자 지도가 만들어졌으며, 돌연변이 이해를 위해 초파리 염색체에 X선을 쬐기도 했다. 또한 수정란이 어떻게 완전한 생물로 발달할 수 있는가의 해답도 초파리에서 찾았으며, 심지어 사람의 배아 발생 연구에도 초파리의 도움이 컸다. 이 책은 초파리 연구의 업적이 생물학에 끼친 영향을 보여 주고 있다. 다윈의 자연 선택설을 빼고 생물학을 논할 수 없듯이, 초파리를 빼고는 지금의 빛나는 생물학을 이야기하기 힘들 것이다.

저자는 이 책에서 지난 100여 년 동안 초파리가 실험동물로 살아온 역사를 돌아보고 하나의 미천한 생물이 20세기 생물학에 어떻게 큰 도움을 주었는지 엿볼 수 있는 기회를 제공하고자 한다. 책은 모두 8부로 구성되었다. 초파리의 수컷에 존John, 암컷에 요코Yoko라는 이름을 붙여 무미건조하기 쉬운 과학 글을 재미난 이야기로 전개하는 것부터가 예사롭지 않다.

1부에서는 '초파리의 아버지'라 할 수 있으며 초파리를 생물학계의 총아로 만든 인물인 토머스 헌트 모건Thomas Hunt Morgan이 초파리와 만나게 되는 흥미진진한 이야기를 다룬다. 2부에서는 돌연변이mutation의 원리를 초파리에서 찾고 있으며, 3부에서는 모건에 버금가는 테오도시우스 도브잔스키Theodosius Dobzhansky가 진화유전학evolutionary genetics을 탄생시킨다는 이야기를 들려준다. 시험관에서 초파리를 꺼내 T자 모양의 미로에서 행한 여러 실험으로 초파리의 학습을 연구한 내용에 관한 4부, 초파리 암수의 사랑 이야기를 다룬 5부도 흥미롭다. 6부에서는 지금 한창 연구가 진행 중인 노화 원리를 이미 초파리에서 찾고 있고, 7부에서는 하와이의 초파리들을 연구하면서 세계적으로 2000종이 넘는 초파리가 생겨난 까닭을 파고든다. 8부에서는 초파리 게놈genome의 염기 서열 분석에 관해 자세히 논하고 있다.

마지막에 소개되는 '초파리에 대해 잘 알려지지 않은 사실'도 독자들의 흥미를 끌기에 충분하다. "한 쌍의 초파리는 2주 만에 새끼를 약 200마리나 쉽게 낳을 수 있다. 만약 이 각각의 초파리와 그 모든 후손이 계속 이런 식으로 번식한다면, 1년 뒤에는 1000×1조×1조×1조×1조×1조 마리의 초파리가 생길 것"이라니, 정말 놀랍지 않은가.

책을 읽다 보면 초파리를 통해 생물계 전반에 대한 이해를 넓힐 수 있고, 연구실에서 인생을 다 보내는 학자들의 즐거움과 슬픔도 함께 느낄 수 있을 것이다. 이 책은 또한 특별히 깊은 생물 지식이 없어도 흥미진진하게 읽을 수 있어 좋다. 요약하자면, 이 책은 초파리 연구의 역사이면서 초파리가 주인공으로 등장하는 한 편의 과학 소설이라 할 수 있을 것이다. 호기심 왕성한 청소년들, 혹은 나이와는 관계없이 초파리라는 곤충에 궁금증을 느끼는 이들이라면 열독熱讀할 만한 책으로 책임지고 추천한다.

권오길 강원대 생명과학과 명예교수

차례 Fly

2 돌연변이와 유전자 지도

3 진화유전학의 탄생

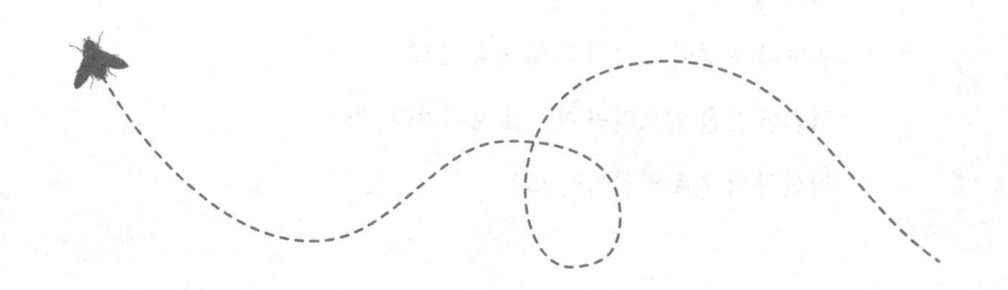

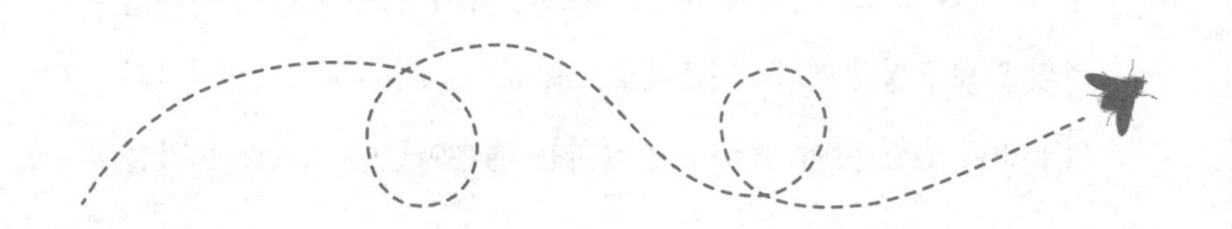

| 프롤로그 |

초파리, 20세기 생물학과 유전학의 상징

존John과 요코Yoko는 우리 안에서 짝짓기 의식을 치르고 있었다. 적극적인 존은 여러 신체 부위를 불가능할 정도로 빠르게 떨면서 애를 쓰는 반면, 요코는 무관심하게 지켜보기만 했다. 퍼스펙스(유리 대신에 쓰는 투명 아크릴 수지) 병을 들여다보고 있던 우리는 존에게 좀 더 과감하게 대시하라고 응원을 보냈다. 마침내 존이 요코 뒤쪽에서 올라타는 순간, 유전학 수업의 진지한 침묵은 흥분에 넘친 우리의 환호성으로 깨지고 말았다.

그날 오후, 나는 두 친구와 함께 과학에는 거의 신경 쓰지 않고 우리의 초파리 포로들에게 멋진 이름을 지어 주느라 시간을 다 보냈다. '존과 요코', '시드와 낸시', '찰스와 다이' 같은 이름이 무미건조한 드로소필라 멜라노가스테르*Drosophila melanogaster*(노랑초파리의 학명)보다 훨씬 나아 보였다. 안달하는 젊은이들이 지켜보는 가운데 초호화 스타들의 이름이 붙은 초파리 수십 쌍이 지나갔다. 가끔 초파리들은 병 속에서 서로 정반대 쪽에 앉은 채 꼼짝도 하지 않았다. 기다리다 지치고 실망한 우리는 병을 툭툭 치면서 뭔가 볼 만한 일을 하라고 종용했다.

보잘것없고 평범한 곤충?

초파리는 그다지 대단한 존재로 보이지 않았다. 모든 곤충과 마찬가지로 초파리도 머리와 가슴과 배의 세 부분으로 이루어져 있고, 섬세한 다리 6개가 붙어 있다. 날개도 한 쌍이다. 하지만 포도씨 반쪽보다 작은 몸에 이 모든 것이 달려 있으니 무시당해도 할 말이 없다. 우리는 자기도 모르는 사이에 초파리를 100마리나 눌러 죽일 수 있다. 순전히 주관적일 수밖에 없는 나의 미학적 관점으로 매긴 동물 평가에서도 초파리는 아주 낮은 순위를 차지했다. 편형동물보다는 위에 있지만, 엽주름고둥보다는 약간 낮았다.

진화상 관련이 있는 친척 동물들과 비교하더라도, 초파리는 그다지 눈길을 끌지 않는다. 초파리에게는 재수 없는 포유류의 생식기나 입 또는 코에 알을 낳는 나선구더기파리 같은 엽기적인 매력조차 없다. 모기처럼 기생충을 몸속에 넣고 다니면서 은밀하게 질병을 퍼뜨리는 재주도 없다. 또한 캘리포니아와 유럽에서 감귤 작물을 마구 공격함으로써 가끔 뉴스에서 악명을 떨치는 지중해과

실파리와 달리 농업에 해를 끼치지도 않는다.

나선구더기파리와 모기, 지중해과실파리 등은 진화하면서 아주 흥미로운 생활 방식을 발달시켜 눈길을 끄는 파리목의 곤충들로 보였다. 이에 비해 초파리는 딱히 내세울 만한 특징이 없는 평범한 종류의 파리처럼 보였다.

하지만 이러한 내 생각은 곧 바뀌었다. 나는 대학을 졸업한 뒤 진화생물학 박사 학위를 따려 했고, 그러려면 우선 연구 계획과 실험동물을 선택해야 했다. 그 당시 나는 세부적인 연구 내용보다는 동물의 종류에 더 신경을 썼다. 나는 '제대로 된' 동물, 그러니까 화려한 몸 색깔에 털이나 깃털이 나고 아마존 오지에 서식하는 동물 같은 것을 연구하려고 했다. 그런데 내 동료들도 대부분 같은 동물을 원하는 것 같았다. 그래서 결국 나는 내게 허락되는 것에 만족해야 했는데, 그것은 사우스웨일스에 사는 작은 나방종에 대한 연구였다.

그 연구 계획은 내가 원하던 화려함은 없었지만, 훗날 나는 거기에 생각지 않은 이득이 숨어 있다는 걸 발견했다. 번드레한 박사 학위 연구 계획을 선택하면, 열대 지방으로 공짜 여행을 떠날 수 있다. 그러나 3년 후에는 말라리아에 걸려 텅 빈 공책을 들고 학자로서의 경력은 갈가리 찢어진 채 돌아올 수도 있다는 함정이 있었다. 현지 언어를 어느 정도 익히고 베이스캠프를 설치하고 삼각대를 세우고 나면, 금방 집으로 돌아가야 할 시간이 되고 만다. 학술회의에 참석해 보면, 그러한 선택을 했다가 실패한 희생자를 얼마든지 만날 수 있었다. 그들은 그을린 피부에 멍한 표정을 하고 있었다.

반면 개중에는 눈길을 끄는 사람들도 있었다. 젊고 자신감이 넘치는 태도는 이들이 성공했음을 느끼게 했다. 이들은 대중 앞에서 연설하는 것을 조금도 두려워하지 않았다. 이들은 짧은 과학자 경력에서 어떻게 성공을 거두었는지 자신만만하게 들려주었다. 이들은 꿀벌이 꽃가루를 모으듯이 새로운 사실들을 수집했으며, 연구 결과를 《네이처Nature》나 《사이언스Science》 같은 권위 있는 학술지에 일상적으로 발표했다. 또 전 세계 각지에서 활동하면서도 공동의 유대로 단결되어 있었다. 이들은 대체 어떤 사람들이었던가?

바로 초파리를 연구하기로 선택한 사람들이었다.

내가 짧은 학계 경력에서 얻은 교훈이 있다면, 그것은 바로 동물에 대한 나의 미학적 기준이 생물학 연구의 현실적·시간적·재정적 제약과 쉽게 조화를 이룰 수 없다는 사실이었다. 내가 별로 적절한 동물이 아니라고 무시한 동물들(예컨대 작은 곤충)은 연구 도구로서 아주 훌륭했다. 특히 내가 가장 부적절한 동물로 여겼던 초파리는 어떤 동물보다도 유용했다. 초파리는 작은 곤충이 지닌 속성을 다 지니고 있지만, 그 밖에 특별한 점이 한 가지 더 있다. 바로 과학사에서 오랫동안 주목할 만한 명성을 이어 왔다는 점이다.

실험실의 슈퍼스타가 된 하등 동물

초파리가 실험실에 정식으로 데뷔한 때는 1900년이고, 장소는 하버드대학교 교수 윌리엄 캐슬William Castle의 실험실이었다. 사실, 초파리가 실험실 문지방을 넘은 이 사건 자체는 별로 대수로운 일이 아니었다. 캐슬은 그저 발생학을 전공하는 학생에게 연구하게 할 동물이 필요했을 뿐이었다. 그런 그에게 초파리는 값싸고 재미있게 연구할 수 있는 대상처럼 보였다. 창틀에 잘 익은 포도알을 몇 개 놓아두기만 하면 쉽게 유인할 수 있었으니 말이다.

초파리는 빅토리아 시대가 저물어 가던 무렵, 생물학에 큰 변화가 일어나던 시기에 새로운 실험동물로 쓰인 많은 동물 중 하나였다. 19세기는 거의 대부분 박물학자가 생물학을 주도했다. 박물학자는 생물학적 진리를 발견하는 길이 자연 환경 속에서 생물을 자세하게 관찰하는 데 있다고 믿었다. 그 결과, 생물학은 세부 내용을 자세히 기술해야 한다는 강박 관념에 사로잡혔다. 딱정벌레 배에 난 작은 털 한 오라기에서부터 캥거루 사타구니에 사는 벼룩의 종류에 이르기까지 아무리 하찮아 보이는 것도 자세하게 기록하는 식이었다.

그런데 19세기가 끝나 갈 무렵, 박물학자들은 생물을 물질적이고 기계적인 시각으로 바라보는 새로운 세대의 생물학자들로부터 공격을 받게 되었다. 이들은 생물 연구가 단지 존재하는 것을 기술하는 데 그치지 않고, 신중하게 통제된 실험과 조작도 병행하는 것이 최선이라고 주장했다. 결국 박물학의 전통은 실험생물학의 새로운 파도에 밀려나고 말았다. 세기가 바뀔 무렵, 박물학은 심각할 정도로 쇠퇴했다.

박물학의 굴레에서 벗어난 생물학은 동물행동학, 진화론, 생리학 등의 전문 분야로 분화해 가기 시작했다. 생물학자들은 수많은 새로운 개념들을 검증하기 위해 실험용 생물로 적합한 동물을 찾기 시작했다. 그 결과 초파리가 가장 적합한 후보로 입증되었다.

사실 초파리는 실험실의 슈퍼스타로 당연시되던 후보는 아니었다. 더 크고 용감한 동물을 생물학적 영광의 상징으로 여기던 빅토리아 시대에 초파리는 작은 크기가 약점이 될 수밖에 없었다. 그보다는 빅토리아 시대의 중산층이 가장 높게 평가하던 동물들(개, 고양이, 비둘기, 심지어는 쥐와 생쥐)이 가장 이상적인 실험동물로 여겨졌다.

동물에 대한 이러한 속물주의적 태도를 감안한다면, 초파리 같은 '하등' 동물이 실험실 문턱을 넘었다는 것 자체가 놀라워 보일 수 있다. 그러나 초파리처럼 냉담한 떠돌이 동물에게 빅토리아 시대의 가치 따위가 무슨 의미가 있겠는가? 부끄러운 줄 모르고 자신을 내세우는 데 혈안이 된 초파리는 부단히 사람들의 관심을 끌려고 노력하는 것만 같았다. 쓰레기통 주위에서 서성거리는가 하면, 편리하게 아예 부엌 문 근처에 자리를 잡고 살았다. 또 여름날에 먹다 남은 도시락을 무심결에 잔디밭에 놓아두면 거기서 사랑의 집회를 열기도 했다. 그들은 온기와 과일을 찾아 빅토리아 시대의 거실 한가운데까지 위험한 여행을 감행하기도 했다. 폭넓은 식성을 가진 초파리는 호모 사피엔스가 무심결에 음식을 놓아둔 곳 어디서나 공짜 만찬을 즐겼다. 과일이나 야채가 저장되거나 보존되거나 발효하는 곳뿐만 아니라, 썩어 가는 과일이나 야채가 있는 곳이면 어디에나 초파리가 꼬였다.

초파리의 초기 실험실 시절은 그다지 괄목할 정도는 아니었지만 그래도 생산적이었다고 할 수 있다. 초파리가 대단한 존재가 될 것이라고 시사하는 단서는 전혀 없었다. 초파리는 대부분 청소년들의 서투른 손에 맡겨졌다. 생물학의 추세가 점점 실험생물학 쪽으로 기울어짐에 따라 실습과 연구 프로젝트가 젊은 학생들의 생물학 교육에서 중요한 부분을 차지하게 되자, 실험실에서 들러리 역할을 할 동물이 필요했다. 이에 따라 '짧고 굵게 사는' 철학을 실천하는 초파리는 빡빡한 학사 일정과 시간을 다투는 연구에 아주 적합한 실험동물로 떠올랐다.

작은 크기와 까다롭지 않은 생활 습성 때문에 초파리는 기르고 먹이는 데 비용이 별로 들지 않는다. 500ml 크기의 우유병에 썩어 가는 바나나 한 조각만 넣어 두면 초파리 200마리가 2주일 동안 행복하게 살 수 있다. 초파리는 암컷 한 마리가 알을 수백 개나 낳기 때문에 번식시키기도 쉽다. 게다가 초파리는 한 세대가 사는 시간도 짧다. 태어나서 생식을 하고 죽기까지 불과 몇 주일밖에 걸리지 않는다. 간단히 말해서, 초파리는 다른 동물들이 하는 모든 일들을 훨씬 값싸고 빠르게 한다.

초파리에 대한 소문은 윌리엄 캐슬의 생물학계 네트워크 내에서 서서히 퍼져 나갔다. 1907년에는 블루밍턴의 인디애나대학교와 메릴랜드의 브린모어대학교, 뉴욕주의 콜드스프링하버연구소에서도 초파리가 추가로 실험동물 집단으로 자리 잡았다. 하지만 초파리가 실험실에서 경력을 꽃피우기 시작한 곳은 뉴욕 시의 컬럼비아대학교였다. 1909년, 그곳에서 초파리는 아무도 예상치 못했던 재능을 드러냈다. 그것을 알아챈 사람이 바로 동물학 교수로 있던 토머스 헌트 모건Thomas Hunt Morgan이었다. 그는 초파리의 눈 색깔이 자연발생적으로 변한 것을 발견했다. 그것은 아주 작은 변화였지만, 굉장한 의미를 가진 사건이었다.

초파리가 등장하기 이전에 생물의 유전에 관한 개념들에는 괴상한 가설과 전설, 미신이 뒤섞여 있었다. 하지만 컬럼비아대학교에서 모건과 초파리가 현대 유전학의 기초를 세우기 시작하면서 유전학은 논리 정연한 과학으로 빠르게 변해 갔다. 모건은 초파리에서 유전의 물리적 바탕이 세포 속의 염색체에 있음을 입증했다. 게다가 모건은 각각의 염색체가 기다란 유전 지시(유전자) 명단으로 이루어져 있으며, 생식이 일어날 때 이것이 재배열되면서 새롭고 독특한 조합으로 변한다는 사실을 알아냈다.

초파리를 통해 발견된 사실은 인간을 포함해 모든 동물에서 성립하는 것으로 밝혀졌다. 그러자 초파리는 얼마 지나지 않아 내로라하는 유전학자들이 가장 선호하는 실험동물로 떠올랐다. 1910~1911년에는 초파리 실험을 하는 연구소가 미국에 다섯 군데, 유럽에 두 군데밖에 없었다. 그랬던 것이 1936~1937년에 이르자 미국에서 스물여섯 군데, 유럽에서 스무 군데로 늘어났다.

유전학 연구를 이끈 숨은 주인공

30년 동안 초파리는 유전학 연구를 선두에서 이끌었다. 유전자들이 염색체에서 직선으로 늘어서 있는 것을 보여 준 최초의 유전자 지도도 바로 초파리의 것이었다. 돌연변이의 물리적 성질을 이해하기 위해 염색체에 X선을 쬐는 실험을 할 때에도 실험 대상이 된 동물은 초파리였다.

초기에 이루어진 이 연구들의 중요성은 아무리 강조해도 지나치지 않다. 인간에게 질병을 일으키는 유전자를 정확하게 알아내는 기술도 맨 처음에 초파리를 대상으로 만든 유전자 지도 작성 원리를 바탕으로 한다. 방사선이 우리 건강에 미치는 위험에 눈을 뜨게 해 준 사실도 초파리 연구에서 발견되었다. 사실, 유전자 치료에서부터 생물 복제와 인간 게놈 프로젝트에 이르기까지 현대 유전학의 모든 것은 20세기 초에 일어난 초파리 연구가 그 바탕이 되었다고 말해도 과언이 아니다.

새로운 유전학 지식은 곧 다른 생물학 분야로 확산되었다. 예를 들어 1930년대에 러시아 출신의 생물학자 테오도시우스 도브잔스키Theodosius Dobzhansky는 유전학과 다윈의 진화론을 통합하여 진화유전학이라는 새로운 분야를 탄생시켰다. 유전학은 진화생물학에 부족했던 과학적 신빙성을 부여했는데, 여기서도 초파리가 중요한 역할을 했다. 도브잔스키는 야생 초파리 개체군이 불과 몇 달 만에 실제로 진화할 수 있다는 것을 보여 줌으로써, 진화는 오랜 시간에 걸쳐 서서히 일어나기 때문에 과학적으로 연구하는 것은 불가능에 가깝다는 생각이 틀렸음을 입증했다.

하지만 초파리가 지닌 과학적 동력은 영원히 지속되지 못했다. 20세기 중엽에 이르자 초파리의 운도 다한 것처럼 보였다. 초파리는 연구 현장에서 비록 완전히 사라지진 않았으나, 새로운 세대의 실험 생물들에게 점점 밀려나게 된 것이다.

어떤 면에서 초파리는 자신이 거둔 성공 때문에 희생되었다고 볼 수 있다. 초파리는 유전자를 유전의 기본 단위로 확인하는 데 큰 도움을 줌으로써 유전학을 급속도로 발전시켰다. 필연적으로 그 다음 단계는 유전자는 무엇으로 이루어져 있으며, 어떻게 작용하는지를 알아내는 연구가 될 수밖에 없었다. 이런 질문들은 생화학과 분자생물학의 영역에 속하며, 이 질문들에 대한 답을 얻으려면 전혀 다른 종류의 실험생물이 필요했다. 바로 가장 기본적인 생물이 필요해진 것이다. 그래서 이제 초파리 대신에 바이러스, 세균, 효모, 곰팡이가 주요 실험 생물이 되었다.

그다음 40년 동안 이 단순한 생물 사총사는 과학 쇼의 새로운 스타로 등장하여 일련의 중요한 발견들에서 주연으로 활약했다. 이들을 통해 나타난 중요한 발견의 예로는 DNA가 유전 물질이라는 사실, DNA 분자의 구조가 이중 나선이라는 사실, DNA는 일종의 암호이며 그 효과를 직접 나타내는 것이 아니라 단백질 합성을 통해 나타낸다는 사실, DNA 암호 해독, 그리고 (아마도 가장 흥미로운 사실일 텐데) 유전 암호가 생물계에서 보편적이라는 사실 등이 있다. 말하자면 세균과 초파리와 양배추와 사람은 서로 다르지만, 이들뿐만 아니라 지구상에 살고 있는 수백만 종의 생물이 모두 다 똑같은 화학적 재료로 만들어졌다는 사실이 분명하게 밝혀진 것이다.

이 새로운 세대의 실험실 스타 중에서 생물학자들의 마음을 사로잡은 것은 세균이었다. 아주 다양하고 독특한 방법으로 서로 DNA 일부를 교환하는 세균의 놀라운 능력은 생물학자들이 꿈꿔오던 것이었다. 그것은 인위적으로 유전자를 조작하거나 한 생물체에서 다른 생물체로 유전자를 이식하는 방법이 있음을 말해 주었다. 간단히 말해 세균의 이러한 능력에 대한 연구는 유전공학의 기초가 되었다.

그런데 아이러니하게도 이러한 상황 전개는 오히려 초파리에게 유리하게 작용했다. 그동안 새로운 실험 생물들의 등장과 활약으로 초파리가 과학계에서 지닌 매력은 크게 줄어들었지만, 세균이 이끈 분자생물학 혁명은 결국 초파리를 부활시키는 길을 열었다.

1970년대에 초파리는 발생생물학의 총아로 다시 떠올랐다. 수정란이 어떻게 완전한 생물로 발달할 수 있는가 하는 의문은 수백 년 동안 생물학자들을 괴롭힌 문제였다. 그런데 갑자기 초파리가 나타나 그 답을 제시했다. 그리고 이번에도 게임의 규칙은 초파리에게만 적용되는 게 아닌 것으로 밝혀졌다. 초파리 몸의 청사진은 일반적인 생물의 신체 형성에 대해 많은 것을 알려 주는 유익한 안내자가 되었다. 심지어 사람의 배아 발생 연구에도 많은 도움을 주었다.

인간 유전학에 질문을 던지다

1970년대 이후 많은 생물학자가 초파리가 지닌 장점과 매력에 이끌려 초파리 연구에 뛰어들었다. 온갖 성과가 꼬리에 꼬리를 물고 이어졌고, 이제는 초파리의 영향력에서 자유로운 생물학 분야를 찾기 힘들게 되었다. 초파리는 암 치료법을 찾는 연구, 알츠하이머병과 헌팅턴무도병 같은 신경변성질환 연구, 알코올 중독과 마약 중독, 수면 장애와 시차증時差症의 유전적 연구뿐만 아니라 지구 온난화와 기후 변화에 대한 조기 경보 시스템으로도 널리 쓰이고 있다.

사실, 초파리는 생물학의 가장 기본적인 일부 질문에 그 답을 내놓는다. 이를테면 이런 질문이다. 유전자는 어떻게 한 세대를 다음 세대와 연결할까? 난자(하나의 세포)가 어떻게 수십억 개의 세포로 이루어진 개체로 성장할까? 우리는 정보를 어떻게 학습하고 기억할까? 왜 수컷과 암컷은 늘 성性을 놓고 갈등을 빚을까? 우리는 왜 늙을까? 노화를 막는 방법은 없을까? 새로운 종은 어떻게 진화하는가…….

실험실의 터줏대감인 노랑초파리는 아직도 과학 쇼의 스타로 남아 있다. 그러나 초파리 이야기는 그저 실험실 안에서만 펼쳐지는 것이 아니다. 초파리가 남긴 전체 과학적 유산에 중요한 기여를 한 조연급 초파리는 전 세계에서 약 2000종이나 된다.

물론 초파리의 손에 닿은 것이 모두 황금으로 변했다는 이야기는 아니다. 진실은 그것과 거리가 멀다. 대부분의 생물학 연구는 단조롭고 지루한 과정이다. 예컨대 내가 직접 했던 연구부터 그랬다. 박사 과정 동안 나는 한 나방종이 태어나서 죽을 때까지 얼마나 먼 거리를 이동하는지 연구하면서 4년을 보냈다(관심이 있는 독자를 위해 알려 준다면, 그 답은 대략 3.9m이다). 생물학자들이 하는 연구 중에서 실제로 과학의 발전에 기여하는 것은 극히 일부분에 지나지 않는다. 나머지는 단순히 누가 이미 했던 연구를 반복하는 것에 불과하다. 너무 뻔한 결과가 나오는 걸 피하려고 한두 군데를 살짝 비틀 때도 있지만 말이다.

지금까지 세상에 나온 초파리에 관한 논문은 10만 편이 넘는다.

이것은 정말로 엄청난 양이고, 초파리의 인기가 얼마나 지속적이고 광범위한지를 증언한다. 하지만 나는 그중 10명 이상이 읽은 논문은 5% 정도에 불과할 것이라고 생각한다. 나머지는 거의 읽히지 않은 채 굶주린 좀벌레에게 영양분을 제공하면서 묻혀 있을 것이다. 하지만 전체 초파리 연구 중 그 5%의 결실은 정말로 중요한 것이다. 20세기 생물학에 혁명적 변화를 가져온 것이 바로 이 5%였다.

그런데 놀랍게도 학계 밖에서의 초파리 이미지는 예전과 다름없이 하찮은 수준에 머물러 있다. 초파리라는 단어를 언급할 때마다 '미미한'이라거나 '하등한'이라는 수식이 따라붙는 일은 흔하다. 적어도 공식적으로는 이 작은 동물이 우리 자신에 대해 뭔가를 가르쳐 줄 수 있다는 사실은 말할 것도 없고, 그 밖의 다른 것들을 가르쳐 줄 수 있다는 사실마저 인정하지 않으려 하는 것처럼 보인다. 나는 이 책에서 이 잘못된 현실을 바로잡으려고 한다.

우리는 사실을 정확하게 직시할 필요가 있다. 일부 괴짜를 제외한다면 대부분의 생물학자는 단지 초파리 생물학의 세부 내용을 파고들려고 초파리를 연구하는 것이 아니다. 그들은 초파리가 우리 자신을 포함해 많은 생물을 포괄하는 더 넓은 생물학적 그림을 보여 주리라는 기대를 품고 연구한다. 오랜 세월이 지난 뒤에도 여전히 초파리의 인기가 여전한 것은 그동안 초파리가 이러한 기대에 충분히 부응했다는 증거라고 할 수 있다.

초파리가 실험동물로 살아가는 삶은 큰 공명을 불러일으키기에, 이 책은 탄생과 학습, 노동, 죽음, 그리고 그 사이에 존재하는 삶의 여러 측면에 대한 보편적 이야기로 읽을 수도 있다. 각 부마다 나는 초파리 생물학을 이용해 삶에서 연속적으로 이어지는 각각의 단계를 보여 주려 한다. 그와 함께 탄생과 죽음의 영원한 순환 고리에서 일어나는 중요한 생물학적 사건들을 설명할 것이다. 이로써 유전학에서부터 배胚 발생에 이르기까지, 학습에서부터 생식에 이르기까지, 그리고 개체의 죽음에서부터 새로운 종의 탄생에 이르기까지 생물계를 바라보는 창을 제공한다. 이제 초파리를 좀 더 진지한 눈으로 바라볼 때가 되었다.

이 책은 지난 100여 년 동안 초파리가 실험동물로 살아온 역사를 돌아보긴 하지만, 결코 완전한 연구서는 아니다. 이미 10만여 편의 논문이 나와 있고 매일 새로운 논문이 쏟아지기 때문에, 그런 시도를 하려면 미치지 않고서는(혹은 학계의 전공 교수로서 마음먹고 그 일에 뛰어들지 않고서는) 불가능할 것이다. 그보다 나는 이 책에서 한 미천한 생물이 생물학 지식의 경계를 정의하는 데 어떻게 기여했는지 엿볼 수 있는 기회를 제공하려고 한다.

20세기 생물학과 유전학의 상징인 존과 요코에게 이 책을 바친다.

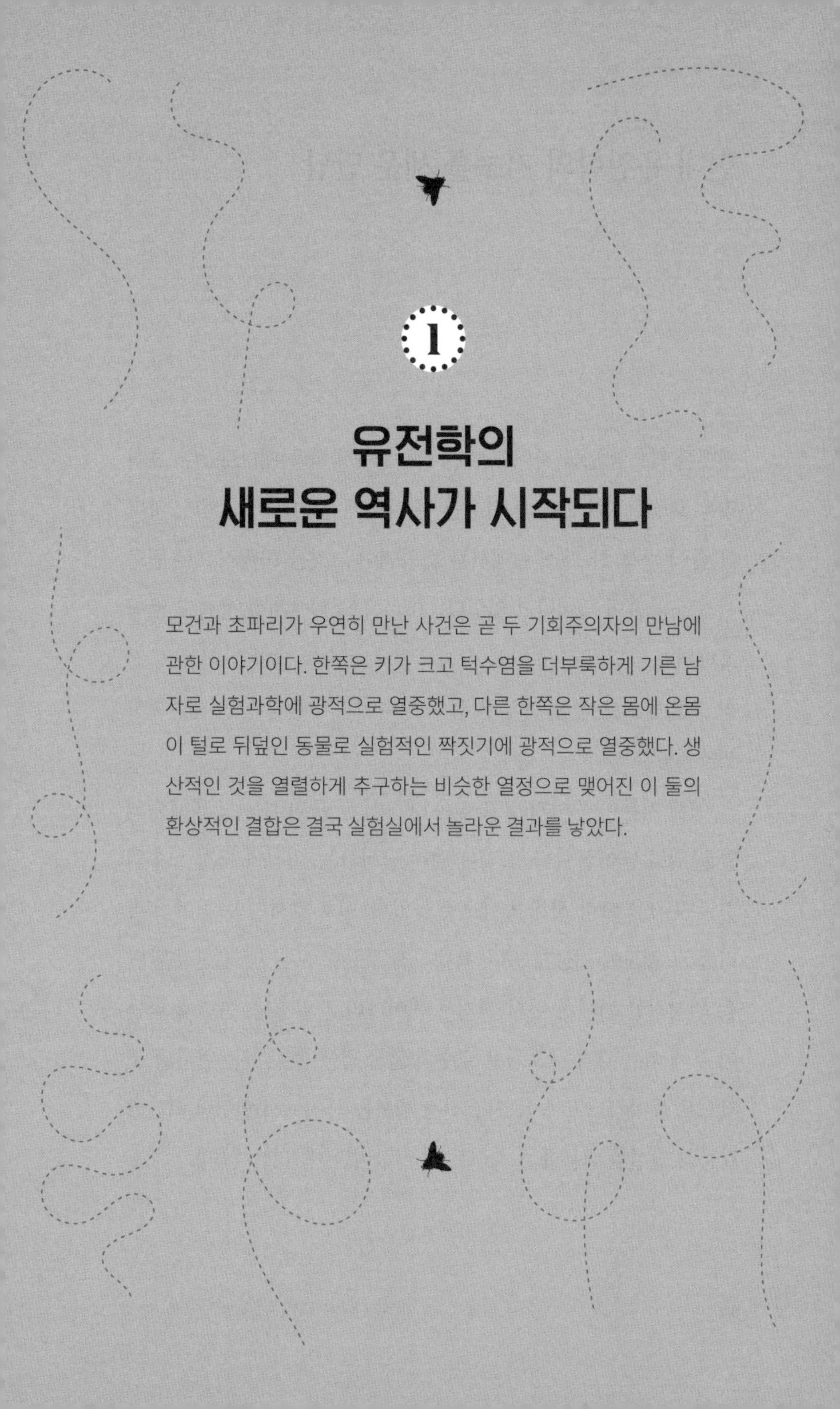

1

유전학의 새로운 역사가 시작되다

모건과 초파리가 우연히 만난 사건은 곧 두 기회주의자의 만남에 관한 이야기이다. 한쪽은 키가 크고 턱수염을 더부룩하게 기른 남자로 실험과학에 광적으로 열중했고, 다른 한쪽은 작은 몸에 온몸이 털로 뒤덮인 동물로 실험적인 짝짓기에 광적으로 열중했다. 생산적인 것을 열렬하게 추구하는 비슷한 열정으로 맺어진 이 둘의 환상적인 결합은 결국 실험실에서 놀라운 결과를 낳았다.

현대 유전학의 기초를 세운 만남

뻣뻣한 턱수염 덤불 사이로 빨간 겹눈 2개가 밖을 내다보았다. 초파리는 희끗희끗한 교수의 턱수염 한 가닥에 들러붙어 있었다. 바나나 즙이 가득 찬 그 뱃속에서는 소화액이 그것을 화학적으로 변화시키는 마술이 일어나고 있었다. 30분 동안 석상처럼 꼼짝도 않던 초파리가 마침내 몸을 다듬기 시작했다. 입으로 날개를 더듬고, 전혀 그럴 필요도 없을 것 같은 몸 구석구석까지 한참 동안 매만지고 쓰다듬었다.

이제 기분이 좋아져 날고 싶은 생각이 든 초파리는 모건 교수의 얼굴 위로 날아올랐다. 그러나 멀리 날아가는 대신에 모건 교수의 얼굴 윤곽을 따라 시계 방향으로 돌았다. 서로 맞서는 두 힘이 초파리를 그 궤도에 머물게 했다. 팽팽하게 부풀어 오른 배의 신경 말단은 원시적인 뇌에게 어서 거기서 벗어나라고 말했다. 반면에 더듬이 끝에 있는 감각 세포들은 교수의 얼굴 털에 붙어 있는 바나나 조각으로 돌아가라고 속삭였다. 신경 세포들 사이에서 일어난 이러한 갈등과 망설임 때문에 초파리는 결국 값비싼 대가를 치렀다.

모건의 코 밑을 다시 지나가는 순간, 갑자기 뒤에서 세게 끌어당기는 바람이 불었고, 초파리는 잠시 후 교수의 오른쪽 콧구멍 속으로 들어가고 말았다. 꼬챙이처럼 삐죽삐죽 솟은 코털과 콧물 늪이 사방에 널린 캄캄한 정글 속에서 초파리는 방향 감각을 잃은 채 탈출구를 찾으려고 애썼다. 그때, 모건 교수는 손수건을 꺼냈다. 그가 손수건으로 코를 킁 하고 푸는 순간, 초파리는 초음속에 가까운 속도로 튀어나왔다. 죽음은 순식간에 찾아왔고, 으깨진 초파리의 시체는 부드러운 면섬유 사이에 덕지덕지 묻었다.

두 기회주의자 이야기

모건은 자리에 앉아 책상 위에 어질러진 책들과 병들을 살펴보았다. 열린 문을 통해 옆방에서 자신감에 넘친 목소리로 논쟁을 벌이는 소리가 들려왔다. 모건은 자신도 그 논쟁에 끼어들까 생각하다가 마개가 느슨한 병이 눈에 띄자, 손을 뻗어 그 병을 집어 들었다.

마개를 단단히 막고 나서 병을 불빛 아래로 가져가 소인국 같은 그 안의 세계를 들여다보았다. 초파리들은 일상적인 일에 열중해 있었다. 어떤 놈은 다른 놈 위에 올라타려 애쓰고 있었고, 어떤 놈들은 이미 뒤꽁무니가 서로 붙어 있었다. 모두가 몰두한 짝짓기 게임에서 벗어나 가장자리에 홀로 머무는 녀석들도 몇 마리 있었다. 모건은 초파리들이 자신들의 일상의식에 몰입한 채 어쩌면 저렇게 바깥 세상에 대해 무심할 수 있는지 신기했다. 그는 병을 도로 내려놓고, 다음에 발표할 중요한 논문의 초고를 쓰기 시작했다.

토머스 헌트 모건은 초파리를 생물학계의 총아로 만든 사람이다. 1910년부터 1915년까지 모건은 뉴욕의 컬럼비아대학교에서 자신의 연구팀과 함께 초파리를 수십억 마리나 번식시켰다. 외부 사람들 눈에는 이 엄청난 번식 실험이 광란에 빠진 실험처럼 보였을 것이다. 하지만 그러한 광란 속에도 체계가 있었으니, 그 시기는 초파리에게뿐만 아니라 모건에게도 매우 생산적인 시기였다. 이 6년 동안 모건과 그의 연구팀은 각고의 노력 끝에 현대 유전학의 기초를 세웠다.

모건과 초파리가 우연히 만난 사건은 곧 두 기회주의자의 만남에 관한 이야기이다. 한쪽은 키가 크고 턱수염을 더부룩하게 기른 남자로 실험과학에 광적으로 열중했고, 다른 한쪽은 작은 몸에 온몸이 털로 뒤덮인 동물로 실험적인 짝짓기에 광적으로 열중했다. 생산적인 것을 열렬하게 추구하는 비슷한 열정으로 맺어진 이 둘의 환상적인 결합은 결국 실험실에서 놀라운 결과를 낳았다.

인간과 동물의 이 만남에는 미국 역사도 한몫을 했다. 초파리가 신대륙에 도착한 것은 노예 무역을 통해서였다. 미국을 남북 전쟁으로 치닫게 한 것도 노예 제도였다. 그리고 전쟁의 결과로 젊고 지성적이고 모든 것에 의문을 품는 연구자들의 성장을 장려하는 학문 풍토가 생겨났다. 모건과 초파리의 만남은 결코 우연한 사건이 아니었다. 그것은 위대한 미국의 전통 속에서 탄생한 운명이었다. 역사는 그들을 충돌 코스로 나아가게 해, 마침내 20세기 초의 뉴욕에서 혁명적으로 조우하게 만들었다.

생물학계에 불어닥친 변화의 바람

남북 전쟁은 미국 생물학에서 하나의 분수령이 되었다. 남북 전쟁 이전까지 생물학은 그저 신학을 연장한 것에 지나지 않았다. 그때까지 생물학 연구의 목적은 신이 이룬 위대한 설계의 복잡성을 관찰하는 것이었다. 자연사 박물관들은 신이 자연계에 만든 매우 다양한 모양과 형태로써 대중에게 교회를 대신하여 신의 메시지를 전파하는 역할을 했다.

전쟁이 끝난 후 정치적·문화적 개혁을 추구하는 분위기 속에서 미국 학계는 새로운 생물학을 도입하려 했으며, 이를 위해 유럽, 그중에서도 특히 독일의 생물학을 모범으로 삼으려고 했다. 유럽 생물학자들은 찰스 다윈Charles Darwin의 진화론적 관점에서 자연계를 이전과는 다른 시각에서 바라보았다. 세속적이고 공리주의적인 사상들이 득세함에 따라 생물학은 신학의 망토를 벗어던졌다.

박물학이 신이 만든 작품들에서 패턴을 찾으려는 노력을 포기하자, 생물학은 완전히 새로운 학문으로 변했다. 미국도 유럽의 전철을 밟아 생물학의 무대를 박물관에서 대학의 새로운 학과와 연구소로 옮겼다. 연구를 강조하는 새 풍토는 존스홉킨스대학교, 하버드대학교, 시카고대학교, 미시간대학교, 코넬대학교 같은 혁신적인 대학들에서 적극적으로 채택되었다.

이러한 변화는 실험생물학에 새로운 관심을 불러일으켰다. 실험생물학자들은 17세기 후반부터 주류 생물학에 밀려나 음지에서 살아왔고, 어둡고 습기 찬 지하실에서 개구리를 괴롭히는 실험이나 하며 지냈다. 생물학계에서 실험생물학자들은 늘 의심과 경멸의 눈초리로 바라보던 박물학자들에게 짓눌려 기를 펴지 못하고 지내 왔다. 박물학자들은 생물학적 진리의 발견은 자연 환경 속에 살고 있는 생물을 자세하게 관찰함으로써만 가능하다고 믿었다. 그리하여 그들은 실험이 자연계에 대해 편협하고 지나치게 단순한 해석만 내놓을 뿐이라고 주장했다.

하지만 19세기 후반에 이르러 박물학자들의 견해는 생물학적 유물론이라는 새 물결에 큰 압박을 받게 되었다. 새로운 생물학 기술의 발견으로 생물학에서 실험 연구가 실용적인 대안으로 부상했다. 고배율 현미경과 화학 착색과 염료 덕분에 세포 내부 구조를 처음으로 자세히 볼 수 있게 되었다. 특수 절단 도구는 동식물 조직을 정밀하게 자름으로써 관찰하기에 편리한 시료를 제공했고, 전기 장비는 생리적 변화를 정확하게 측정하게 해 주었다. 그리고 마취제 개발로 실험에 동물을 사용하는 것이 더 간편해졌고 덜 잔혹해졌다.

최적의 실험동물을 찾아서

모건이 대학원에서 동물학 연구를 시작할 무렵은 역동적이고 진보적인 분위기가 무르익고 있었다. 스무 살이던 1886년에 모건은 볼티모어에 있는 존스홉킨스대학교에 들어갔다. 존스홉킨스대학교는 남북 전쟁 후에 새로 생겨나던 연구 중심 대학교 중 하나였다. 바야흐로 생물과학은 새로운 전망과 가능성이 풍부한 분야로 보였다. 서로 대립하는 생물학 전통 사이의 논쟁은 여전히 치열했고 경쟁의식도 강했지만, 적어도 생물학이 자기만족이라는 어리석은 구렁텅이에 빠져 허우적거리던 상태에서 벗어났다는 것만큼은 확연히 느낄 수 있었다.

모건은 어린 시절부터 생물학에 관심이 있었지만, 성장 배경에서 그가 장차 생물학자가 되리라고 암시하는 구석은 전혀 없었다. 하지만 화려한 가족사를 감안한다면, 어떤 길을 선택하건 모건이 큰 인물이 될 가능성은 충분히 있었다. 아버지 찰스 헌트 모건Charles Hunt Morgan은 시칠리아 주재 미국 영사를 지내면서 가리발디Garibaldi의 이탈리아 독립 투쟁을 지원했다. 삼촌인 존 헌트 모건John Hunt

Morgan은 남북 전쟁 당시 남부 연합군의 유명한 장군을 지냈으며, 모건 유격대라는 게릴라 집단을 이끌었다. 증조할아버지인 존 웨슬리 모건John Wesley Morgan은 대마 재배와 경주마 사육, 철도 회사 운영으로 큰 재산을 모았다. 아마도 조상 중에서 가장 유명한 사람은 증조외할아버지인 프랜시스 스콧 키Francis Scott Key일 것이다. 그는 변호사이자 시인으로, 미국 국가의 가사를 쓴 사람이다.

실험과학에 눈뜨다

훗날의 경력을 생각하면, 모건이 생물학 연구에 첫발을 들여놓을 때 전통적인 박물학을 선택했다는 것은 다소 아이러니하다. 그는 박사 학위 논문 주제로 바다거미의 분류를 택했는데, 그것은 음침하고 재미없는 19세기 박물학의 기준에 비추어 보더라도 몹시 따분한 주제였다.

바다거미 자체는 매력적인 작은 동물이다. 바다거미는 바다 밑바닥에서 살아가는데, 아주 깊은 바다 밑에서 사는 경우가 많다. 특이하게도 바다거미의 생식샘은 다리 속에 들어 있으며, 수많은 미세 구멍을 통해 표면으로 연결돼 있다. 짝짓기 철이 되면 다리들에서 생식 세포가 분수처럼 뿜어져 나와 바닷물 속으로 퍼져 나간다.

모건에게는 안타까운 일이었지만, 바다거미 생물학에서 가장 흥미로운 부분은 그의 연구 범위 밖에 있었다. 그가 착수한 연구는 생명의 나무에서 바다거미의 위치를 정확하게 찾아내 분류하는 것이었다. 바다거미는 거미와 갑각류(가재나 게 따위)의 특징을 다 지니고 있어, 그 분류학적 지위는 세상에서 이 문제에 관심을 가진 두세 사람에게 늘 큰 논쟁거리였다. 모건은 특히 바다거미의 배胚에 나타나는 특징에 관심을 기울였다. 현미경으로 수천 시간이나 고독하게 관찰한 끝에 모건은 바다거미가 게보다 거미에 가깝다는 결론을 내렸다.

비록 그가 한 연구는 무미건조하고 기술적記述的이었지만, 존스홉킨스대학교를 다니는 동안 그는 광범위한 생물학적 견해를 가진 사람들과 만날 수 있었다. 동물학과에서는 실험에 대한 신념을 가진 생물학자와 마주칠 기회가 많았고, 모건은 이러한 접촉을 통해 실험과학에 흥미를 느끼게 되었다.

1891년에 박사 학위를 마친 모건은 브린모어대학교의 생물학 부교수로 첫 일자리를 얻었다. 브린모어대학교는 남북 전쟁 후 미국에서 많이 설립된 여자대학교 가운데 하나였다.

브린모어대학교에서 모건은 자크 로브Jacques Loeb와 한 팀이 되어 일했는데, 로브는 독일 출신의 생리학자로 실험생물학에 탄탄한 기초가 있었다. 로브는 젊은 동료에게 깊은 인상을 주었고, 모건에게 유럽의 대학교와 연구소를 방문하여 새로운 실험 기술과 연구 방법에 대해 소중한 경험을 쌓으라고 권했다.

그 말대로 모건은 유럽으로 가 많은 것을 배웠다. 특히 나폴리에 있는 해양생물학 연구소이자 전 세계 생물학자들의 메카인 동물학연구소Stazione Zoologica를 방문해 많은 것을 느끼고 배웠다. 그가 여기서 받은 감명은 1896년에 쓴 다음 글에서 생생히 드러난다.

> 나폴리 동물학연구소에서는 온갖 국적의 사람들을 만날 수 있었다. 러시아, 독일, 오스트리아, 이탈리아, 네덜란드, 영국, 벨기에, 스위스, 미국에서 연구자, 교수, 객원 강사, 조수, 학생 등 생각과 교육 배경이 아주 다양한 사람들이 왔다. 마치 만화경이 돌아가듯이 달이 바뀔 때마다 장면이 바뀌었다. 그러한 다양한 요소들이 모이는 곳에서는 생각들과 비판적 견해들의 충돌이 일어나게 마련이고, 그런 환경에서는 누구든 깊은 영향을 받고 많은 것을 배우지 않을 수 없다.

나폴리 동물학연구소를 자주 방문하면서 모건은 실험생물학의 거대한 잠재력을 깨닫게 되었고, 그것은 그의 연구 경력에 큰 영향을 미쳤다. 1890년대가 지나가는 동안 그의 관심 분야는 크게 확대되었다. 그는 실험적으로 탐구할 수 있는 것이라면 생물학에서 흥미를 끄는 것은 거의 다 손을 대기 시작했다.

머리와 꼬리를 바꾸며 시작된 도전

모건이 무엇보다 많은 시간을 들여 연구한 한 가지 주제는 바로 '재생再生'이었다. 재생은 신체 일부가 절단된 동물에게서 다시 그 부분이 자라나는 능력을 말한다. 모건은 배胚 발생에 관심을 가졌다가 재생을 연구하게 되었는데, 두 현상이 동전의 양면이 아닐까 생각했다. 재생과 배 발생 모두 세포들에게 특정 위치에서 특정 임무를 수행하게 한다. 모건은 절단되고 남은 다리 부분에서 뼈와 근육, 피부가 자라나도록 지시하는 생물학적 신호가, 발생 중인 배에서 세포들에게 완전한 팔다리로 자라나도록 지시하는 생물학적 신호와 비슷한 게 틀림없다고 믿었다.

떨어져 나간 신체 부위를 재생하는 능력은 생물의 복잡성에 따라 큰 차이가 난다. 일반적으로 단순한 생물일수록 재생 능력이 더 뛰어나다. 단순한 해면동물을 생각해 보라. 해면동물을 믹서에 넣고 갈아서 죽처럼 된 것을 그릇 속에 넣어 내버려 두면, 며칠 뒤에 완전히 원래 모습을 재생한 해면동물이 나타난다. 서로 떨어져 나간 세포들의 혼합물이 재조직되어 합쳐진 것이다. 좀 더 복잡한 동물인 지렁이는 재생 능력이 그만큼 뛰어나지 않다. 그래도 지렁이에게 몸 일부가 절단되는 것은 그저 사소한 불편에 지나지 않는 것처럼 보인다. 도롱뇽은 머리가 다시 자라나는 법은 없지만, 다리나 꼬리는 얼마든지 재생할 수 있다. 생물학적 복잡성이 더 높은 조류나 포유류의 경우에는 재생 능력이 현저히 떨어진다. 사람의 경우, 재생이 되는 것은 겨우 털이나 손톱, 피부 정도에 그친다.

비용이 덜 들고 번식이 쉽다는 이점 때문에 모건은 주로 지렁이를 실험하면서 대부분의 시간을 보냈다. 물론 지렁이에게는 안된 일이었다. 어떤 실험에서 모건은 지렁이들을 두 동강 낸 다음, 바늘과 실을 사용해 일부러 엉뚱한 부분끼리 붙였다. 그러니까 머리 부분을 2개 이어 붙이거나 꼬리 부분을 2개 이어 붙인 지렁이를 만든 것이다.

모건은 이렇게 변형시킨 지렁이의 몸 일부를 절단하면 어떤 일이 일어나는지 알고 싶었다. 정상적으로는 절단된 부위가 어디건 그것에 해당하는 부위가 재생된다. 하지만 이렇게 변형시킨 지렁이들에서도 같은 결과가 나타날까?

그 실험에는 문제가 있었다. 머리 부분을 2개 이어 붙인 지렁이는 실험하는 데 애를 먹었다. 아마도 모건의 꿰매는 솜씨가 좋지 않았던지 두 머리 부분은 들러붙으려 하지 않았고, 더 이상 실험을 하는 것이 불가능했다. 그렇지만 꼬리 부분을 2개 이어 붙인 지렁이는 그러한 기묘한 결합에 만족하는 것처럼 보였다. 그래도 꼬리만 2개 있고 머리가 없는 그 지렁이는 오래 살아남지 못했다. 이 상황에서는 머리 하나가 생겨난다면 큰 도움이 될 것이다. 그러나 모건이 그 지렁이의 한쪽 끝 부분을 잘라 내자, 거기서는 다시 꼬리 부분이 자라났다.

모건의 실험은 미친 과학자의 엽기적인 실험으로 보일지도 모른다. 하지만 그 실험을 통해 모건은 재생 능력은 어디서 나오고 어떻게 제어되는지에 대해, 그리고 재생 능력의 한계에 대해 중요한 통찰을 일부 얻었다. 그 연구는 생물학 연구의 주류로 자리 잡기 시작한 실험적 접근 방법을 전형적으로 보여 주었다. 20세기 초에 이르러 실험생물학은 본격적인 궤도에 올랐다. 생물학에서 실험 연구에 의존하는 추세가 점점 강해지자 박물학자들은 반대로 설 자리를 점점 잃어 갔다.

모건은 그런 변화에서 이제 단순히 한 사람의 참여자에 그치는 것이 아니라, 생물학에서 일어난 이러한 변화를 촉진하는 데 중요한 촉매 역할을 했다. 그의 태도와 견해는 철저하게 사실을 바탕으로 하는 것으로 변해 갔다. 그는 아무리 위대한 개념과 가설이라도 실험적 증거의 뒷받침이 없으면 아무 가치가 없다고 주장했다.

모건이 브린모어대학교에서 과학 연구만 했던 것은 아니다. 1904년 여름, 모건은 대학원생 제자였던 릴리언 샘프슨Lilian Sampson과 결혼했다. 두 사람은 이색적인 허니문을 보냈다. 여름 동안 스탠퍼드대학교와 캘리포니아대학교 버클리 캠퍼스에서 연구를 하면서 짬짬이 시간을 내 캘리포니아주 관광을 했다. 두 사람이 침실에서 나눈 대화 주제가 무엇이었을지는 상상만 할 수 있을 뿐이다. 혹시 바다거미는 아니었을까?

모건은 결혼과 함께 브린모어대학교를 떠나기로 결정했다. 그곳에서 13년 동안 행복한 시간을 보냈지만, 브린모어대학교는 교수의 수가 적어 모건이 갈망하던 지적 다양성이 부족했다. 게다가 대도시인 뉴욕에 있는 컬럼비아대학교의 교수직 제의는 너무나 솔깃해서 거절하기 힘들었다.

모건은 컬럼비아대학교로 옮겨 갈 때 어느 정도 명성이 있었다. 그는 이제 실험과학을 열렬하게 옹호했고, 학생 시절에 몰두했던 기술적 방법을 혹독하게 비판했다. 그는 호기심이 많고 야심만만했으며, 자신의 연구에 헌신적이었다. 38세 무렵에는 이미 세계적으로 유명한 실험생물학자로 인정받았다.

그리고 이제 초파리를 만날 위대한 시간이 다가왔다.

진화론의 맹점

20세기로 넘어올 무렵, 뉴욕은 급속도로 팽창했다. 매일 배들이 유럽 각지에서 수만 명의 이민자를 싣고 와 로어이스트사이드(맨해튼의 남동쪽 지역)에 임시로 급조한 거주 시설에 풀어놓았다. 비좁은 곳에 수많은 사람들을 수용하다 보니 쓰레기가 많이 쌓였고, 무더운 여름에는 거리의 악취가 참기 힘들 정도로 심했다. 이곳이 바로 기회의 땅이었다. 이 도시에 이주해 온 지 얼마 안 된 초파리에게 이곳은 낙원처럼 보였을 것이다.

최초의 초파리 이주 개체군은 오래전에 아프리카와 남유럽에서 노예선에 실려 대서양을 건너 카리브 해의 여러 항구에 도착했다. 1870년대에 남북 전쟁이 끝난 뒤 럼주, 설탕, 바나나와 그 밖의 신선한 과일 거래가 활발해지자, 초파리도 북쪽으로 이동해 보스턴, 뉴욕, 필라델피아를 비롯해 동부 연안에서 번성하던 도시들로 퍼져갔다.

20세기 초에 초파리는 실험실에 들어온 많은 동물 중 하나에 불과했다. 실험생물학의 급속한 폭발은 광적인 동물 탐구로 이어졌는

데, 모건보다 더 광범위하게 실험을 한 사람은 거의 없었다. 컬럼비아대학교에서 보낸 초기 시절, 그는 진딧물의 성이 결정되는 방식, 개구리와 두꺼비의 배 발생, 물고기의 재생 능력, 야생 쥐와 생쥐의 유전을 연구했다. 모건은 초파리 실험에 비교적 늦게 뛰어들었다. 그가 초파리를 처음 만난 때는 초파리가 하버드대학교의 실험실에서 데뷔한 지 7년이 지난 1907년이었다.

라마르크의 오류

그 당시 초파리는 크게 주목받는 대상은 아니었지만, 그래도 실험실에서 믿을 만한 실험동물로 자리를 잡았다. 초파리는 필요할 때 임시변통으로 쉽게 쓸 수 있는 실험동물로 아주 적격이어서, 학생들의 실험용으로 쓰이거나 다른 동물을 사용할 수 없을 때 대타로 쓰였다. 초파리가 연구실에 도착했을 때, 모건도 처음에는 그런 용도로 썼다.

그때 마침 모건은 퍼낸더스 페인Fernandus Payne이라는 새 대학원생을 받아들인 참이어서 그에게 적당한 연구 과제를 주어야 했다. 페인은 모건에게 동굴에 사는 물고기가 실명하는 쪽으로 진화하는지 조사하고 싶다는 의견을 내놓았다. 만약 그런 결과가 나온다면, 그것은 라마르크식 진화를 뒷받침하는 사례가 될 터였다.

19세기 초에 프랑스 생물학자 장 바티스트 라마르크Jean Baptiste

Lamarck는 생물이 자신의 '필요'에 따라 진화한다고 주장했다. 환경 변화(예컨대 밝은 곳에서 동굴 속의 어두운 곳으로 옮겨 가는 것)는 눈의 필요를 없앨 수 있다. 라마르크는 생물의 필요가 하나 또는 그 이상의 해부학적 특징을 사용하거나 사용하지 않음으로써 생겨나거나 없어진다고 믿었다. 그는 사용 혹은 불용을 통한 신체적 변화는 정자와 난자 속에 암호로 입력되어 다음 세대로 전달된다고 생각했으며, 이것을 획득 형질의 유전이라고 불렀다. 이 가설은 매우 복잡했다. 게다가 잘못된 가설이었다.

그러나 모건의 생각은 달랐다. 페인처럼 모건도 라마르크식 진화에 관심이 많았으며, 실험적으로 검증해 볼 만한 가치가 있다고 생각했다. 시간과 비용의 제약 때문에 매우 예민한 동굴물고기를 대상으로 연구한다는 것은 처음부터 불가능했다. 그래서 두 사람은 오랜 토론 끝에 동굴물고기 대신에 초파리를 대상으로 실험을 하기로 결정했다.

페인은 빛을 완전히 차단한 가운데 무려 49세대에 이르는 초파리를 번식시켰다. 마지막 세대의 초파리를 실험실의 밝은 불빛 아래로 꺼낸 페인은 초파리의 눈이 작아졌는지 들여다보았다. 그러나 아무런 변화도 발견하지 못했다.

모건은 실험 결과보다는 방법을 훨씬 중요하게 여겼다. 초파리를 실험실에서 직접 기르는 경험을 통해 모건은 초파리를 자신의 연구실에서 정식 실험동물로 받아들였다. 초파리는 비록 작고 유명하지도 않았지만, 날로 증가하는 과학계의 수요를 충족시킬 수 있는 장점을 지니고 있었다.

다윈과 골턴, 그리고 범생설

20세기 초에 라마르크라는 이름은 진화와 유전에 관한 열띤 논쟁에서 튀어나오는 많은 이름 중 하나에 불과했다. 반면에 찰스 다윈의 영향은 모든 곳에 남아 있었다. 이제 대부분의 생물학자들이 진화를 사실로 받아들임에 따라 신은 사실상 뒤로 밀려나고 말았다. 그러나 다윈이 과학자로서 큰 존경을 받았음에도 불구하고, 모든 사람이 그의 이론을 완전히 받아들인 것은 아니었다. 이제 논쟁의 초점은 진화가 일어나느냐가 아니라, 어떻게 일어나느냐로 옮겨 갔다. 1882년, 다윈은 경쟁하는 가설들과 서로 치열하게 싸우는 생물학계를 남겨 두고 세상을 떠났다.

다윈의 진화론은 우아할 정도로 단순했다. 동물과 식물은 환경이 부양할 수 있는 것보다 더 많은 자손을 낳는다. 그 결과, 한정된 먹이와 생활 공간을 놓고 개체들 사이에 경쟁이 일어난다. 개체들 사이에는 유전 가능한 작은 차이가 있기 때문에 어떤 개체는 다른 개체보다 살아남는 데 더 유리하다. 세대가 지날 때마다 자연 선택은 경쟁자들 중에서 부적응자를 도태시키고, 환경에 잘 적응하는 개체들이 잘 번식하게 한다. 이것은 아주 그럴듯한 이론이었지만,

다윈 자신도 인정했듯이 완벽한 이론은 아니었다.

진화론의 아킬레스건은 유전을 확실하게 설명할 수 있는 이론이 없다는 데 있었다. 한 종 내에서 변이가 나타난다는 사실은 의심의 여지가 없었지만(이것은 직접 눈으로 확인할 수 있었다), 이 변이가 어떻게 나타나고, 물질적 기반은 무엇이며, 한 세대에서 다음 세대로 어떻게 전해지는지는 아무도 몰랐다. 다윈은 말년 내내 이 질문들에 매달려 고민했다.

물론 무엇을 확실히 알지 못한다고 해서 추측까지 할 수 없는 것은 아니다. 19세기 중엽의 생물학자들은 유전을 주로 융합 문제라고 생각했다. 즉, 한 개체의 형질은 두 부모의 형질이 섞여서 나타난다고 생각했다(이것을 융합 유전설이라고 한다). 얼핏 생각하기에 이것은 상당히 그럴듯한 가설이다. 예를 들면, 키가 큰 아버지와 키가 작은 어머니 사이에서는 그 중간 키를 가진 자식이 태어날 가능성이 높다.

이 가설을 부정하는 명백한 예외도 있었다. 생식기를 여러 겹의 속옷 속에 꼭꼭 감추고 다니던 빅토리아 시대 사람들도 음경을 반쪽만 물려받은 사람은 없다는 사실을 잘 알고 있었다. 그러나 자식이 부모 중 어느 한쪽의 특징만 물려받는 사례는 규칙에서 벗어나는 예외로 간주했다.

융합 유전의 메커니즘을 설명하기 위해 다윈은 '범생설汎生說, pangenesis'이라는 다소 기묘한 가설을 내놓았다. 다윈은 몸의 각 부분은 자신과 똑같이 생긴 작은 부분(이것을 제뮬gemmule이라 부른다)을 만들어 내며, 이것은 혈액에 실려 생식 기관으로 옮겨 간다고 주장했다. 그리고 유성 생식을 통해 양쪽 부모의 제뮬이 합쳐져 자식에게 전달된다고 설명했다. 그러면 제뮬이 증식하면서 자신이 유래한 조직과 기관을 완전하게 만들어 낸다고 보았다.

다윈은 자신의 범생설에 큰 기대를 품었다. 1867년, 다윈은 미국 식물학자 아사 그레이Asa Gray에게 보낸 편지에서 이렇게 썼다.

> 내가 범생설이라 이름 붙인 장章은 어쩌면 정신 나간 꿈이라 불릴 걸세……. 하지만 나는 내심 여기에 큰 진리가 숨어 있다고 생각하네.

아이러니하게도 범생설에 조종을 울린 사람은 다윈의 사촌인 프랜시스 골턴Francis Galton이었다. 골턴은 시기에 따라 탐험가, 과학자, 발명가, 인종차별주의자로 오가며 활동했고, 때로는 네 가지 일을 동시에 했다. 이따금 광기를 분출하기도 했다. 그의 발명품 중에는 뚜껑이 달린 실크해트도 있는데, 고무공을 꽉 쥐면 뚜껑을 열 수 있었다. 골턴은 이 환기 장치가 활발한 정신 활동 때문에 자신의 머리가 과열되는 것을 막아 주리라 믿었다.

더욱 놀라운 특징은 강박에 가까울 정도로 거의 모든 것을 계량화하려고 시도했다는 점이다. 그는 만찬에 초대한 손님들의 의자

밑에 압력 감지기를 설치해 놓고 몸의 움직임을 기록했다. 또한 기도의 효험에 대한 통계적 분석을 시도한 적도 있는데, 기도 횟수가 수명에 어떤 영향을 미치는지 조사했다(그는 신앙심이 독실한 사람이 그렇지 못한 사람보다 일찍 죽는다는 결론을 내려 많은 이들을 안심시켰다). 또한 여러 영국 도시들의 거리에서 자신이 목격한 미인과 보통 여자, 못생긴 여자의 수를 바탕으로 영국 제도의 미인 지도를 만들었다. 그 결과, "미인 점수는 런던이 가장 높고, 애버딘이 가장 낮은 것으로 나왔다."

그뿐만이 아니다. 골턴은 사람들이 몸을 꼼지락거리는 횟수를 측정해 평균을 냄으로써 청중이 느끼는 지루함 정도를 평가하는 방법도 고안했다. 물의 양과 온도, 끓이는 데 걸리는 시간 등과 같은 요소를 바탕으로 사람들이 낮 동안 마시는 차의 정확한 양을 계산하는 복잡한 수학 공식을 만들기도 했다. 초상화를 그리기 위해 포즈를 잡을 때에는 화가가 붓질을 몇 번 하는지까지 세심하게 기록했다. 그 결과는 1905년 《네이처》에 '그림 한 장에 들어가는 붓질의 횟수'라는 제목으로 발표되었다.

다윈의 범생설을 검증하기 위해 간단하면서도 독창적인 실험을 하겠다고 나섰을 때, 골턴은 이런 연구를 하던 시절처럼 정신이 말짱했던 게 분명하다. 골턴은 갈색 토끼의 피를 순종 '은백색' 토끼에게 수혈했다. 골턴은 만약 갈색 털의 제뮬이 있다면, 그것은 갈색 토끼의 피를 통해 은백색 토끼에게 전달될 것이고, 다음 세대에서 그

것이 나타날 것이라고 추론했다. 하지만 얼마 지나지 않아 골턴의 집에는 온통 은백색 토끼들만 넘쳐났다.

범생설은 이제 틀렸음이 증명되었지만, 다윈은 골턴의 실험으로 최종적인 결론을 내릴 수는 없다고 주장하면서 자신의 가설을 옹호했다. 다윈의 입장에서는 완전히 제정신이 아닐 뿐만 아니라 자신의 친척이기도 한 골턴이 공개적으로 자신의 가설을 비판하고 나선 사실이 특히 가슴 아팠을 것이다.

더프리스의 돌연변이설

범생설이 무대에서 사라진 뒤에도 다윈에게는 근심거리가 많이 남아 있었다. 여러 사람이 융합 유전과 진화론은 근본적으로 모순된다고 지적했다. 자연 선택에 의한 진화는 변이(유전 가능한 개체 간의 차이)의 존재에 기반을 두고 있다. 그러나 융합 유전이 보편적 규칙이라면 세대가 지날 때마다 한 개체군 내에 나타나는 변이가 점점 줄어들 것이고, 결국 개체 간의 차이가 점점 사라져 모든 개체가 똑같이 변하고 말 것이다. 변이가 나타나지 않는다면, 종의 기원 같은 것도 생겨날 수 없다.

이 비판은 다윈을 궁지로 몰아넣었다. 융합 유전 말고는 다른 대안이 떠오르지 않았다. 그렇다고 자연 선택을 버릴 수도 없었다. 이러한 진퇴양난의 상황에서 벗어나기 위해 다윈은 라마르크가 주장한 획득 형질의 유전을 받아들였다. 만약 사용과 불용을 통해 생겨난 신체적 변화가 생식 세포 계열에 접합되어 다음 세대로 전달될 수 있다면, 라마르크식 유전이 새로운 유전 형질을 만들어 내는 원천이 될 수 있었다. 다윈은 라마르크식 유전이 융합 유전의 영향을 상쇄함으로써 자연 선택이 작용하는 데 필요한 변이를 유지한다고 믿었다. 융합 유전이 변이를 계속 사라지게 한다면, 라마르크식 유전은 변이를 계속 만들어 내어 전체적으로 변이를 유지하는 역할을 한다.

세인트 조지 미바트St. George Mivart도 다윈을 비판한 사람 중 하나였다. 미바트는 1871년에 유명한 반다윈주의 공격을 전개했는데, 그것은 그 후 창조론 운동의 만트라mantra가 되었다. 미바트는 복잡한 구조(고전적인 예로는 눈이 있다)는 완전한 형태를 갖춰야만 적응력이 있다고 주장했다. 눈이 제대로 기능을 발휘하려면, 아주 많은 관련 부분들(수정체, 망막, 근육, 신경 등)의 작용에 의존해야 한다. 그런데 다윈의 자연 선택설에 따르면, 눈은 수많은 시초 단계를 거쳐 점진적으로 진화했을 것이다. 미바트는 이러한 점진적 단계들이 적응 면에서 어떤 가치가 있느냐고 물었다. 완전한 눈이 유용한 것은 분명하지만, 절반만 완성된 눈이 전혀 없는 것에 비해 무슨 가치가 있는지 알 수 없었다.

다윈은 개개의 변이는 아무리 사소한 것이라도 경쟁에 이득이 된다면 자연 선택이 선호한다고 반박했다. 원시적인 눈(예컨대 빛에 민감한 단세포)이라 하더라도 포식자의 접근을 감지하는 데에는 도움이 될 테고, 그것은 생존 경쟁에 유리하게 작용할 것이라고 했다.

하지만 모든 사람이 다윈의 주장에 공감한 것은 아니었다. 수십 년 뒤, 모건은 지렁이를 대상으로 한 자신의 재생 연구를 바탕으로 미바트의 비판에 동조했다. 모건은 재생 능력이 과연 작은 변화들을 통해 점진적으로 진화했을지 의문을 제기했다. 온전한 다리 대신에 반쪽 다리만 재생된다면 그게 무슨 소용이 있느냐고 반문했다. 재생 능력은 다리가 완전한 형태로 다시 생겨날 때에만 쓸모가 있기 때문이다. 따라서 재생 능력은 한 번의 거대한 진화적 도약을 통해 나타난 것이 분명하다고 모건은 믿었다.

다윈을 비판하고 나선 사람은 모건뿐만이 아니었다. 모건의 동료 중에도 다윈주의(자연 선택과 적자생존을 바탕으로 진화의 원리를 규명한 이론으로 다위니즘Darwinism이라고도 함)에 깊은 불신을 가진 사람이 많았다. 급기야 이들 사이에서 다윈주의는 박물학자들의 낡은 방식과 동급으로 취급받는 신세가 되었다. 젊은 세대의 실험생물학자들 중에서 진화론의 왕권을 노리는 도전자가 새로 나타났는데, 네덜란드 식물학자 휘호 더프리스Hugo de Vries가 바로 그였다.

진화론의 허점을 찌르다

더프리스는 1901~1903년에 걸쳐 출간된 《돌연변이설Die Mutationstheorie》에서 자신의 웅대한 진화론을 제시했다. 네덜란드를 여행하면서 나무가 거의 보이지 않는다는 사실에 고개를 갸웃한 사람이라면, 이 백과사전 비슷한 더프리스의 저서가 혹시 이러한 자연 환경에 어떤 영향을 미친 것은 아닐까 하는 생각이 떠오를지도 모른다. 필요 이상으로 자세히 기술된 《돌연변이설》은 책장을 휘게 할 만큼 두꺼운 책 두 권으로 이루어져 있다.

1890년대 초 어느 날, 더프리스는 암스테르담 교외로 야외 조사를 떠났는데, 그것은 그가 돌연변이설을 생각하는 계기가 되었다. 거기서 그는 세 가지 변종으로 보이는 달맞이꽃들이 나란히 자라고 있는 것을 보았다. 더프리스는 그중 하나가 나머지 두 변종의 부모일 것이라고 생각했다. 그런데 개개 식물의 차이는 다윈이 줄곧 이야기한 미세한 변이보다 훨씬 커 보였다. 실제로 그 차이는 너무 커서 서로 다른 세 종이 아닌가 하는 생각이 들 정도였다. 이 변종들은 작은 변이가 점진적으로 누적되어 생긴 것이 아니라, 단 한 번의 도약으로 즉각 생겨난 것으로 보였다. 더프리스는 이러한 도약 진화를 '돌연변이'라고 이름 붙였는데, 오늘날 이 단어는 크건 작건 모든 유전적 변화를 가리키는 뜻으로 사용되고 있다.

더프리스는 달맞이꽃의 그러한 변이가 일회성 사건이 아니라, 새로운 진화 구도에서 핵심 역할을 한다는 사실을 깨달았다. 더프리스는 개체 간의 미소한 차이—다윈식 진화의 연료인—는 종의 기원과 아무 관계가 없다고 주장했다. 대신에 새로운 종은 거대한 진화적 도약의 산물이라고 생각했다. 더프리스가 다윈주의를 완전히 부정한 것은 아니었다. 자연 선택은 여전히 개체들 중에서 적자를 선택할 것이다. 하지만 미소한 개개의 변이들 중에서 선택하는 대신에, 큰 변이가 일어난 다양한 돌연변이체들 중에서 선택할 것이다.

더프리스는 새로운 돌연변이는 그 부모와 생식이 불가능할 것이라고 주장했다. 이 주장은 융합 유전을 통해 변이가 사라지는 문제를 피할 수 있었지만, 나름의 새로운 문제를 안고 있었다. 더프리스의 돌연변이는 사실상 생식적 외톨박이를 만들어 낸다. 새로운 돌연변이체는 생식을 할 상대가 없어 홀로 고독하게 살아가야 하고 진화의 막다른 골목에 이르게 된다. 이 문제를 해결하기 위해 더프리스는 '돌연변이기mutating period'라는 개념을 내놓았다. 이것은 동일한 돌연변이가 여러 개체에서 동시에 폭발적으로 나타나는 것을 말한다. 더프리스는 이러한 돌연변이기는 심한 더위나 추위, 그리고 그 밖의 극단적 환경 조건 때문에 일어난다고 주장했다.

실험을 통한 검증에 나선 모건

돌연변이설은 다윈주의를 겨냥한 비판을 많이 피할 수 있었기 때문에 인기를 끌었다. 돌연변이설은 융합 유전의 문제를 피해 갈 수 있었고, 초기 단계의 적응적 가치에 대한 미바트의 의심을 해결할 수 있었다(더프리스의 돌연변이에서는 초기 단계가 존재하지 않으므로). 그러나 무엇보다도 중요한 사실은 — 적어도 모건에게는 — 돌연변이설을 실험으로 검증할 수 있다는 점이었다.

다윈주의에 대한 모건의 불만 중 하나는 그것을 실험으로 확인하기가 어렵다는 점이었다. 진화가 인간의 수명을 훨씬 뛰어넘는 아주 오랜 시간에 걸쳐 천천히 일어나는 과정이라고 주장함으로써 다윈은 의도적으로 자신의 이론을 검증할 수 없게 만든 것처럼 보였다. 물론 이것은 추측을 바탕으로 과학을 하던 박물학자들에게는 별 문제가 되지 않았다. 그러나 모건처럼 엄격한 실험생물학자에게는 이런 이론은 이단이나 다름없었다. 그래서 모건에게 더프리스의 이론은 경험주의의 사막을 벗어나게 해 주는 최초의 도로 표지처럼 보였다.

모건은 실험실에서 돌연변이기를 나타나게 하고 싶었다. 하지만 그전에 고려해야 할 실험적 장애물이 있었다. 설사 돌연변이기라 하더라도 돌연변이는 비교적 아주 드문 사건으로 보였다. 따라서 실험실에서 돌연변이를 발견하는 것은 차치하고 유도할 가능성이라도 높이려면, 아주 많은 개체들을 조사해야 했다. 그러려면 작고 비용이 덜 들고 번식력이 높은 생물을 선택해야 했다. 아주 빠른 시간에 많은 자손을 낳는 것이 유일한 존재 목적인 그런 생물 말이다. 초파리가 바로 그 조건에 딱 들어맞았다.

극단적 환경을 모방하기 위해 모건은 초파리를 다양한 방법으로 학대했다. 생식샘에 산이나 알칼리를 주입하기도 하고, 초파리를 원심분리기에 넣고 아주 빠른 속도로 돌리기도 하고, 냉장고나 오븐 속에 며칠 동안 넣어 두기도 했다. 그러나 그 모든 노력도 아무 소용이 없었다. 실험은 모건에게 번번이 실패를 안겨 주었고, 초파리에게는 생지옥을 안겨 주었다. 어떤 방법을 사용하더라도, 더프리스의 돌연변이는 나타나지 않았다. 돌연변이기는 하염없이 기다리는 인고의 시기로 변했다.

멘델의 유전 법칙

모건이 초파리에게 뭔가 극적인 일이 일어나기를 기다리며 실험을 하는 동안 생물학계에는 새로운 열풍이 불었다. 바로 멘델 이론이었다. 주인공인 그레고어 멘델Gregor Mendel은 이미 죽고 없었지만, 먼지 속에서 발굴된 그의 유전 이론은 돌풍이 되어 생물학계를 휩쓸었다.

멘델이 살아 있을 당시에 그의 연구에 관심을 보인 사람은 아무도 없었다. 그는 오스트리아에서 수도사로 살다가 과학계에 거의 알려지지 않은 채 1884년에 죽었다. 만약 세상이 그의 연구를 일찍 알았더라면, 역사는 전혀 다른 방향으로 흘러갔을지도 모른다. 다윈이 《종의 기원On the Origin of Species》을 발표한 지 불과 7년 후인 1866년에 멘델은 완두콩을 번식시킨 실험 결과를 짧은 논문으로 썼는데, 거기서 그는 유전에 관한 새로운 개념을 몇 가지 주장했다.

멘델은 빌리 그레이엄Billy Graham(미국의 유명한 침례교 목사이자 역사상 개신교도 중에서 가장 많은 사람들에게 설교한 목회자로, 라디오 청취와 텔레비전 시청을 포함해 그레이엄이 살아 있는 동안 그의 설교를 들은 청중은 22억 명에 이른다고 한다)과는 전혀 딴판인 삶을 살았다. 수도원에서 절제된 생활을 하며 살아갔던 그는 자신의 새로운 유전 이론을 주장하기 위해 순회강연에 나설 팔자는 못 되었을 것이다. 설사 그가 자신의 주장을 노골적으로 떠들어 대는 성격이었다 하더라도, 사람들이 거기에 귀를 기울였을지는 의심스럽다. 멘델의 개념은 시대를 앞선 것이었고, 유전에 관한 그 당시의 지배적인 생각에서 완전히 벗어나는 것이었기 때문이다.

하지만 1900년에 몇몇 생물학자가 멘델이 1866년에 발표한 논문에서 주장한 것과 동일한 사실을 각자 독자적으로 발견하면서 멘델의 연구는 재조명을 받게 되었다. 이 '재발견'된 멘델의 연구가 널리 알려지면서 주목을 받자, 많은 생물학자들이 하던 연구를 중단하고 다른 종들에서도 비슷한 유전 패턴이 나타나는지 조사하기 시작했다.

멘델이 성공을 거둔 비결은 단순화에 있었다. 그는 두 가지 중 어느 하나에만 나타나는 이분법적 형질의 유전에 국한해 연구를 했다. 완두콩 식물은 항상 키가 크거나 작고, 꼬투리는 초록색이거나 노란색이고, 완두콩 모양은 쭈글쭈글하거나 반반했으며, 그 중간의 특징을 지닌 것은 나타나지 않았다. 몇 년 동안 완두콩을 직접 재배하며 연구한 끝에 멘델은 이러한 형질이 후손에게 전달되는 방식에 일정한 패턴이 있음을 발견했다. 게다가 그는 이러한 유전 패턴을 물리적 현상으로 해석할 수 있었다.

멘델의 완두콩 실험

멘델의 개념 뒤에 숨어 있는 이야기는 자세히 언급할 만한 가치가 충분히 있지만, 그것을 자세히 설명하려다 보면 교과서처럼 지루해지기 쉽다. 그래서 나는 비유로 그것을 설명하고자 한다.

자, 멘델의 수도원에서 자라던 완두콩 대신에 교외의 북쪽멘델거리에 집들이 죽 늘어서 있다고 상상해 보자. 이 거리는 아주 기묘하다. 집들의 특징이 멘델의 완두콩처럼 이분법적으로 변하기 때문이다. 그러니까 대문은 검은색 아니면 흰색이고, 창문은 사각형 아니면 둥근 모양이고, 지붕은 평평하지 않으면 기울어져 있고, 굴뚝은 높지 않으면 낮다.

이 가상 세계에서 한 집이 지닌 특징은 각각 한 쌍의 '지시'로 암호화되어 있다. 한 쌍을 이룬 지시는 서로 같을 수도 있고, 서로 다를 수도 있다. 예를 들면 한 쌍을 이룬 지시가 둘 다 '검은 대문'이거나 '하얀 대문'일 수 있다. 또한 하나는 '검은 대문'이고 다른 것은 '하얀 대문'일 수도 있다. 이 경우, 두 지시의 서열에 따라 문의 색깔이 정해진다. 즉, '우성'인 지시가 '열성'인 지시를 지배하는 것이다. 예를 들어 '검은 대문'이 '하얀 대문'보다 우월하다면, '검은 대문'과 '하얀 대문'이 쌍을 이룬 지시의 결과는 검은 대문으로 나타난다.

멘델은 각각의 지시가 입자의 형태로 이루어져 있을 것이라고 상상했다. 각각의 지시는 독립적인 실체로 그 짝과 섞여도 고유성을 잃지 않으며, 한 세대에서 다음 세대로 아무 변화 없이 전달된다. 한 쌍을 이루는 두 지시는 생식 세포(정자와 난자)가 만들어질 때 분리되므로, 각각의 생식 세포는 부모 세포가 지녔던 두 지시 중 하나만 지니게 된다. 만약 어느 부모가 지닌 지시 한 쌍이 둘 다 동일한 지시로 이루어져 있다면, 거기서 생겨나는 생식 세포는 모두 똑같은 지시를 지닐 것이다. 만약 부모가 지닌 지시 한 쌍이 서로 다른 지시로 이루어져 있다면, 생식 세포 중 절반은 한 지시를, 나머지 절반은 다른 지시를 지니게 된다. 정자와 난자가 합쳐지는 수정이 일어날 때, 각각의 부모에게서 하나씩 온 지시가 합쳐져 새로운 쌍을 이루게 되는 것이다.

이제 북쪽멘델거리에 있는 두 집이 서로 좋아해 짝을 지어 합치기로 했다고 상상해 보자. 두 집 중 하나는 대문이 검은색(두 지시가 모두 '검은 대문')이고, 다른 집은 대문이 흰색(두 지시가 모두 '흰 대문')이다. 두 집이 짝짓기를 하여 그 사이에서 태어난 집들이 새로운 거리(이것을 남쪽멘델거리라고 하자)를 만든다고 하자. 그러면 이 새로운 집들의 대문은 무슨 색일까? 남쪽멘델거리의 모든 집은 부모 중 한쪽에서는 '검은 대문' 지시를 물려받고, 다른 쪽에서는 '흰 대문' 지시를 물려받았다. 검은 대문은 흰 대문에 대해 '우성'이므로 남쪽멘델거리의 모든 집은 대문이 검은색일 것이다. 흰 대문 형질은 전혀 나타나지 않는다(그렇다고 '흰 대문' 지시가 사라진 것은 아니다).

그런데 새로 생긴 이 집들 중 둘이 서로 사랑에 빠져 또 다른 거리(이것은 동쪽멘델거리라고 부르자)를 만들어 낸다면 어떻게 될까? 물론 환경 단체는 이렇게 교외 지역이 급속도로 팽창하는 것을 싫어할 것이다. 그러나 여기서 중요한 점은 대문의 색이 어떻게 나타나느냐 하는 것이다.

남쪽멘델거리 집들은 '검은 대문'과 '흰 대문'의 지시를 모두 지니고 있다. 동쪽멘델거리의 새 집들이 각 부모에게서 어떤 지시를 물려받느냐 하는 것은 동전을 던질 때 앞면 또는 뒷면이 나오는 상황과 비슷하다. 동쪽멘델거리를 전체적으로 볼 때 평균적으로 4분의 1은 '흰 대문' 지시만 2개, 4분의 1은 '검은 대문' 지시만 2개, 2분의 1은 '흰 대문'과 '검은 대문' 지시를 각각 1개씩 가질 것이다. 즉, 동쪽멘델거리 집들은 검은 대문과 흰 대문의 비율이 3:1로 나타날 것이다. 이 3:1 비율은 멘델의 유전 법칙을 상징하는 특징이다.

멘델의 이분법에 대한 모건의 의심

유전에 관한 멘델의 개념이 1866년에 처음 발표되었을 때, 그것은 두 집이 짝짓기를 하는 것처럼 터무니없는 소리로 들렸다. 비록 그의 유전 체계는 아주 깔끔하고 명쾌했지만, 그것을 물리적으로 뒷받침할 직접적 증거가 없었다. 1860년대까지만 해도 미시 세계는 신비에 싸여 있었다. 멘델이 가정한 입자는 고사하고, 세포 내부를 들여다볼 수 있는 기술조차 아직 발전하지 않은 상태였다.

1880년대가 되자, 무지의 안개가 서서히 걷히기 시작했다. 현미경 설계에 큰 발전이 일어나고, 직물 산업에서 개발된 선택적 착색제와 염료가 도입되면서 현미경으로 보는 세포의 모습이 서서히 변하기 시작했다. 투명하고 아무 특징도 없는 사막 같던 풍경에 다양한 색과 윤곽이 나타났다. 세포도 현미경적 기관과 조직을 비롯해 나름의 내부 구조가 있었다.

현미경의 렌즈는 서로 아주 다른 두 세계, 그러니까 우리에게 친숙한 인간 세계와 이질적인 현미경 속의 세계를 이어 주었다. 현미경 렌즈를 들여다보는 것은 세포 극장의 초현실적이고 사적인 영역을 엿보는 생물학적 요지경과 같았다. 세포 깊숙이 한가운데 자리 잡은 중앙 무대에는 화려한 색깔로 염색된 벌레처럼 생긴 구조가 있었다. 생물학자들은 그것을 '염색체chromosome'라고 불렀다.

20세기로 넘어올 무렵, 많은 생물학자들은 염색체야말로 유전 물질이 들어 있는 장소로 매우 유망하다고 떠들어 댔다. 염색체는 멘델의 가상 입자에 물리적 실체를 부여하는 것처럼 보였다. 염색체는 쌍으로 존재했고, 아버지와 어머니에게서 각각 하나씩 왔다. 그리고 정자나 난자가 만들어질 때, 쌍을 이룬 염색체는 둘로 분리되었다.

컬럼비아대학교 대학원생이던 월터 서턴Walter Sutton은 이러한 절묘한 일치에 주목했다. 1902년에 그는 다음과 같이 주장했다.

> 나는 아버지와 어머니의 염색체가 쌍을 이루어 결합되었다가 곧 분리되는 현상이…… 멘델의 유전 법칙의 물리적 기반일 가능성에 주목하게 되었다.

서턴은 얼마 후 생물학 연구를 집어치우고 외과 의사가 되었는데, 아마도 이렇게 중요한 통찰을 깨달은 뒤에 자신의 경력이 내리막길로 치닫지나 않을까 두려워했기 때문은 아닐까?

확실한 증거가 아직 나오지 않았는데도 생물학은 강한 힘에 이끌려 염색체와 멘델을 향해 나아갔다. 유전에 관한 언어도 멘델 이론의 세밀한 부분까지 수용하도록 변했다. 1909년, 덴마크 생물학자 빌헬름 요한센Wilhelm Johannsen은 멘델의 입자를 '유전자gene'라 부르기 시작했고, 이제 그들의 연구 분야는 '유전학genetics'이라 불리게 되었다.

한편, 모건은 여전히 멘델의 이론에 부정적이었다. 컬럼비아대학교에서 보낸 초기 시절에 그는 멘델의 유전 이론과 염색체설에 비판적인 태도를 견지했다. 그가 멘델의 개념을 쉽사리 받아들이지 않은 것은 충분히 이해할 수 있다. 모건이 볼 때 멘델의 유전 체계는 기호와 이론에 불과했다. 즉, 현실에 사실적 기반을 두지 않고 순전히 상상으로 지어낸 것에 지나지 않았다. 모건이 과학에서 가장 싫어한 면이 바로 그런 것이었다.

게다가 모건은 멘델이 연구한 이분법적 형질이 자연에서 나타나는 변화와 비슷하다는 주장을 받아들일 수 없었다. 실제 증거는 그보다 훨씬 복잡한 관계가 존재한다고 시사했기 때문이다. 모건이 보기에 멘델의 주택 단지는 겉으로 보기에만 번지르르한 속임수 같았다. 현실 세계에서는 대문이 단지 검은색과 흰색만 있는 것이 아니라 빨간색, 파란색, 초록색, 노란색을 비롯해 온갖 색이 다 있지 않은가! 1909년, 모건은 미국사육가협회가 세인트루이스에서 주최한 회의에 모인 청중(대부분 멘델의 이론에 우호적인) 앞에서 자신의 생각을 다음과 같이 요약했다.

> 우리의 결과를 몇 가지 간단한 가정으로 정리한다는 것이 얼마나 가치가 있는지는 저도 잘 압니다. 그러나 교대 유전alternative inheritance의 기묘한 사실들을 설명하기 위해 우리가 일종의 멘델 의식Mendelian ritual을 너무 성급하게 만들어 내고 있는 게 아닌가 하는 우려를 금할 수 없습니다.

유전에 염색체가 관여한다는 주장에 대해서도 모건은 그것과 어긋나는 증거를 모조리 동원해 강조하면서 과학계의 열광에 찬물을 끼얹었다. 20세기 초에 독일의 생물학자 테오도르 보베리Theodor Boveri는 염색체설을 강하게 뒷받침하는 증거 두 가지를 내놓았다. 한 실험에서 보베리는 성게의 배胚가 정상적으로 발생하려면 완전한 염색체 한 벌이 필요함을 보여 주었다. 또 다른 실험에서는 회충의 염색체는 세포들의 세대가 바뀌어도 물리적 통합성이 그대로 유지된다는 것을 보여 주었다.

반면 다른 종들의 세포 분열을 자세히 관찰했더니, 염색체는 탈출 마술사로 유명한 후디니Houdini처럼 기묘한 트릭을 보여 주었다. 세포 분열이 일어나는 동안에는 염색체가 아주 선명하게 나타났다. 하지만 분열이 멈추면 염색체는 녹아서 사라진 것처럼 보였다가, 분열이 다시 시작되면 마치 하늘에 생겨나는 구름처럼 신비하게 다시 나타났다. 모건이 볼 때 염색체의 행동은 너무 변덕스러워서 유전과 어떤 실질적 관계가 있다고 생각하기 어려웠다. 1906년, 그는 친구인 한스 드리슈Hans Driesch에게 보낸 편지에서 이렇게 썼다. "자네가 보베리의 실험을 검토한다니 무척 기쁘네. 나는 늘 그것을 불신했지만, 모든 것이 명명백백하게 밝혀지기 전까지 염색체설에 열광하는 사람들은 그것을 계속 지지하겠지."

하지만 염색체가 유전의 기초라는 서턴의 예언적 주장을 지지하는 증거들은 계속 나왔다. 예를 들어 여러 생물학자는 암컷과 수컷의 염색체 사이에서 일관되게 나타나는 차이점을 발견했다. 그것은 단 한 쌍의 염색체에서 나타났다.

몽상가, 혹은 예언자가 필요한 시점

1890년대 전반에 생물학자들은 짝이 없이 홀로 존재하는 것처럼 보이는 염색체를 놓고 수군거렸다. 수수께끼 같은 그 성질 때문에 이 외톨이 염색체에는 X 염색체라는 이름이 붙었다. 그러다가 몇 년 뒤 X 염색체의 짝이 발견되었는데, 훨씬 작고 땅딸막한 모양의 그 염색체에는 Y 염색체라는 이름이 붙었다. 이렇게 서로 전혀 어울리지 않는 X와 Y 염색체 쌍은 오직 수컷에게만 있었고, 암컷은 모양과 크기가 같은 X 염색체 2개가 쌍을 이루고 있었다. 성염색체에 나타나는 이러한 패턴(수컷은 XY, 암컷은 XX)은 딱정벌레에서 맨 처음 발견되었고, 나중에 메뚜기와 파리를 비롯해 많은 동물에서도 확인되었다. 이것은 유전(이 경우에는 성性의 유전)과 염색체 사이에 어떤 관계가 있음을 보여 주는 최초의 직접적인 증거로 보였다.

새와 나비의 염색체를 현미경으로 들여다보기 전까지만 해도 이 증거는 완벽한 것 같았다. 하지만 이 동물들에서는 암컷과 수컷의 차이가 그때까지 보던 것과는 정반대로 나타났다. 즉, 서로 어울리지 않는 염색체 쌍을 가진 것은 수컷이 아니라 암컷이었다. 성의 결정은 처음에 생각했던 것보다도 훨씬 복잡한 것으로 드러났다.

이런 상황에서는 혼란 속에서 의미를 찾아낼 수 있는 유전학의 몽상가, 즉 혼란에 빠진 군중을 약속의 땅으로 인도할 수 있는 유전학의 예언자가 필요했다. 겉으로 보기에는 모건은 그런 역할에 어울리는 사람이 전혀 아니었다. 사실, 그런 역할이라면 누구에게 맡기더라도 모건보다는 더 나을 것 같았다. 하지만 독립적인 기질이라면 모건을 따를 자가 없었다. 그는 상황 전개에 따라 과학적 견해를 얼마든지 바꿀 수 있는 사람이었다. 그가 유일하게 중요하게 여긴 것은 실험적 증거의 힘이었다.

흰색 눈을 가진 초파리

1910년 초의 어느 겨울날, 모건은 언제나처럼 초파리들을 살펴보고 있었다. 그가 기르는 초파리 개체군은 엄청난 수로 불어나 있었지만, 그날이 다른 날과 달리 특별한 날이 되리라고 믿을 만한 이유는 전혀 없었다. 오히려 실험실에는 낙담의 공기가 감돌고 있었다. 더프리스의 돌연변이를 하나라도 관찰할 수 있으리라는 기대는 이미 거의 접은 상태였고, 다른 쪽으로 연구 방향을 돌리려던 참이었다.

그런데 그날, 모건은 한 유리병에서 색다른 초파리를 발견했다. 그는 병 속에 든 초파리들을 좀 더 자세히 관찰하려기 위해 에테르로 마취시킨 다음, 책상 위에다 모두 쏟아 놓았다. 잠든 초파리들을 헤치면서 나머지 초파리들과 달라 보이는 녀석을 골라냈다. 그리고 호주머니에서 확대경을 꺼내 그 작은 초파리를 유심히 관찰하기 시작했다. 녀석은 수컷이었다. 배 끝 부분의 멜라닌 색소 반점이 그것을 알려 주었다. 그러나 그의 관심을 끈 것은 머리였다. 초점을 맞춰 자세히 들여다보니, 두꺼운 렌즈를 통해 무표정한 흰색 눈 2개가 시야에 들어왔다.

새로운 돌연변이가 나타나다

그때까지 모건이 보아 온 초파리는 모두 빨간색 눈을 가진 것뿐이었다. 흰색 눈을 가진 이 초파리는 새로운 돌연변이가 분명했다. 그러나 이것은 더프리스가 생각했던 그런 종류의 돌연변이가 아니었다. 이 초파리는 눈 색깔을 제외한 나머지 모든 것은 여느 초파리와 전혀 다른 게 없어 분명히 같은 종이었기 때문이다. 이 돌연변이는 다윈이 이야기한 단순하고 미소한 변화처럼 보였다.

모건은 흰색 눈을 가진 이 수컷을 빨간색 눈을 가진 정상 초파리와 교배하기로 결정했다. 다행히도 두 마리는 서로 사이가 아주 좋았다. 눈 색깔은 성적 매력에 큰 영향을 미치지 않는 것 같았다. 다음 날, 모건은 교미를 한 암컷이 효모를 풍부하게 깔아 놓은 판 위에 알을 낳는 것을 보았다. 몇 시간 뒤 알들이 부화했고, 작은 구더기들이 꾸물거리며 기어 나와 만찬을 즐기기 시작했다.

모건의 유일한 관심사는 어른 초파리의 눈 색깔이었다. 그러나 그것을 보려면 많은 인내심이 필요했다. 눈도 없고 아무 특징도 없는 유충이 열심히 먹이를 먹으며 자라기까지 일주일을 기다려야 했고, 그것이 번데기로 변했다가 성충이 되기까지 또 일주일을 기다려야 했다.

오랫동안 참고 기다린 끝에 성충이 된 초파리가 마침내 나오기 시작했다. 어린 초파리가 번데기를 뚫고 나와 밝은 빛을 바라보았다. 그곳에는 기대 어린 시선으로 기다리는 모건이 있었다. 그는 깜빡이는 초파리의 눈을 자세히 들여다보았다. 그 초파리의 눈은 빨간색이었다.

몇 초 뒤, 또 다른 초파리가 번데기에서 나왔다. 이 녀석의 눈 색깔도 역시 빨간색이었다. 그다음 녀석도 그랬다. 하나씩 뒤를 이어 번데기 속에서 초파리가 모두 나왔다. 모든 초파리의 눈이 빨간색이었다. 흰색 눈 형질은 싹 사라졌다. 이것은 멘델이 예측한 대로 빨간색 눈이 흰색 눈보다 우성일 때 일어나는 현상이다. 그래서 모건은 빨간색 눈을 가진 새로운 세대의 형제자매 초파리들을 서로 짝짓기시키면서 실험을 한 단계 더 해 보았다. 그것은 근친상간이었지만, 초파리들은 개의치 않고 열심히 교미에 몰두했다.

다음 세대의 어른 초파리들이 나타나기까지 모건은 또 한참 동안 인내심을 가지고 기다려야 했다. 그러나 처음 몇 마리가 번데기를 뚫고 세상에 모습을 나타냈을 때, 한 가지 사실이 명백하게 드러났다. 이번에는 초파리들의 눈 색깔이 다 똑같지 않았다. 빨간색 눈을 가진 것도 있었고, 흰색 눈을 가진 것도 있었다. 그 앞 세대에서는 흰색 눈이 사라져 버렸지만, 멘델의 예측대로 그다음 세대에서 다시 나타난 것이다. 그렇다면 빨간색 눈과 흰색 눈의 비율은 어느 정도일까? 이것 역시 멘델의 예측과 일치할까? 모건은 수천 마리의 초파리를 조심스럽게 분류하면서 눈 색깔에 따라 수를 세었다. 빨간색 눈을 가진 초파리는 모두 3470마리였고, 흰색 눈을 가진 것은

782마리였다. 약간의 오차를 감안한다면, 이 수치는 멘델의 3:1 법칙에 아주 가까운 것이었다.

모건과 초파리의 삶을 바꾼 발견

모건은 이 세대의 초파리들에게서 놀라운 패턴을 또 한 가지 발견했다. 암컷과 수컷의 수는 비슷했지만, 흰색 눈을 가진 비율은 성에 따라 큰 차이가 있었다. 빨간색 눈 초파리는 암컷이 2459마리인 반면 수컷은 1011마리였고, 흰색 눈 초파리는 수컷이 782마리인 반면 암컷은 한 마리도 없었다. 또한 멘델도 미처 예측하지 못한 일이 일어났다. 흰색 눈 형질은 손자 대에서 수컷에게만 나타난 것이다. 어떤 종류의 교배에서는 암컷도 흰색 눈 형질을 물려받을 수 있었다. 그러나 흰색 눈 형질은 항상 암컷보다 수컷에서 훨씬 더 많이 나타났다.

성과 밀접한 관련이 있는 유전 형질 사례는 새로운 것이 아니었다. 이미 새와 나비에서도 보고된 바 있었다. 그러나 이 동물들에서는 성에 따른 편향이 반대로 나타났다. 즉, 그러한 형질이 주로 나타나는 쪽은 수컷이 아니라 암컷이었다. 그런데 모건은 그 반대 패턴(수컷에게만 주로 나타나는)을 발견한 것이다.

이러한 모순적인 관찰 결과를 설명하기 위해 모건은 그답게 멘델과 염색체에 대해 그때까지 반대해 오던 견해를 잠시 접기로 했다. 그는 개체의 성보다 성염색체를 고려한다면, 관찰 결과를 조리 있게 설명할 수 있는 사실을 깨달았다. 암컷 새와 암컷 딱정벌레와 수컷 초파리의 유일한 공통점은 바로 X 염색체를 하나만 가졌다는 사실이었다.

만약 어떤 유전자가 X 염색체에 실려 전달된다면 어떤 일이 일어날까? 마침내 모건은 다른 사람들이 그런 생각을 할 때 조롱했던 바로 그 생각을 하기 시작했다. 그로서도 어쩔 수 없었다. 초파리는 그를 편견에서 해방시켜 합리적인 해결책을 생각하게 만들었다. 모건은 사고 실험을 하면서 논리가 이끄는 대로 나아가 보았다.

수컷 초파리는 어미에게서 물려받은 X 염색체와 아비에게서 물려받은 Y 염색체를 갖고 있고, 암컷 초파리는 (각각 아비와 어미에게 물려받은) X 염색체를 2개 갖고 있다. 눈 색깔을 결정하는 유전자가 X 염색체에 있다고 가정해 보자. 수컷은 눈 색깔에 대한 유전적 지시를 단 하나만 물려받는 반면(Y 염색체는 너무 작아서 그것에 해당하는 지시가 들어갈 자리가 없다), 암컷 초파리는 두 가지 지시를 다 물려받을 것이다.

수컷이 한 가지 지시를 물려받을 확률은 암컷이 두 가지 지시를 물려받을 확률보다 높다. 이것은 마치 동전을 두 번 던지는 것과 비슷하다. 앞면(흰색 눈 지시)이 최소한 한 번 나올 확률은 앞면이 연달아 두 번 나올 확률보다 훨씬 높다. 따라서 암컷보다 수컷 초파리에게 흰색 눈이 훨씬 많이 나타나게 된다.

이 논리는 완벽해 보였다. 만약 유전자가 X 염색체에 실려 전달된다면, 열성 형질은 X 염색체를 1개만 가진 성에 더 많이 나타날 것이다. 이것은 초파리, 새, 나비, 심지어 우리 인간에게도 적용된다. 예를 들어 19세기에 빅토리아 여왕의 후손 중 많은 이들이 혈우병이라는 유전병을 앓았는데, 이 병이 나타나는 사람은 대부분 남자였다. 모건은 사람에게 나타나는 적록 색맹의 유전도 이와 똑같은 유전 패턴을 따른다는 사실을 깨달았다. 적록 색맹은 여자보다는 남자에게 훨씬 많이 나타난다.

모건은 유전에 관한 개념들을 잘 결합해 그럴듯한 이론을 만들어 냈다. 유전자설과 염색체설, 성 결정 개념을 통합해 일관성 있는 하나의 이야기로 만들었는데, 그 이야기는 많은 것을 조리 있게 설명할 수 있었다. 그의 과학적 견해를 획기적으로 바꾼 계기가 된 것은 바로 흰색 눈을 가진 초파리였다. 초파리는 멘델의 이론과 염색체설을 반대하던 그의 기존 입장을 무너뜨렸을 뿐만 아니라, 완전히 새로운 시각으로 생물학을 바라보게 했다. 그 후로 모건과 초파리의 삶은 이전과는 완전히 달라졌다.

최초의 유전자 지도

흰색 눈 돌연변이, 또는 줄여서 '화이트*white*'[1]는 그 해에 나타난 수많은 초파리 돌연변이 중 하나에 불과했다. 1910년 6월부터 8월 사이에 모건은 날개에 일어난 돌연변이를 세 가지 발견했다. 이 돌연변이들에는 각각 '루디멘터리*rudimentary*(흔적)', '트렁케이티드*truncated*(짧은)', '미니어처*miniature*(축소된)'란 이름이 붙었다. 이 초파리들은 몸 크기는 정상이었지만, 날개가 작거나 잘려 나간 것처럼 짧았다. 그리고 '올리브*olive*'란 돌연변이도 나타났는데, 몸 색깔이

---

1 모건 시절부터 새로 발견되는 유전자는 처음 확인된 돌연변이 형질을 딴 이름을 붙였다. 예를 들면, '화이트'는 단지 흰색 눈을 만드는 유전자뿐만 아니라 눈 색깔을 결정하는 유전자를 가리킨다. 해당 유전자의 여러 가지 버전(대립 유전자)을 구별하기 위해 다양한 접미사가 사용된다. 예컨대 흰색 눈의 유전 지시는 white-로 쓰고, 빨간색 눈의 유전 지시는 white+로 쓰는 식이다.
해당 유전자의 돌연변이 형태가 정상에 비해 우성이냐 열성이냐에 따라 첫 번째 글자를 대문자로 쓰거나 소문자로 쓰기도 한다. white를 소문자로 쓴 것은 흰색 눈 대립 유전자가 빨간색 눈 대립 유전자보다 열성이기 때문이다.
다소 혼란스럽지만 유전자 이름은 여기서처럼 돌연변이가 일어난 초파리를 가리키기 위해 사용되기도 한다. 모든 초파리는 눈 색깔에 관계없이 흰색 눈 유전자 버전을 갖고 있지만, 오직 흰색 눈을 가진 돌연변이 초파리만 화이트 초파리라고 부른다.

황갈색이 아니라 올리브색이었다. 눈 색깔이 분홍색인 '핑크*pink*' 돌연변이도 나타났다. 이 새로운 유전적 특징은 모두 정상에 비해 열성 변이였고, 모두 멘델의 유전 법칙을 따랐다.

초파리 원자로

봇물 터지듯이 쏟아져 나오는 새로운 돌연변이들 가운데 신비로운 것은 아무것도 없었다. 모든 것은 크기나 색깔 변화에 지나지 않았다. 더프리스식 돌연변이를 찾으려는 노력을 포기한 모건은 실험 진화라는 새로운 연구를 위해 초파리 실험의 규모를 확대하기로 결정했다. 이제 초파리를 수백 마리가 아니라 수만 마리를 키우기 시작한 것이다.

돌연변이는 아주 드물게 일어나는 사건이다. 돌연변이를 로또 복권 당첨에 비유한다면, 개개의 초파리는 개개의 복권에 해당한다. 만약 복권을 몇 장만 산다면(실험실에서 초파리를 몇 마리만 기른다면), 당첨될 확률(새로운 돌연변이를 발견할 확률)은 극히 낮다. 그러나 복권의 수를 수천, 수만 장으로 늘리면 당첨될 확률이 높아진다.

초파리를 많이 기르면 짝짓기가 많이 일어나고, 새로운 돌연변이가 나타날 가능성이 높아진다. 많은 돌연변이 대립 유전자(대립 형질을 지배하는 한 쌍의 유전자로 염색체 위의 같은 유전자 자리에 위치하며, 대개 서로 우성과 열성 관계에 있다)는 열성 지시이기 때문에, 처음 나타날 때에는 우성인 짝에 가려 그 형질이 발현되지 않는다. 새로운 돌연변이 지시를 발견할 수 있는(그 효과가 나타나는 것을 볼 수 있는) 유일한 방법은 같은 지시를 가진 두 초파리를 짝짓기시키는 것이다. 물론 처음에는 어떤 초파리가 어떤 지시를 갖고 있는지 모르기 때문에 무작정 시도해 보는 수밖에 없다. 그러나 교배시키는 초파리 수를 늘리면, 같은 열성 유전자를 가진 두 마리가 짝짓기를 할 확률이 높아진다.

모건은 일단 어떤 돌연변이를 확인하면, 새로운 돌연변이 유전자만 가진 암컷과 수컷을 얻을 수 있도록 초파리들의 짝짓기를 세심하게 조절했다. 그 결과 더 많은 돌연변이가 나타났고, 그러자 다시 돌연변이 유전자를 가진 초파리들끼리 더 많은 교배를 시킬 수 있었다. 몇 달 안에 모건의 실험실은 초파리 원자로 비슷한 공간으로 변했다.

모건은 초파리에 푹 빠졌다. 1910년 11월, 그는 친구 한스 드리슈에게 보낸 편지에서 이렇게 썼다.

> 초파리는 정말 놀라운 실험 재료라네. 초파리는 일 년 내내 번식하며, 12일마다 새로운 세대가 생겨.

그러나 모건은 서서히 자신이 거둔 과학적 성공의 희생자로 변해 갔다. 점점 늘어나는 새로운 돌연변이들을 유지하는 데 필요한 작업은 감당하기 어려운 지경에 이르렀고, 초파리 원자로는 노심이 녹아내릴 정도로 위험한 지경에 이르렀다. 1911년 3월에 그는 이렇게 썼다.

> 대규모 원정에 대비해 진작 더 조직적으로 준비했어야 한다는 생각이 슬슬 든다. 하지만 이러한 대홍수가 몰려오리라고 어느 누가 예상할 수 있었겠는가! 다른 사람의 도움으로 간신히 급한 불은 껐지만, 그것이 다른 단계로 옮겨 가지 않을까 염려된다. 끌어모을 수 있는 도움을 최대한 끌어모아 제발 이 폭풍을 견뎌 낼 수 있길.

1910년 말에 두 대학생 캘빈 브리지스Calvin Bridges와 앨프레드 스터티번트Alfred Sturtevant가 도움의 손길을 뻗었다. 두 사람은 컬럼비아대학교 셔머혼 홀 꼭대기 층에 있던 모건의 연구실 옆방인 613호실을 썼다. 이 방은 나중에 '초파리실Fly Room'이라 불리게 된다.

건강과 안전에 민감한 반응을 보이는 오늘날이라면 초파리실은 아마도 즉각 폐쇄되었을 것이다. 그 당시의 기준으로도 그 방은 청결과는 담을 쌓은 것으로 악명이 높았다. 실험적 방법을 보여 주는 아주 깨끗하고 모범적인 연구실을 기대하며 찾아온 방문객들은 그 지저분한 난장판을 보고 충격을 받았다. 초파리에게 친숙한 자연환경인 쓰레기통을 재현하는 게 목적이었다면, 초파리실은 그 목적을 충실하게 구현한 듯했다.

방도 5×7m 정도의 크기로 작았다. 나무 책상 9개가 방을 꽉 채우고 있었고, 각 책상 위에는 약 500ml 크기의 우유병들을 올려놓은 트레이들과 현미경들이 발 디딜 틈도 없을 정도로 빽빽하게 널려 있었다. 어수선한 선반들 위에도 많은 병들이 올려져 있었다. 벽에는 스케치와 지도, 도표, 메모가 어수선하게 붙어 있었고, 한쪽 구석에 있는 수상쩍은 싱크대에는 하도 많이 사용해서 얼룩과 상처투성이인 냄비와 국자가 수북이 쌓여 있었다. 싱크대 뒤에는 검게 썩어 가는 바나나들이 벽에 매달려 있었다. 방 안은 썩어 가는 과일과 효모, 에테르 냄새로 공기가 아주 탁했다.

매서운 추위가 몰아치는 뉴욕의 겨울 동안 초파리실은 모건의 세계에서 중심부가 되었다. 모건과 그의 연구팀은 그곳에서 계획을 세우고, 토론을 하고, 과학 실험을 했다. 여름이 되면 그 방은 해체 작업에 들어갔는데, 초파리들을 통 속에 집어넣은 뒤에 매사추세츠주 해안의 우즈홀에 있는 해양생물학연구소로 보냈다. 초파리 연구는 훨씬 느긋한 그곳 해변 환경에서 계속 진행되었다. 이동 중에 일어날지도 모를 사고에 대비해 초파리 병 몇 개는 늘 보험으로 남겨 두었다.

돌연변이는 계속해서 쏟아져 나왔다. 1911년에만 최소한 10마리가 나타났다. 그다음 해에는 그 수가 두 배로 늘어났다. 1914년에는 그 수가 100마리를 넘었다. 흰색 눈을 가진 초파리가 모건의 유전

개념에 씨가 되었다면, 계속 나타난 새로운 돌연변이들은 모건에게 유전에 대한 자신의 생각을 더욱 정교하게 개선하고, 유전자와 염색체가 서로 어떻게 맞물리는지 더 자세한 그림을 만들게 했다.

유전자 교환이 알려준 단서

그때까지 평균적인 동물이나 식물이 유전자를 얼마나 많이 갖고 있는지는 아무도 몰랐지만, 염색체 수보다 훨씬 많다는 데에는 모두 동의했다. 예를 들면 초파리의 염색체는 단 4쌍뿐이다. 물론 초파리는 진화적으로 그렇게 많이 발달한 종은 아니지만, 그래도 초파리가 단 4쌍의 유전 지시만으로 설계되었다고는 주장하는 사람은 아무도 없었다.

염색체 수보다 유전자 수가 더 많다면, 많은 유전자는 같은 염색체 위에 함께 존재하여 물리적으로 연결되어 있을 것이기 때문에 (마치 쇠사슬에 묶인 죄수들처럼) 독립성에 제약을 받을 수 있다. 함께 연결된 유전자들은 함께 유전될 것이다. 적어도 이론상으로는 그랬다. 그러나 성가시게도 현실은 그렇지 않았다. 두 가지 이상의 형질이 항상 함께 유전되는 사례는 극히 드물었다.

1910년 여름에 모건은 같은 염색체 위에서 서로 연결되어 있는 것처럼 보이는 두 유전자, '루디멘터리'와 '화이트'를 발견했다. 위축된 날개는 흰색 눈처럼 암컷보다 수컷에서 더 흔하게 나타났는데,

이것은 루디멘터리 유전자가 화이트 유전자와 마찬가지로 X 염색체에 존재한다는 것을 시사했다.

한 염색체에 있는 유전자들을 연결하는 고리가 끊어지지 않는다면, 흰색 눈과 위축된 날개는 항상 똑같이 유전되어야 할 것이다. 하지만 모건은 그런 사례를 전혀 발견할 수 없었다. 빨간색 눈에 위축된 날개를 가진 초파리와 흰색 눈에 정상 날개를 가진 초파리도 아주 많이 나타났다. 실제로 두 유전 형질은 마치 그 유전자가 각각 서로 다른 염색체에 존재하는 것처럼 완전히 독립적으로 행동했다. 그렇다면 두 유전자를 연결하는 고리는 분명 끊어질 수 없는 게 아니었다.

모건은 염색체가 종종 끊어져서 쌍을 이루는 염색체와 유전 지시를 서로 교환할 것이라고 믿었다. 아무 근거 없이 그렇게 믿은 것은 아니었다. 그 생각은 1909년 벨기에의 염색체 연구자 프란스 얀센스Frans Janssens가 이미 주장한 바 있었다. 얀센스는 쌍을 이룬 염색체들이 분리되어 생식 세포로 옮겨 가기 전에 어떻게 행동하는지 알아냈다. 두 염색체는 수직 방향으로 나란히 늘어서 있다가 다음 순간에 마치 사랑을 나누는 두 마리의 뱀처럼 서로 꼬인다. 얀센스는 이러한 물리적 접촉이 일어나는 순간, 염색체의 길이 방향을 따라 서로 일치하는 지점들이 끊어지면서 상보적인 부분들을 교환한다고 주장했다.

얀센스는 현미경으로 관찰하는 것만으로는 염색체가 실제로 일부를 교환하는지 알 수 없었다. 다만 두 염색체가 들러붙듯이 겹치는 것만 확인했을 뿐이다. 하지만 화이트와 루디멘터리 유전자에 대한 모건의 연구는 그러한 유전자 교환이 실제로 일어난다는 개념을 강하게 뒷받침하는 증거였다.

모든 유전자 연결이 화이트와 루디멘터리 유전자처럼 쉽게 끊어지는 것은 아니었다. X 염색체와 관련 있는 돌연변이들이 점점 더 많이 발견되자, 모건은 서로 연결된 유전자 쌍 사이의 연관성이 완전한 것부터 0에 이르기까지 다양한 차이가 있음을 알게 되었다.

모건은 다양한 연관성을 설명할 수 있는 가장 간단한 방법은 유전자들이 염색체 위에 직선으로 배열되어 있다고(끈에 꿰인 구슬처럼) 가정하는 데에서 출발해야 한다고 믿었다. 각각의 유전자는 염색체 위에서 정해진 위치에 있으며, 짝을 이룬 염색체에서도 그에 대응하는 유전자가 같은 위치에 존재한다.

쌍을 이룬 염색체들 사이에서 일어나는 유전자 교환은 두 벌의 카드를 섞는 것과 비슷하다. 한 벌의 카드에서 서로 가까이 있는 카드들일수록 카드를 섞은 뒤에 멀어질 가능성이 낮다. 마찬가지로 서로 연결된 두 유전자의 연관 정도는 염색체 위에서 두 유전자의 물리적 거리에 따라 달라진다.

스터티번트는 즉각 모건의 이 논리에 숨어 있는 더 큰 의미를 깨달았다. 연관 유전자 쌍 사이의 연관 정도를 이용하면, 염색체 위에 존재하는 유전자들의 순서와 상대적 간격을 알아낼 수 있다는 사실을 깨달은 것이다. 첨단 장비나 도구가 필요한 것도 아니었다. 그저 초파리(지칠 줄 모르는 짝짓기 본능을 가진)와 수를 세는 능력만 있으면 되었다. 1911년에 스터티번트는 최초의 유전자 지도를 작성했는데, 그것은 X 염색체 위에서 서로 연결된 유전자 5개가 직선으로 늘어서 있는 모습을 보여주었다.

새로운 유전학 분야의 개척자

유전자 지도의 작성은 거대한 한 걸음이었다. 이것은 새로운 돌연변이가 나타날 때마다 그 유전자의 위치를 염색체 위에서 이웃 유전자들에 대한 상대적 위치로 알아낼 수 있음을 의미했다. 더욱 중요한 사실은 유전자 지도가 유전자와 염색체에 그때까지 존재하지 않았던 시각적 속성을 부여했다는 점이다. 이제 염색체는 죽 뻗어 있는 철도로, 유전자들은 그 위에 늘어서 있는 역들의 상대적 위치로 볼 수 있게 되었다.

초파리실에서 한 연구 중 상당수가 끝없이 나타나는 새 돌연변이들의 지도를 작성하는 것이었다. 1915년에 이르러 초파리 염색체 4개에 대해 각각의 지도가 작성되었는데, 거기에는 그때까지 발견된 유전자 100여 개의 상대적 위치가 표시되었다.

1912년에는 대학원생 허먼 멀러Hermann Muller가 모건과 스터티번트, 브리지스의 초파리실 연구팀에 합류함으로써 힘든 작업의 부담을 덜어 주었다. 그들은 자아와 지적 야심으로 똘똘 뭉친 4인조 팀이 되었다. 스터티번트는 그 당시를 생각하며 이렇게 썼다. "실험실은 늘 흥분의 분위기에 휩싸여 있었고, 연구가 빨리 진행되면서 새로운 결과가 나올 때마다 많은 토론과 논쟁이 벌어졌다."

그러나 협력적 과학 연구의 친밀감을 단조롭게 강조한 이 표현의 이면에는 불가피한 개인 간의 알력이 숨어 있었다. 스터티번트와 브리지스, 그리고 특히 멀러는 공동 연구로 얻은 성과를 모건이 종종 부당하게 독차지하는 것을 불만스럽게 생각했다. 컬럼비아대학교의 한 동료는 그 연구팀이 성공을 거둔 데 기여한 모건의 역할에 대해 이렇게 말했다. "모건이 평생 동안 한 중요한 발견은 딱 하나뿐인데, 그것은 바로 스터티번트였다."

각자의 상대적 공로와 기여가 어떤 것이었든 간에, 이들이 함께 이룬 성공이 밖으로 널리 확산되자 외부 세계는 그것을 간과하지 않았다. 모건과 그의 제자들, 그리고 초파리는 멘델의 유전 이론을 염색체설과 결합하여 유전에 대한 완벽한 설명을 제시했다. 게다가 그들은 초파리 번식을 유전자 지도 작성 기술로 발전시켰다. 그들 모두는 새로운 유전학 분야의 개척자였다.

모건이 거둔 성공 덕분에 초파리도 덩달아 유명해졌다. 초파리가 실험실의 슈퍼스타로 떠오르면서 빅토리아 시대부터 사랑을 받아 온 쥐와 생쥐는 뒤로 밀려나게 되었다. 유전자와 염색체로 유전을 생각하게 하면서 모건의 생물학적 견해를 완전히 뒤바꾸어 놓은 초파리는 이제 실내에서 사육되며 살아가는 새로운 환경을 맞이하게 되었다.

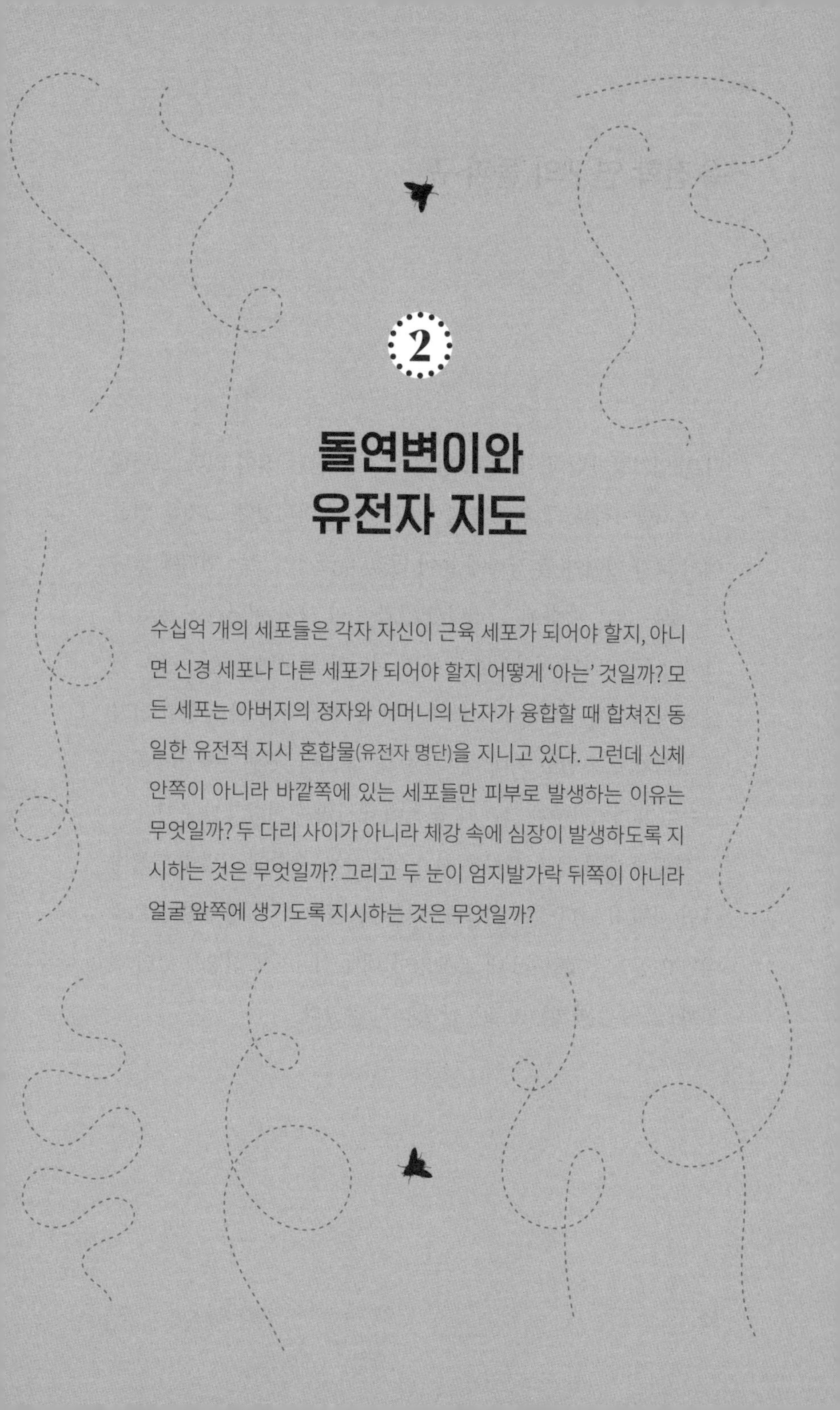

2

돌연변이와 유전자 지도

수십억 개의 세포들은 각자 자신이 근육 세포가 되어야 할지, 아니면 신경 세포나 다른 세포가 되어야 할지 어떻게 '아는' 것일까? 모든 세포는 아버지의 정자와 어머니의 난자가 융합할 때 합쳐진 동일한 유전적 지시 혼합물(유전자 명단)을 지니고 있다. 그런데 신체 안쪽이 아니라 바깥쪽에 있는 세포들만 피부로 발생하는 이유는 무엇일까? 두 다리 사이가 아니라 체강 속에 심장이 발생하도록 지시하는 것은 무엇일까? 그리고 두 눈이 엄지발가락 뒤쪽이 아니라 얼굴 앞쪽에 생기도록 지시하는 것은 무엇일까?

유전학 연구의 돌파구

나는 엄지발가락 끝에 눈이 달린 남자를 만난 적이 있다. 그런데 그 엄지발가락도 제 위치에 붙어 있는 것이 아니었다. 그것은 얼굴에서 코가 있어야 할 자리에 붙어 있었다. 그러면 코는 어디에 있냐고? 코는 그의 뱃속에, 그러니까 간과 지라 사이 어딘가에 있었다. 그나마 두 다리는 정상이었다. 다만 다리가 눈구멍에 붙어 마치 한 쌍의 사슴뿔처럼 머리에서 뻗어 나와 있었다. 나는 이 불행한 남자를 그다지 오래 알고 지내지는 못했다. 내 기억 속에 그의 인상적인 모습이 새겨지자마자 그는 내 꿈속에서 사라져 버렸기 때문이다.

도대체 내가 무슨 생각을 하고 있었기에, 꿈속에 이렇게 뒤죽박죽인 사람이 나타났던 것일까? 나는 내 몸을 너무 당연한 것으로 여기고 있었던 것일까? 내 코 모양에 대해 지나치게 신경을 썼던 것일까? 그 수수께끼는 오랫동안 풀리지 않았다.

인공 돌연변이 시대를 연 멀러

세월이 한참 지난 후, 나는 그 꿈을 완전히 다른 시각에서 바라보게 되었다. 그러한 시각은 생물학자로 훈련을 받으면서 생겨난 것이 분명하다. 이런 종류의 기형은 비뚤어진 상상의 산물로 보이겠지만, 초파리에게는 실제로 그런 일이 일어난다.

1970년대 후반에 온갖 기묘한 돌연변이들이 쏟아져 나왔다. 만약 여러분이 우연히 초파리 실험실을 방문했다가 혹시 초파리판 유령의 집에 온 것은 아닐까 하고 생각했더라도, 아무도 여러분을 탓하지 않았을 것이다. 새로운 돌연변이를 만들어 내기 위해 과학자들은 초파리에게 강제로 돌연변이 유발 물질을 투여했고, 그 결과로 갖가지 기형이 태어났다. 그것은 주문에 맞춰 만든 돌연변이였고, 전시된 기형에는 제한이 없었다.

예를 들어 머리 또는 신체 대부분이 없는 채로 태어나는 돌연변이 배아인 '바이코덜*bicaudal*(쌍복雙腹 기형이라고도 함)'이 있다. 하지만 항문은 있다. 그것도 2개가 서로 반대 방향을 향해 붙어 있다. 그러나 바이코덜은 뇌와 눈, 그 밖의 이동 기관이 전혀 없기 때문에 태어난 지 두세 시간 동안 그저 엉덩이만 씰룩거리다가 삶을 마감한다. 그래도 바이코덜은 '시브*sieve*'보다는 나은 편이다. 불쌍한 시브는 더 후The Who가 1960년대에 인습 타파주의 기치를 내걸며 부른 노래, '마이 제너레이션My Generation'을 문자 그대로 재현하며 살아가는 것처럼 보인다. 시브는 수정란의 형태로 이 세상에 태어나 가장 기본적인 신체 부위들이 채 발달하기도 전에 몇 분 만에 삶을 마감한다. "늙기 전에 죽었으면Hope I die before I get old"이라는 노래 가사를 그대로 실천한 삶이라고나 할까…….

또 다른 돌연변이인 '패치*patch*(조각)', '런트*runt*(제일 작고 약한 녀석)', '헌치백*hunchback*(곱사등이)'은 배가 발생하는 초기 단계에 나타나는 형태의 혼성 트리오이다. 애석하게도 이들은 죽을 때까지 이러한 형태로 살아야 한다. 구더기 형태를 하고 있지만, 자세히 살펴보면 많은 신체 부위가 없다는 것을 알 수 있다.

그러나 돌연변이라고 해서 모두 발생 초기에 삶을 마감하는 것은 아니다. 예를 들어 '안테나피디어*Antennapedia*', 또는 줄여서 '안트프*Antp*'라고 부르는 돌연변이가 있다. 안트프는 다리가 지나치게 많이 발달한 돌연변이이다. 그런데 다리 한 쌍은 제자리에 붙어 있지 않고 더듬이antennae가 있어야 할 얼굴 부분에 붙어 있다.

그 밖에도 '바주카*bazooka*', '버블*bubble*', '스푹*spook*(유령)', '뽀빠이*popeye*', '구스베리*gooseberry*', '블래더윙*bladderwing*(방광날개)'처럼 괴상한 이름이 붙은 기이한 돌연변이들이 수십 가지나 있다. 이 돌연변이들은 모두 몸의 설계도를 완전히 뒤집어엎는 대수술을 받은 것처럼 보인다. 어떤 것은 기형이 너무 심해서 발생 단계의 초파리가 알집에서 빠져나오지조차 못한다. 그래서 수명은 일日이 아니라 분이나 시간 단위로 측정한다.

만약 초파리들이 자신들을 이렇게 비참한 처지로 전락시킨 장본인을 찾아내길 원한다면, 가장 유력한 용의자는 허먼 멀러이다. 많은 사람들에게는 멀러가 독불장군이자 몽상가처럼 보였지만, 초파리에게는 잔인한 폭군이었다. 멀러는 인공 돌연변이를 일으키는 방법을 개척함으로써 1970년대에 돌연변이 붐 시대를 여는 길을 닦았다.

돌연변이는 모든 유전학 연구에서 항상 돌파구 역할을 했다. 정상 상태에서 어떤 유전자가 무슨 일을 하는지 알아내려면, 일이 잘못되었을 때(유전자가 돌연변이를 일으켰을 때) 그 생물에게 어떤 일이 일어나는지 살펴보는 방법밖에 없다. 자동차 수리공이 결함이 있는 엔진의 증상을 보고 문제가 있는 부분을 찾아내듯이, 유전학자들은 돌연변이의 증상을 이용해 해당 유전자와 그 기능을 알아낸다.

초파리 연구의 초기 시절에는 돌연변이를 인공적으로 일으키는 방법을 아무도 몰랐다. 그래서 생물학자들은 새로운 돌연변이가 자연적으로 나타날 때까지 기다릴 수밖에 없었다. 그것은 결코 만족스러운 방법이 아니었다. 마치 시내버스를 기다리는 것과 비슷했다. 한참 동안 한 대도 안 오다가 어떤 때에는 두세 대가 한꺼번에 오곤 하니까.

인위적으로 유전자에 손상을 입히려는 시도는 이전에도 있었다. 20세기의 첫 10년 동안 모건은 더프리스의 돌연변이를 찾아내려고 초파리에게 다양한 생물학적 학대를 가했다. 그러나 돌연변이의 생물학적 기초를 명확하게 알지 못했고, 돌연변이를 감지하는 유전학 기술도 없었기 때문에 모건을 비롯해 여러 사람의 노력은 아무 성과 없이 끝났다. 하지만 15년 뒤 유전자에 대해 더 많은 지식을 가지고 그 일에 도전한 허먼 멀러에게는 행운이 따랐다.

X선으로 만든 돌연변이

전에 모건의 연구팀에서 함께 일했던 멀러는 1920년에 컬럼비아대학교를 떠나 오스틴에 있는 텍사스대학교로 자리를 옮겼다. 그는 돌연변이를 일으키는 방법을 발견하려고 열 효과를 이용해 실험을 시작했지만, 얼마 후 X선으로 실험 방향을 돌렸다.

1926년, 멀러는 X선이 돌연변이 발생 비율을 엄청나게 증가시킨다는 사실을 발견했다. X선에 노출된 초파리는 외관상으로는 아무 변화가 없었지만, 유전자는 심한 손상을 입었다. 그러한 유전자 손상의 결과는 다음 세대에서 분명하게 나타났다. X선을 과다하게 쬐어 준 결과로 돌연변이 발생 비율이 1만 5000%나 증가했다.

많은 돌연변이는 즉각 알아볼 수 있었다. 흰색 눈이나 작은 날개 또는 갈라진 털 등은 앞서 모건의 초파리실에서도 나타났던 돌연변이였다. 멀러는 X선으로 유발한 유전적 변화가 자연적으로 나타나는 것과 동일하거나 비슷하다고 결론 내렸다.

또한 멀러는 X선이 염색체를 끊어지게 할 수 있다는 사실을 발견했다. 때로는 염색체 일부가 뒤집혀 일직선으로 늘어선 유전자 배열 순서가 거꾸로 되기도 했다. 또 어떤 경우에는 염색체 일부가 탈락하거나 염색체 내의 다른 장소로 이동하기도 했다. 이런 변화는 그 염색체를 물려받은 초파리에게 큰 재앙을 안겨 주었다.

멀러의 실험은 인공 돌연변이를 발생시키는 것이 가능함을 최초로 입증했다. 그 이후 멀러는 평생 동안 방사능의 생물학적 효과에 큰 관심을 보였다. X선이 초파리 염색체에 어떤 영향을 미치는지 봄으로써 양자 사이에 존재하는 필연적인 연관 관계를 밝혀낸 멀러는 방사능이 사람의 건강에 미치는 위험에 대해 대중의 경각심을 환기시켰다.

즉각적인 돌연변이 시대의 의미

멀러는 산업화가 진행될수록 환경 속에 방사능과 그 밖의 돌연변이원이 증가할 것이라고 염려했다. 이것은 인류의 유전적 건강에 유례없는 부담으로 작용할 것이라고 믿었다. 인류가 돌연변이 과부하를 향해 곧장 나아가고 있다고 확신한 멀러는 너무 늦기 전에 미래 세대가 사용할 수 있도록 머리가 우수한 사람들의 정자를 따로 보관해 두어야 한다고 주장했다.

그의 예측은 너무 비관적이었다. 환경성 돌연변이원의 위험을 확인한 것은 옳았지만, 인류의 미래에 대한 종말론적 예측 중 일부 내용은 그 후의 발견을 통해 옳지 않은 것으로 드러났다. 세포는 환경의 공격에 대해 무방비 상태로 당하기만 하는 것이 아니다. 세포도 나름의 생화학적 연장을 갖고 있어 방사능이나 기타 돌연변이원이 일으킨 유전자 손상을 스스로 복구할 수 있다. 그럼에도 불구하고 멀러는 여전히 반핵 운동의 대중적 영웅으로 남아 있다.

멀러는 아주 진지한 사람이었다. 이런 진지한 태도는 어린 시절부터 나타났다. 또래 친구들이 공원에서 공을 차며 즐겁게 노는 동안 멀러는 자신의 사회적·과학적 철학의 기초를 쌓느라 바빴다. 그가 품었던 원대한 포부의 씨앗은 미출간된 자전적 글에서 발견할 수 있다.

> 여덟 살 때 아버지는 나를 미국자연사박물관에 데려갔다. …… 아버지는 그곳에 전시된 말 다리뼈 화석들이 변해 온 간단한 사례를 통해, 기관과 생물이 우연한 변이와 자연 선택의 상호 작용을 통해 점진적으로 어떻게 변하는지 명확하게 보여 주었다. …… 그 이후로 만약 자연에서 이런 일이 일어날 수 있다면, 결국에는 사람이 그 과정을 제어할 수 있을 것이고 …… 자신의 본성을 크게 개선할 수 있을 것이라는 생각이 내 머리를 떠난 적이 없었다.

멀러는 일종의 사회주의 우생학을 지지했다. 그는 사회가 스스로의 생물학적 진화를 제어할 수 있길 원했고, 더 높은 협력 정신과 지능을 가치 있는 진화의 목표라고 옹호했다. 그리고 개인의 이익은 사회적·생물학적 선善에 종속되어야 한다고 주장했다.

돌연변이를 유도하는 다른 방법

그런데 멀러가 자신이 추구하는 우생학의 목표 중 하나로 육체적

미보다 지능을 선택한 것은 흥미로운데, 이를 두고 의심스럽다고 말하는 사람도 있다. 멀러는 작은 키에 배가 불룩 나오고, 보비 찰턴Bobby Charlton(영국의 전직 축구 선수이자 감독)처럼 대머리였다. 또 시력이 나빠 안경을 써야 했다. 그러나 그는 두 아이의 아버지가 되었기에 스스로를 훌륭한 종축種畜(우수한 새끼를 낳게 하기 위하여 기르는 우량 품종의 가축)으로 생각했던 것 같다.

한편 그는 좌파에 대한 동정적 견해 때문에 미국 정부의 미움을 받았다. 자신에게 가해지는 압력이 점점 심해지자 멀러는 결국 1932년에 조국을 떠나기로 마음먹었다. 실패한 결혼, 신경쇠약, 자신의 정치 신념에 적대적인 조국은 멀러에게 변신을 선택하게 만들었다.

베를린의 막스플랑크연구소에서 일 년 동안 지낸 뒤, 멀러는 소련에서 가장 유명한 멘델주의 유전학자인 니콜라이 바빌로프Nikolai Vavilov의 초청을 받아 모스크바의 유전학연구소로 옮겨 갔다. 소련은 멀러의 사회주의 이념과 맞는 것이 많았기에, 멀러는 그곳이 자신의 과학적·우생학적 개념을 실현하기에 완벽한 환경이라고 느꼈을 것이다.

그가 도착할 무렵, 소련에서는 정치적으로나 과학적으로 지각 변동이 일어나고 있었다. 1933년 무렵, 스탈린의 편집증은 소련 사회에서 공포 정치로 발현되었다. 의심에서 안전한 사람은 아무도 없었으며, 유전학자들도 예외가 아니었다. 스탈린은 멘델 유전학을 불신했다. 그는 사람의 형질은 말할 것도 없고 완두콩 모양이 유전자로 결정된다는 개념을 경멸했다. 개인과 사회를 빚어내는 데 환경이 중요하다고 강조하는 라마르크식 유전이 마르크스주의 철학에 더 부합하는 것처럼 보였기 때문이다.

스탈린은 생물학자이자 정치적 기회주의자인 트로핌 리센코 Trofim Lysenko를 동지로 삼기로 했다. 스탈린은 리센코를 농업부 장관에 임명했는데, 이 때문에 소련의 유전학은 30년 동안 한 걸음도 나아가지 못했고, 소련의 농업은 완전히 몰락했다. 리센코가 과학계를 지배하면서 멘델 유전학은 마르크스주의를 공격하려는 부르주아적 자본주의자의 음모로 매도되었다. 유전학자들은 가혹한 선택을 강요당했다. 멘델 유전학에 대한 지지를 철회하든지, 아니면 블라디보스토크행 편도 열차표를 받든지 양자택일해야 했다.

분위기가 점점 불안하게 흘러가자, 멀러는 아직 기회가 있을 때 소련에서 탈출해야겠다고 판단하고 1937년에 소련을 떠났다. 그러나 친구이자 동료인 니콜라이 바빌로프는 운이 나빴다. 그는 1700시간이 넘는 심문을 받은 뒤, 겨우 5분 동안 열린 재판에서 반역죄로 유죄 판결을 받았다. 그리고 1943년에 강제 수용소에서 사망하고 말았다.

멀러는 미국에서 돌아오는 길에 에스파냐에 들러 에스파냐 내전에서 프랑코군에 저항하는 활동을 한동안 펼쳤다. 그러고 나서 1940년에 마침내 미국으로 돌아왔다. 6년 뒤, 멀러는 노벨상을 받음으로써 X선으로 인공 돌연변이를 유도한 업적을 공식적으로 인정 받았다.

멀러의 X선 실험은 방사능을 사용하는 연구의 위험성을 드러냈고, 돌연변이를 유도하는 다른 방법을 찾게 만들었다. 제2차 세계대전 후, 초파리 먹이에 화학적 돌연변이원을 집어넣는 방법이 더 안전한 돌연변이 유도 방법으로 개발되면서 X선을 대체하게 되었다. 물론 안전하다는 것은 어디까지나 과학자를 위한 말이고, 초파리는 이전과 다름없이 가혹한 학대와 불행을 겪어야 했다.

멀러는 즉각적인 돌연변이 시대를 열었다. 그러나 본의 아니게 그는 초파리의 운명을 완전히 바꿔 놓았다. 실험실 풍경도 예전의 한가롭고 느긋하던 분위기를 찾아볼 수 없게 싹 바뀌었다. 도처에 널린 우유병 속의 안락하고 여유롭던 분위기는 불안과 공포로 바뀌었다. 이제 초파리는 갑자기 평소와 전혀 다른 식사가 나오지 않을까 전전긍긍하게 되었다. 그 끔찍한 맛도 공포의 대상이었지만, 항문이 있어야 할 곳에 머리가 달린 자식이 태어나지나 않을까 염려해야 했다.

이렇게 태어난 돌연변이 초파리들의 삶은 매우 비참한 것이었고, 어떤 경우에는 사실상 아예 존재하지 않은 삶이나 다름없었다. 그러나 기형이 그토록 소중한 정보를 제공해 준 적은 일찍이 없었다. 생물학의 큰 수수께끼 하나를 이해하기 위해 초파리는 수만 마리씩 죽어 갔다. 초파리 생산 라인은 배의 발생에 관한 큰 수수께끼를 풀기 위한 거대한 노력의 일부였다.

수정란은 어떻게 완전한 생물로 성장할까?

우리는 모두 어머니의 자궁관에서 나온 단세포인 수정란으로 생명을 시작한다. 그 세포가 분열하여 2개가 되고, 2개가 다시 4개가 되고, 그것은 다시 8개, 16개……로 계속 분열한다. 세포 분열이 한 번 일어날 때마다 세포 수는 두 배로 늘어난다. 배가 성장함에 따라 세포들은 각자 다양한 역할을 담당하여 혈액, 피부, 신경, 뼈, 근육 등 서로 다른 조직을 만든다. 어떤 세포들은 심지어 자살을 함으로써 팔다리나 손가락, 발가락이 제 모양을 가지도록 텅 빈 공간을 만든다. 이런 과정을 거쳐 서서히 알아볼 수 있는 사람의 형태가 나타난다.

그런데 수십억 개의 세포들은 각자 자신이 근육 세포가 되어야 할지, 아니면 신경 세포나 다른 세포가 되어야 할지 어떻게 '아는' 것일까? 모든 세포는 아버지의 정자와 어머니의 난자가 융합할 때 합쳐진 동일한 유전적 지시 혼합물(유전자 명단)을 지니고 있다. 그런데 신체 안쪽이 아니라 바깥쪽에 있는 세포들만 피부로 발생하는 이유는 무엇일까? 두 다리 사이가 아니라 체강體腔(동물의 체벽과 내장 사이에 있는 빈 곳) 속에 심장이 발생하도록 지시하는 것은 무엇일까? 그리고 두 눈이 엄지발가락 뒤쪽이 아니라 얼굴 앞쪽에 생기도록 지시하는 것은 무엇일까? 다시 말해, 우리가 내 꿈속에 나온 기괴한 사람처럼 되지 않도록 해 주는 것은 무엇일까?

화학적 '기울기' 가설

좀 더 넓은 관점에서 문제를 바라보기 위해 신체 대신 건축 현장을 생각해 보자. 새 집을 지을 때, 건축가는 설계와 건축 계획과 조직을 감독하면서 모든 것이 제자리에 정확히 자리 잡도록 신경 쓴다. 건축가가 없다면 앞문이 마룻바닥이 될 수도, 지붕이 기초 속에 들어갈 수도, 실내 화장실이 야외 화장실로 탈바꿈할 수도 있다.

생물학자들은 신체 건축 현장에서 건축가 역할을 하는 존재를 밝혀내려고 수십 년 이상 애써 왔다. 수정란은 어떻게 모든 부분이 제자리에 들러붙은 완전한 생물로 성장할까? 이 의문은 발생학자들의 골머리를 앓게 만든 수수께끼였다. 토머스 헌트 모건도 예외는 아니었다. 그가 발생학을 연구하는 동안 머리카락 경계선은 마치 봄이 되면 뒤로 물러나는 얼음 가장자리처럼 조금씩 뒤로 물러났다(턱수염을 기른 이유는 그것을 보완하기 위한 것인지도 모른다).

유전자의 정확한 본질에 대해 뭔가를 알아내기 훨씬 이전부터 모건은 세포들이 발생하면서 어떻게 각각 서로 다른 기관으로 분화하는가 하는 문제를 붙들고 씨름했다. 1890년대에 모건은 배의 발생 대신에 재생 연구를 하면서 그 문제의 답을 찾으려고 애썼다. 재생이나 발생이나 그 원리는 똑같다고 믿었기 때문이다. 두 경우 모두 세포들은 정확하고 질서 있는 순서대로 분화한다. 하지만 각각의 세포에게 어떤 역할을 하라고 지시하는 것은 과연 무엇일까?

모건은 지렁이를 절단하는 실험을 하다가 절단 부위가 머리에서 멀수록 머리가 재생하는 데 시간이 더 많이 걸린다는 사실을 발견했다. 목 근처를 절단하면 그보다 더 아래에 있는 부분을 절단할 때보다 머리가 훨씬 빨리 재생했다. 모건은 이렇게 다양한 반응의 원인이 지렁이 신체 내의 화학적 '기울기' 때문이라고 주장했다. 1897년에 그는 다음과 같이 썼다.

> 지렁이의 세포에는 어떤 물질이 들어 있는데, 그 세포가 어떤 신체 부위에 있느냐에 따라 그 물질의 양은 많을 수도 있고 적을 수도 있다.

모건은 재생 능력이 그 물질의 국부적 농도에 따라 다르며, 그 농도는 지렁이의 신체 축에 따라 차이가 난다고 주장했다. 그리고 자신의 설명이 추측에 지나지 않다는 사실을 인정하면서(다른 사람들이 추측을 바탕으로 가설이나 설명을 제시하면 자신이 늘 조롱했다는 사실이 켕겼는지) 특유의 솔직한 태도로 이렇게 덧붙였다.

> 나는 이것이 무엇 하나라도 제대로 설명한다고 주장하지 않지만, 이 주장은 실제로 나타나는 결과들과 일치한다.

추측이건 아니건 모건의 통찰은 상당한 설득력이 있었고, 그의 연구는 화학적 기울기 연구에 대해 큰 관심을 불러일으켰다.

기울기의 기본 개념을 이해하기 위해, 산비탈의 기후 기울기와 그것이 산비탈에 서식하는 식물에 미치는 영향에 대해 생각해 보자. 산비탈을 따라 높이 올라갈수록 더 추워진다. 어느 지점에서는 그곳의 국지적 조건 때문에 많은 식물 종 중 일부만 서식할 수 있다.

모건은 화학적 기울기도 이와 비슷한 방식으로 작용한다고 생각했다. 예를 들면 어떤 화학 물질은 그 생물의 꼬리에서 머리로 갈수록 농도가 증가할지 모른다. 이 화학적 기울기의 각 지점에서는 그곳의 국지적 화학 물질 농도에 따라 세포들이 신체 내의 그 위치에 적절한 역할을 하게 된다. 가령 머리 부분의 높은 농도는 세포들에게 눈이나 뇌로 발달하게 하는 반면, 그보다 아랫부분의 낮은 농도는 세포들에게 소화계나 생식기로 발달하게 한다.

그 후 60년 동안 소수이긴 하지만 열성적인 과학자들이 화학적 기울기에 대한 연구를 계속했다. 하지만 이 가설에 대한 비판도 만만치 않았다. 가장 큰 문제점은 그 화학 물질이 도대체 무엇인지 전혀 단서조차 얻을 수 없다는 점이었다. 1960년대와 1970년대가 되자, 마침내 과학계의 인내심이 한계에 이르러 비판의 목소리가 봇

물처럼 터져 나왔고, 이 가설은 모호하고 부정확한 것으로 취급되었다. 과학계의 관심이 점점 유전자 쪽으로 향하면서 화학적 기울기 가설에 대한 관심도 시들해졌다.

유전자의 스위치를 켜는 것은 무엇인가

모건이 유전자들의 위치를 정확하게 알아낸 지 30년이 지날 때까지도 유전자가 무슨 물질로 이루어졌는지, 그리고 어떻게 작용하는지에 대해 과학자들 사이에 일치된 의견이 나오지 않았다. 1940년대에 많은 생물학자들은 DNA가 유전 물질이라고 주장하고 나섰다. 그러나 DNA 분자가 유전 정보를 전달할 만큼 충분한 복잡성을 지녔는지 의심하는 생물학자들이 일부 있었다. 그러다가 1953년에 제임스 왓슨James Watson과 프랜시스 크릭Francis Crick이 DNA 분자의 이중 나선 구조를 밝히고 나서야 비로소 DNA의 역할에 대해 남아 있던 의문이 말끔히 풀렸다.

왓슨과 크릭의 발견 이후 유전자에 대한 지식이 더 발전하면서 쌓여 갔다. DNA 분자는 네 가지 화학 문자 A, G, C, T가 배열된 형태로 정보를 담고 있는 유전 암호로 밝혀졌다. 사실, 유전자는 이 네 가지 문자의 독특한 배열로 이루어진 긴 DNA 조각이다. 게다가 유전자가 신체에 직접 영향을 미치는 것이 아니라는 사실도 밝혀졌다. 그 대신에 화학적 매개 물질이 각 DNA 배열 속에 들어 있는 정보를 번역해 단백질 분자를 합성한다는 것이다.

단백질은 신체 내에서 다양한 역할을 수행한다. 어떤 것은 생명의 벽돌과 모르타르 역할을 하면서 세포와 결합 조직 구조를 만드는가 하면, 어떤 것은 신체 내의 화학 반응을 촉진하는 촉매인 효소로 작용한다.

1960년대가 되자 유전학 지식은 더욱 빠른 속도로 쌓여 갔다. 유전자가 전등 스위치처럼 켜지기도 하고 꺼지기도 한다는 사실은 발생생물학의 발전에 중요한 전환점이 되었다. 신체 내의 모든 세포는 똑같은 유전자 조합을 갖고 있지만, 각 세포는 전체 유전자 중에서 일부만 사용한다. 스위치가 켜진 유전자는 단백질을 만들지만, 스위치가 꺼진 유전자는 침묵을 지키며 단백질을 만들지 않는다.

세포들이 각자 다른 역할을 하는 것은 각자의 활성 유전자가 다르기 때문이라는 사실 또한 밝혀졌다. 각 종류의 세포는 맡은 기능에 적합한 단백질만 만들어 낸다. 예를 들어 피부 세포는 케라틴(각질)을 많이 만들어 내는데, 케라틴은 적절한 강도와 탄성이 필요한 장소(신체 표면)에 바로 그런 기능을 제공하는 단백질이다. 따라서 피부 세포는 케라틴 유전자의 스위치가 켜져 있다. 하지만 피부의 기능에 적합하지 않은 유전자들(예컨대 헤모글로빈 유전자)은 스위치가 꺼져 있다. 반대로 혈액 세포는 헤모글로빈(신체 곳곳에 산소를 운반하는 단백질)을 많이 만들지만, 케라틴은 만들지 않는다.

다양한 종류의 세포가 존재하는 이유는 유전자를 켜거나 끌 수 있는 능력으로 설명할 수 있었다. 하지만 더 깊은 의문은 여전히 풀리지 않고 남아 있었다. 그 스위치를 켜는 것은 무엇인가? 전체 스위치의 작동을 감독하고 조직하는 것은 무엇인가? 이 모든 일에서 건축가는 과연 누구란 말인가?

마스터 유전자의 발견

1946년, 에드워드 루이스Edward Lewis는 초파리 건축 현장을 광범위하게 연구하기 시작했다. 루이스는 제2세대 초파리 유전학자 중 한 명이었다. 루이스가 캘리포니아공과대학교의 앨프레드 스터티번트 밑에서 대학원생으로 과학자 경력을 시작한 시기는 모건의 경력이 끝나 가던 무렵이었다.

루이스는 생물학적 건축 현장의 구조가 잘못된 것처럼 보이는 특이한 돌연변이인 '바이소락스*bithorax*(이중 흉부)'를 집중적으로 파고들었다. 파리과의 다른 종들과 마찬가지로 초파리는 한 쌍의 날개를 갖고 있다. 대부분의 곤충 개체군에서 발견되는 두 번째 쌍의 날개는 작은 닭다리 모양의 평균곤平均棍(모기나 파리 따위의 뒷날개가 곤봉 모양으로 변화한 것)으로 진화했는데, 이것은 비행할 때 균형을 잡아 주는 역할을 한다. 적어도 정상적인 초파리의 경우에는 그렇다. 그러나 루이스는 바이소락스 초파리에서 평균곤이 있어야 할 자리에 한 쌍의 날개가 더 나 있는 것을 발견했다. 좀 더 자세히 관찰했더니, 없어진 것은 평균곤만이 아니었다. 평균곤이 붙어 있던 체절 전체가 바로 그 앞에 붙어 있는 체절과 똑같은 것으로 바뀌어 있었다.

이와 같이 신체의 한 부분이 다른 부분과 비슷한 것으로 변하는 현상을 '상동 이질 형성homeosis'이라 부르는데, 동물계 전체에서 나타나는 현상이다. 눈 대신 더듬이가 달린 게, 날개 대신 다리가 달린 나방이 그런 예이다. 심지어 사람에게서도 볼 수 있는데, 다만 그 결과가 그렇게 뚜렷하게 나타나진 않는다. 예를 들어 내 친구는 오래전부터 '젖꼭지'가 하나 더 있다고 자랑했다. 어느 날 밤, 술집에서 다량의 맥주를 곁들여 설득한 끝에 결국 그 친구는 그 증거를 보여 주기로 동의했다. 나는 단추를 푼 셔츠 안에서 세 번째 젖꼭지가 나오는 순간을 기대했지만, 그가 왼쪽 젖꼭지에서 15cm쯤 아래에 사마귀 비슷한 것을 가리키는 순간 실망을 금치 못했다. 그러나 눈길을 끄는 것이든 아니든, 이러한 과잉 젖꼭지는 상동 이질 형성 돌연변이의 결과이다.

바이소락스 초파리는 모건이 연구했던 대부분의 돌연변이와는 달랐다. 모건이 관찰한 돌연변이는 정상에서 아주 약간 벗어난 것이었다. 눈 색깔이 빨간색에서 흰색으로 변하거나 몸 색깔이 갈색에서 노란색으로 변하는 정도였다. 대조적으로 바이소락스 돌연변이는 다 자란 초파리의 신체 설계 자체가 완전히 변한 것이었다.

루이스는 비록 변화 규모는 달라도 바이소락스의 출현 역시 모건의 단순한 돌연변이와 마찬가지로 단 하나의 유전자에 일어난 변화에서 비롯되었다는 놀라운 사실을 발견했다. 초파리의 체절을 만들려면 많은 종류의 세포와 수백 가지 유전자의 작용이 필요하다는 사실은 의심의 여지가 없다. 그런데 루이스는 건축 작업을 조직하고 조정하는 분자 세계의 건축가에 해당하는 마스터 유전자를 발견했다. 돌연변이가 일어난 그 유전자는 술에 취해 건축 현장에 나타나서는 2층 화장실이 있어야 할 자리에 주방을 하나 더 만들기로 결정하는 건축가처럼 행동했다.

유전자 배열과 신체 배열의 일치

루이스가 자신이 발견한 것을 분자 차원에서 자세하게 기술한 논문은 끔찍할 정도로 복잡했다. 그가 30년 이상 해 온 바이소락스에 대한 연구를 정리하여 1978년에 《네이처》에 발표한 논문을 읽는다면, 여러분도 틀림없이 그런 느낌을 받을 것이다. 그 논문은 분량과 전문 용어 사용이라는 측면에서 신기원을 열었다는 점에서도 획기적이었다. 맛보기로 일부를 소개한다.

> LMS→LMT를 초래하는 물질 S_0는 Ubx+의 산물로 생각된다. 그러면 MT가 Ubx 반접합체 또는 동형 접합체에서 LMT가 되지 못하는 것은 그 체절에 포함된 S_0 양의 예상되는 감소와 일치한다.

한 번에 두 문장 이상을 소화하려고 시도하는 독자는 방향감 상실과 현기증, 구토를 경험할지 모른다. 이 논문은 아마도 지금까지 인쇄된 글 중 가장 읽기 어려운 글에 속할 것이다.

그러나 이런 어려움에도 불구하고 《네이처》 편집자들은 신비한 예지력이 있었는지, 아니면 순전히 막연한 짐작으로 그랬는지 이 논문을 출판할 만한 가치가 있다고 판단했다. 그것은 현명한 선택이었다. 이 논문은 일단 어려운 전문 용어들을 해독하는 데 성공하기만 하면, 아주 놀라운 생물학적 통찰이 드러나기 때문이다.

루이스는 초파리의 한 염색체에 마스터 조절 유전자가 하나가 아니라 여러 개가 무리를 지어 배열되어 있다는 증거를 발견했다. '바이소락스 복합체*bithorax complex*'라고 이름 붙인 이 무리는 초파리의 몸 중 뒤쪽 절반의 발생을 제어했다. 이 무리에 속한 각 유전자는 초파리 신체 내부에서 일종의 분자 주소 역할을 했다. 예를 들어 한 유전자에 '날개 한 쌍'이라는 주소가 적혀 있을 수 있다. 이 유전자가 활성화되는 장소에서는 종속 유전자들이 활동을 시작하면서 세포들이 한 쌍의 날개가 붙어 있는 체절을 만드는 방향으로 발생한다. 또 어떤 유전자에는 '꼬리 끝 부분'이라는 주소가 적혀 있을 수 있다. 이 분자 건축가가 활동을 하는 세포들은 꼬리 뒷부분을 만드는 방향으로 발생한다.

루이스의 획기적인 논문이 발표되고 나서 몇 년 뒤, 두 번째 유전자 무리가 발견되면서 바이소락스 복합체가 발견되고 나서 남아 있던 빈틈을 채웠다. 그것은 '촉각다리 복합체*Antennapedia complex*'로 초파리의 몸 중 앞쪽 부분의 발생을 제어하며, 나머지 절반과 비슷한 방식으로 작용한다.

이 두 무리의 기묘한 특징 중 하나는 유전자의 직선상 배열이 신체 부위의 직선상 배열과 정확하게 일치한다는 것이다. 예를 들어 촉각다리 복합체에서 맨 앞에 있는 유전자는 머리 발생을 제어하고, 그 뒤에 있는 유전자들은 차례로 머리 앞부분 뒤에 있는 부분들을 제어했다. 이러한 일치는 그 뒤로도 계속 이어져 바이소락스 복합체 맨 끝에 있는 유전자는 꼬리 끝 부분을 제어했다. 그러나 직선상의 일치가 지니는 의미는 아직 분명하게 밝혀지지 않았다. 이 유전자들의 순서가 뒤바뀌더라도 초파리는 완전히 정상적으로 발생할 수 있기 때문이다. 어쩌면 이것은 발생이 성공하는 데 유전자의 순서가 지금보다 더 중요한 의미를 지녔던 먼 과거의 유물일지도 모른다.

조절 유전자와 발생

루이스의 논문이 출판될 무렵, 독일의 생물학자 크리스티아네 뉘슬라인폴하르트Christiane Nusslein-Volhard와 미국의 생물학자 에릭 위샤우스Eric Wieschaus는 거대한 연구 계획에 착수했다. 루이스가 초파리가 성충으로 발생해 가는 동안 활성화되는 유전자를 연구했던 반면, 뉘슬라인폴하르트와 위샤우스는 더 기본적인 것을 연구하려고 했다. 그들은 수정란에서 완전한 유충이 될 때까지 초기에 초파리의 배 발생에 관여하는 유전자를 알아내려고 했다.

뉘슬라인폴하르트와 위샤우스는 유전자 한두 개를 찾아내는 데에는 별로 관심이 없었다. 그들은 초기의 배 발생을 제어하는 모든 유전자를 엄격하고 체계적인 방법으로 확인하고 싶었다. 그들의 야심은 종종 위대한 과학자가 사로잡히는 특별한 종류의 광기를 연상시켰다. 발생에 얼마나 많은 유전자가 관여하는지조차 전혀 모르는 상태에서 그들의 연구가 얼마나 방대한 작업이 될지는 예측하기 힘들었다.

뉘슬라인폴하르트와 위샤우스는 다른 사람들의 비판에도 아랑

곳하지 않고 자신들의 계획을 밀고 나갔다. 그들의 계획은 단순했다. 우선 수만 마리의 어른 초파리에게 돌연변이를 유발하는 화학물질을 먹여 아주 다양한 돌연변이를 만든다. 개별적으로 본다면, 각각의 초파리에서는 한두 가지 돌연변이만 나타날 것이다. 하지만 모든 결과를 종합하면, 초파리 개체군에서는 초파리의 모든 유전자를 망라하는 돌연변이가 나타날 것이다.

그들은 발생이 일어나는 동안 이 돌연변이 유전자들 중 어떤 것이 심각한 문제를 야기하는지 관찰함으로써 발생이 정상적으로 일어날 때 어떤 일이 일어나는지 추측할 수 있고, 수정란에서 배에 이르는 일련의 발생 과정에서 일어나는 사건들을 꿰맞출 수 있을 것이라고 기대했다.

뉘슬라인폴하르트와 위샤우스는 하이델베르크대학교의 작은 실험실에서 작은 탁자를 사이에 두고 서로 마주 보고 앉아, 특별히 주문 제작한 2인용 현미경 아래로 지나가는 돌연변이 초파리 배들의 생산 라인을 자세히 관찰했다. 초파리 수만 마리가 두 사람이 공유한 시야 앞으로 지나가는 것을 응시하며 두 사람은 꼬박 일 년 동안 거의 그 자리에 붙어 지냈다.

과학의 대의를 위한 두 사람의 헌신은 도를 넘는 것이었다. 그러나 뉘슬라인폴하르트는 그렇게 생각하지 않았다. 그 시절을 회상하며 그녀는 이렇게 말했다.

> 그것은 아주 어려웠지만 흥미진진한 과제였다. 매우 재미있기도 했다. 흥미로운 발견이 아주 많이 일어났기 때문이다.

적어도 한 가지는 뉘슬라인폴하르트의 말이 맞다. 그들이 얻은 결과는 정말로 흥미로운 것이었다. 처음에 두 사람은 초파리의 발생 건축 현장을 뒤엎어 버리는 돌연변이 유전자를 15개 발견했다. 두 사람은 이것들을 상동 이질 형성 유전자들의 작용과 합쳐 유전자들이 어떻게 협력하여 초파리의 발생을 조직하고 제어하는지 그 윤곽을 보여 주었다.

발생이라는 퍼즐을 맞추다

유전자와 발생의 전체 그림을 이해하기 위해 초파리 몸을 지도라고 생각해 보자. 예를 들어 초파리 몸이 미국 지도라고 생각하자. 발생이 처음 시작될 때에는 미국의 기본적인 윤곽밖에 없다. 그러다가 조절 유전자 집단이 활동을 시작하면서 그 윤곽을 동서남북으로 분할한다. 다음에는 '주州' 유전자라는 두 번째 유전자 집단이 미국을 50개 주로 분할하는 일을 한다. 물론 모든 주에는 똑같은 유전자들이 들어 있다. 하지만 텍사스주에서는 오직 '텍사스' 유전자만 스위치가 켜지고, 메인주에서는 '메인' 유전자만 켜진다. 그다음에는 '카운티' 유전자가 활동을 시작하여 각 주를 카운티들로 나눈다.

카운티의 분할이 끝난 뒤에는 또 다른 조절 유전자 집단이 각 카운티를 '시'와 '군'으로 나누고, 이런 식으로 발생이 계속 진행된다.

발생은 이처럼 서로 다른 여러 마스터 조절 유전자 집단이 차례로 활성화되며 진행되고, 이것들이 합쳐져 순차적으로 신체의 지역 분할과 배치가 일어난다. 수정란일 때 초파리는 확실한 형태가 없는 타원체로, 눈에 띄는 특징이 거의 없다. 발생이 진행되면서 머리 끝 부분과 꼬리 끝 부분, 상반신과 하반신이 생겨난다. 그리고 분할이 계속 일어나 몸은 일련의 체절들로 분할된다. 체절들은 한참 뒤에야 상동 이질 형성 유전자의 지시로 인해 각자 고유한 특성을 나타낸다.

루이스와 뉘슬라인폴하르트와 위샤우스는 발생이라는 퍼즐에 중요한 조각들을 일부 첨가했고, 그 덕분에 일관성 있는 이야기가 나타나기 시작했다. 세포들은 스위치가 켜지는 유전자들이 제각각 다르기 때문에 서로 다른 세포로 발생하며, 유전자들을 켜고 끄는 일은 마스터 조절 유전자가 담당한다.

1995년, 세 사람은 노벨 생리의학상을 공동 수상함으로써 연구 업적을 공식적으로 인정받았다. 루이스의 획기적인 논문이 발표되고 나서 17년이 지난 뒤에야 노벨상을 받은 것은 그 당시 노벨위원회가 암호 같은 루이스의 논문을 해독하는 데 그만큼 시간이 오래 걸렸기 때문일지 모른다.

유전자 낚시

초파리의 조절 유전자가 발견되자 발생생물학은 폭발적으로 발전하기 시작했다. 1980년대 초에는 분자생물학 분야에서 첨단 도구들이 발명되어 유전자 조작을 이전보다 더 빠르고 쉽게 할 수 있게 되었다. 말하자면 개개 유전자를 분리하여 복제하고, 유전자의 문자 배열을 알아낼 수 있게 된 것이다. 그러자 이제 모든 사람이 마스터 조절 유전자 사냥에 뛰어들었다.

유전자 사냥은 낚시나 사냥 같은 원초적인 매력은 없을지 몰라도, 추적의 스릴과 성공의 불확실성이 주는 흥분과 전율은 느낄 수 있다. 실험실에 틀어박혀 몇 시간이고 계속 실험을 하는 보통 분자생물학자에게 유전자 사냥만큼 흥미진진한 모험도 없다.

사냥을 시작하기 전에 사냥감에 대해 조금 알아 둘 필요가 있다. 유전자는 이중 나선 구조의 DNA 분자로 이루어져 있다. DNA 한 가닥은 예컨대 AATCGGTATTCCA……처럼 기다란 문자열, 즉 염기 서열로 이루어져 있다. 한 가닥의 염기 서열을 알면, 그 짝을 이루는 가닥(상보 가닥)의 염기 서열을 자동적으로 알 수 있다.

상보 가닥들의 문자들은 서로 긴밀한 분자 파트너 관계를 이루고 있기 때문이다. A는 항상 T와 짝을 이루고, G는 C와 짝을 이룬다. 따라서 유전자 한 가닥의 일부 배열이 ATCG라면, 상보 가닥에서 그에 대응하는 자리에는 TAGC가 위치한다(A는 아데닌adenine, T는 티민thymine, C는 사이토신cytocine, G는 구아닌guanine을 가리킨다).

DNA는 정상적으로는 이중 나선 형태로 존재하지만, 열을 가해 두 가닥을 서로 벌어지게 할 수 있다. 즉, DNA는 바지의 지퍼처럼 열리고 닫힐 수 있다. 뜨거워지면 지퍼가 열리고, 차가워지면 지퍼가 잠긴다. 그런데 두 DNA 가닥이 정확하게 상보적이 아니더라도 서로 맞물려 잠길 수 있다. 대부분의 DNA 문자가 정확하게 대응하기만 하면, 두 가닥은 아무 문제 없이 맞물려 결합한다.

특별한 DNA 모티프, 호메오박스

이처럼 단일 DNA 가닥이 비슷한 염기 서열을 가진 '외부' 가닥과 짝을 잘 짓는 성질은 유전자를 낚을 때 아주 중요하다. 낚시를 하려면 미끼가 필요한데, 유전자 미끼로 단일 가닥 DNA를 쓴다. 그렇다고 미끼로 아무 DNA 염기 서열이나 다 쓸 수 있는 것은 아니다. 사냥하고자 하는 유전자와 같은 종류의 유전자를 써야 한다.

그 이유는 단순하다. 비슷한 기능을 하는 유전자들(예컨대 발생 과정에서 제어 스위치로 작용하는)은 대체로 비슷한 종류의 단백질

암호를 만들기 때문에 DNA 염기 서열도 서로 비슷하다. 따라서 한 유전자에서 추출한 단일 가닥 DNA를 미끼로 사용하면, 비슷한 염기 서열을 가진 다른 유전자를 낚을 수 있다. 이제 해당 생물의 모든 유전자가 섞여 있는 풀에다 이 미끼를 집어넣는다. 온도 조건이 맞으면, 미끼는 비슷한 DNA 염기 서열을 가진 유전자와 맞물리면서 결합한다.

처음에 미끼를 얻는 과정은 엄청나게 힘들 수 있다. 유전자 사냥에서 가장 힘든 부분은 새로운 유전자를 처음 분리해 그 염기 서열을 알아내는 것이다. 초파리의 경우, 한 조절 유전자의 DNA 염기 서열을 알아내기까지 여러 해가 걸렸다.

하지만 일단 염기 서열만 확인하면 미끼는 큰 효과를 발휘한다. 맨 처음에 시도한 몇 차례의 낚시 여행에서 미끼는 수많은 유전자를 낚아 올렸다. 게다가 그 모든 유전자는 공통적으로 동일한 DNA 염기 서열을 포함하고 있었다. 그것은 이전에 초파리가 아니라 세균과 바이러스와 효모에서 발견된 것과 동일한 DNA '모티프'였다(여기서 모티프는 작품 속에서 반복적으로 전개되는 주제란 뜻이다). 이는 또한 DNA 분자와 도킹하여 다른 유전자를 켜거나 끄는 한 종류의 단백질이 지닌 특징이었다.

이로써 유전의 방아쇠는 세포핵 속에 있는 DNA 분자에 들러붙어 종속 유전자들의 활동을 지휘하는 조절 유전자라는 사실이 확인되었다. 그 특별한 DNA 모티프는 '호메오박스homeobox'라는 이름이 붙었으며, 어떤 유전자가 조절 유전자인지 즉각 알아볼 수 있게 해 주는 DNA 표지가 되었다.

왜 사람에게서는 극단적인 돌연변이가 나타나지 않을까

성공에 도취한 생물학자들은 낚시 여행을 다른 바다로 확장했다. 그들은 초파리 외에 다른 종들의 조절 유전자를 사냥하러 나섰는데, 이번에도 똑같은 초파리 유전자 미끼를 갖고 나섰다. 얼마 지나지 않아 그들은 모든 곳에서 호메오박스 유전자들을 낚아 올렸다. 그것은 지네, 지렁이, 물고기, 개구리, 생쥐, 소, 사람에게서 발견되었다. 동물계의 다른 부분들로 탐색 작업이 점차 확장되면서 호메오박스 유전자가 도처에 존재한다는 사실이 분명해졌다. 심지어 식물도 어엿한 호메오박스 유전자를 가지고 있었다.

이제 한 가지 사실이 분명해졌다. 발생 유전자들은 아주 오래되고 보수적인 집단이다. 수억 년 전, 진화는 머리와 몸통 그리고 꼬리를 효율적으로 생성하는 방법을 찾아냈다. 그 후로 약간의 사소한 변경을 제외하고는 그 방식이 계속 그대로 이어져 왔다. 생물계에서 신체 형태는 어지러울 정도로 다채로운데도 불구하고, 생물은 대부분 똑같은 기본 설계 규칙에 따라 만들어진 것처럼 보인다.

사람과 초파리의 일부 발생 유전자는 하도 비슷해서 사람의 유전자를 초파리가 사용해도 아무 이상 없이 제대로 작동한다. 초파리의 호메오박스 유전자를 제거하고 사람의 호메오박스 유전자로 교체하더라도, 초파리는 정상적으로 발생하고 성장한다. 계통이 서로 분리되어 각자의 방향으로 진화해 온 지 5억 년이 훨씬 넘었는데도, 일부 발생 유전자들은 조금도 변하지 않은 것처럼 보인다.

발생 유전자의 유사성을 감안한다면, 왜 사람에게서는 초파리처럼 극단적인 돌연변이가 나타나지 않을까? 사람은 훨씬 복잡한 동물이어서 신체 설계도가 대폭적으로 재배열되는 일이 초파리보다 일어나기 어려울지 모른다. 사실, 극단적인 돌연변이는 사람에게도 나타난다. 다만 그 결과가 만화나 내 꿈에 나온 괴물과 같은 모습으로 나타나지 않을 뿐이다. 초파리처럼 사람도 많은 돌연변이가 제대로 발생하기도 전에 죽는다. 사람의 조절 유전자에 생긴 대부분 돌연변이는 사람의 건축 현장을 발생 초기에 혼돈으로 몰아넣는다. 임신한 태아 중 50%가량은 자연 유산되는데, 그 가운데 상당수는 조절 유전자의 돌연변이가 그 원인으로 추정된다.

조절 유전자를 조절하는 것

조절 유전자 돌연변이가 모두 비극적 결과를 낳는 것은 아니지만, 그중 어느 것도 가볍게 웃어넘겨서는 안 된다. 초파리의 '페어드 *paired*' 유전자에 해당하는 사람 유전자에 생긴 돌연변이는 바르덴부르크 증후군이라는 질병을 초래하는데, 이것은 청각 장애와 안면 골격 결함 등의 증상을 나타낸다. 사람의 '무홍채*Aniridia*' 유전자에 생긴 돌연변이는 홍채가 생기지 않는 결과를 낳는다.

그 이름이 암시하고 그 효과가 증언하듯이, 조절 유전자는 발생 과정에서 중요한 역할을 한다. 하지만 조절 유전자가 발생 과정의 모든 일을 담당하는 것은 아니다. 조절 유전자는 세포 속에서 유전자들의 스위치가 어떻게 켜지는가 하는 질문에 답을 주었다. 그러나 그와 동시에 새로운 문제도 제기했다. 조절 유전자가 일련의 종속 유전자들을 조절한다면, 조절 유전자를 조절하는 것은 무엇인가? 이들 조절 유전자의 스위치를 켜거나 끄는 것을 결정하는 것은 과연 무엇인가?

여기서 발생생물학은 원인과 결과의 무한 루프infinite loop(컴퓨터에서 프로그램이 끝없이 동작하는 것으로, 루프문에 종료 조건이 없거나 종료 조건과 만날 수 없을 때 생김)에 빠질 위험에 처했다. 조절 유전자를 조절하는 유전자가 있다면, 그것을 조절하는 유전자는 또 무엇이며, 또 그 유전자를 조절하는 유전자는 무엇인가? 이때, 과거의 낡은 가설이 이 끝없이 꼬리를 물고 이어지는 의문의 소용돌이에서 우리가 빠져나오는 데 도움을 주었다. 화학적 기울기가 다시 생물학계의 주류로 복귀한 것이다.

오늘날 생물학자들은 초파리의 발생 과정에서 화학적 기울기가 조절 유전자들에 시동을 건다는 주장을 정설로 받아들이고 있다. 정자가 침입하기 오래전부터 이미 초파리의 알에서는 서로 직각을 이루는 세 축을 따라 화학적 기울기가 생긴다. 기울기를 따라 늘어선 화학 물질의 국지적 농도는 알 내부에서 분열하는 세포들에게 전달되고, 세포들은 이 지시에 따라 기본적인 위치 표지(상하, 좌우, 전후)를 형성하기 시작한다.

배의 발생 과정은 아주 복잡하다. 어떤 의미에서 그것은 밴드나 오케스트라가 음악을 연주하는 공연과 비슷하다. 둘 다 모두 많은 구성 요소들의 상호 작용에 의존한다. 완성된 모습이 교향곡이건 초파리이건 사람이건 간에, 각 부분이 맡은 역할을 제대로 하고 다른 부분들과 정확하게 상호 작용해야만 원래 의도했던 결과를 낳을 수 있다. 현이 한 줄 끊어지거나 한 음정을 틀리게 연주하더라도 전체 연주가 엉망이 되지는 않는다. 그러나 드럼 주자가 너무 일찍 드럼을 치거나 지휘자가 화가 나서 자리를 떠난다면, 전체 건물이 무너져 내리고 말 것이다.

초파리의 배 발생을 사람의 발생과 비교하는 것은 몽키스Monkees(미국의 밴드)를 말러Mahler(오스트리아의 작곡가이자 지휘자)와 비교하는 것과 같다고 주장하는 사람이 있을지 모르겠다. 그러나 음악의 기본(리듬, 멜로디, 화음)을 이해하는 측면에서 본다면, 3분짜리 팝송도 말러가 만든 교향곡의 웅장한 폴리포니polyphony(독립된 선율을 가진 둘 이상의 성부로 이루어진 음악으로 다성음악이라고도 함)만큼 많은 것을 전달할 수 있다. 그러니 초파리를 무시하지 마라. 초파리는 신세대이고, 우리에게 가르쳐 줄 것이 많이 있으니까.

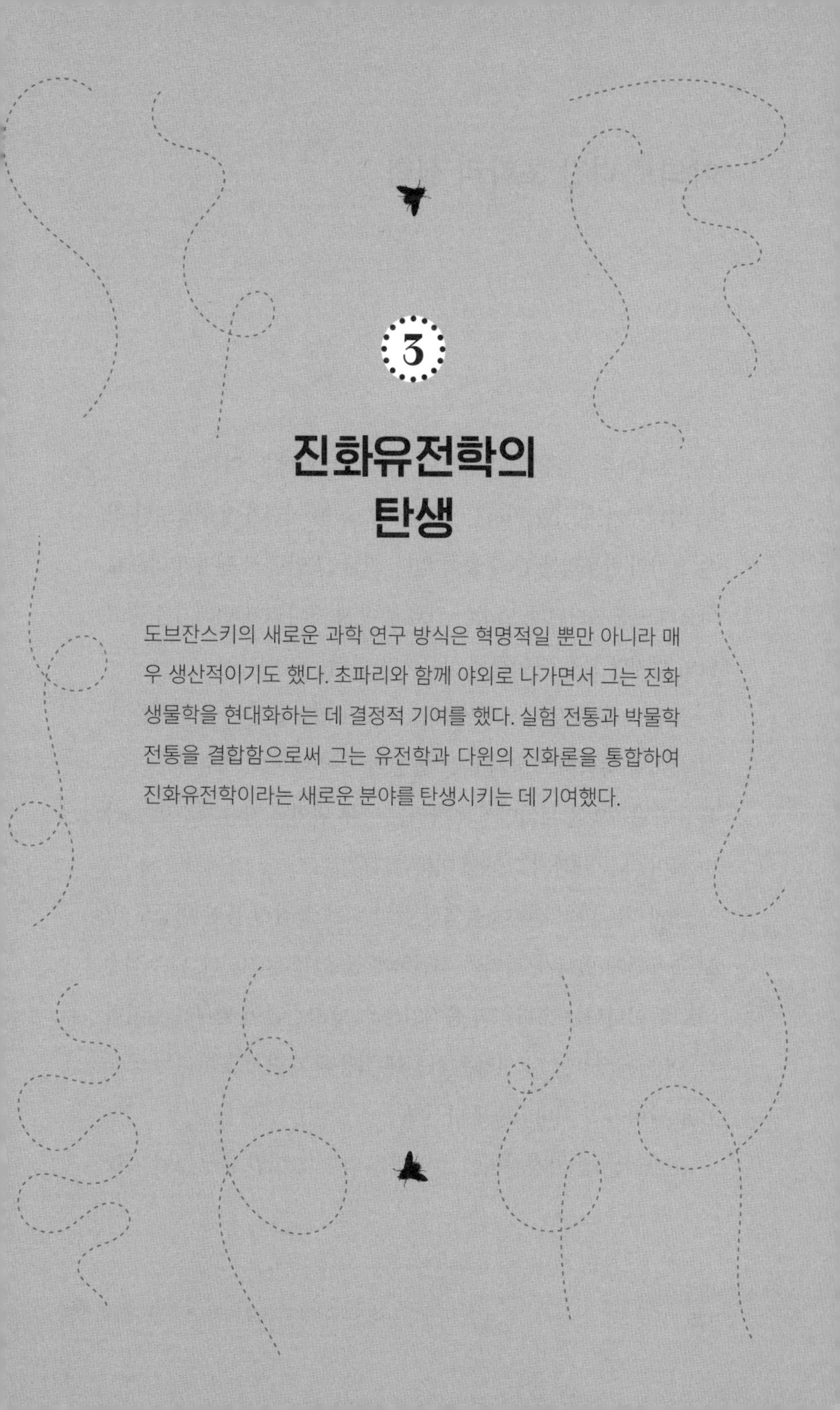

3

진화유전학의 탄생

도브잔스키의 새로운 과학 연구 방식은 혁명적일 뿐만 아니라 매우 생산적이기도 했다. 초파리와 함께 야외로 나가면서 그는 진화생물학을 현대화하는 데 결정적 기여를 했다. 실험 전통과 박물학 전통을 결합함으로써 그는 유전학과 다윈의 진화론을 통합하여 진화유전학이라는 새로운 분야를 탄생시키는 데 기여했다.

야외로 나간 초파리 실험

캘리포니아주 시에라네바다산맥 서쪽 산비탈에는 떡갈나무, 소나무, 삼나무가 무성한 원시림이 있다. 그 숲 속 어딘가에 쥐똥보다 작은 크기의 반투명한 관이 놓여 있다. 지금 그 안에서 뭔가가 밖으로 나오려고 꿈틀거린다. 발생이 완료된 야생 초파리가 번데기를 뚫고 나와 짧지만 분주한 어른의 삶을 시작하려는 참이다.

늦은 오후 햇살이 바삭바삭한 번데기 껍질을 갈라지게 만들고, 그 사이로 축축하고 윤기 나는 몸통이 기어 나온다. 경련하는 듯한 특유의 움직임을 보이면서 초파리는 나무 위의 적절한 장소로 올라가 몸이 마를 때까지 그곳에 머문다.

초파리는 마치 선禪에 몰입한 듯한 자세로 잠시 동안 미동도 않고 조용하게 있다가, 갑자기 격렬하게 몸을 휙 움직인다. 나무껍질 위로 돌아다니는 초파리의 움직임은 이제 자신감이 넘치고 정확하다. 어른 세계라는 더 어려운 차원에 적응해 가면서 초파리는 공중으로 날아올라 처녀비행에 나선다.

초파리는 숲 가장자리에서 비행을 멈춘다. 어린 나무들이 자라고 있는 경계선 너머로는 탁 트인 들판이 뻗어 있다. 해가 숲 너머로 넘어가자, 들판의 다양한 색이 사라지면서 균일하게 짙은 갈색으로 변한다. 석양은 육체적 즐거움과 먹는 즐거움을 찾으러 나서기에 아주 이상적인 시간 같다. 어둠이 점점 짙어져 밤이 다가옴에 따라 어린 초파리도 조용히 어둠 속으로 사라진다.

가장 위대한 '중간형' 생물학자

다음 날 아침, 러시아 출신의 생물학자 테오도시우스 도브잔스키는 일찍 일어났다. 달걀과 블랙커피로 아침을 간단히 때우고 나서 자신이 놓은 덫을 확인하러 나섰다. 그는 기분이 몹시 좋았다. 또다시 도시를 떠나 야외에서 시간을 보내게 되어 더없이 행복했다.

최근 몇 년 동안 도브잔스키에게는 요세미티 국립공원 가장자리에 외따로 서 있는 자그마한 통나무집이 제2의 고향이었다. 이곳 야생 자연에서는 캠핑과 야외 조사라는 두 가지 열정에 푹 빠져 지낼 수 있었다. 도브잔스키에게 이러한 삶은 입장료도 내지 않고 천국에 온 것이나 다름없었다.

도브잔스키는 들판에 설치한 덫들 사이로 일부러 느릿느릿 걸어다녔다. 덫에 무엇이 걸렸나 꼼꼼하게 살펴보고 나서 다음 덫으로 옮겨 간다. 어젯밤은 아주 조용한 밤이었던 것 같다. 모든 덫이 다 텅 비어 있었다. 딱 하나만 빼고. 도브잔스키는 들판이 삼림지와 만나는 지점까지 걸어갔다. 덫을 들여다보던 그의 얼굴에 미소가 번졌다. 어린 수컷 초파리 한 마리가 썩어 가는 끈적끈적한 바나나 조각 근처에서 꿈틀대고 있었다.

1930년대에 도브잔스키는 초파리 연구자 중 과격파에 속했다. 그는 초파리실의 스타인 노랑초파리를 과감하게 버리고, 잘 알려지지 않은 야생종 사촌인 드로소필라 프세우도오브스쿠라*Drosophila pseudoobscura*를 선택했다. 그는 이 연구를 통해 서로 치열하게 맞서던 생물학의 두 전통을 잇는 가교 역할을 했다.

가끔 너무 단순해 보이긴 했지만, 옛날에는 생물학자들을 두 진영으로 나누는 게 편리했다. 한쪽에는 모건으로 대표되는 실험생물학자들이 있었고, 다른 쪽에는 다윈으로 대표되는 박물학자들이 있었다. 이 관습은 오늘날까지도 남아 있다. 현대 생물학자들도 '은둔형'과 '야외 활동형' 중 어느 한쪽으로 분류할 수 있다. 실험생물학자의 전통을 이어받은 은둔형은 실내에 틀어박혀 시간을 보낸다. 이들은 컴퓨터 앞이나 실험실 의자에 앉아 있을 때 가장 편안함을 느끼며, 햇볕에 나가면 갑자기 편두통이 생긴다. 생화학자, 분자생물학자, 유전학자, 수학적 모형을 만드는 생물학자가 이 부류에 속한다. 이들은 쌍안경도 없는 경우가 많다.

이와는 대조적으로 현대의 박물학자에 해당하는 야외 활동형은 실험실 일에는 문외한이나 다름없다. 냉장고 문을 어떻게 여는 것은 알지만, 딱 거기까지다. 물론 그렇다고 해서 살아가는 데 문제가 있는 것은 아니다. 야외 활동형은 턱수염을 텁수룩하게 기르고 라틴어로 된 수천 종의 새 이름을 외우는 데 모든 노력을 쏟아붓는다. 야외 활동형은 모두 값비싼 쌍안경을 갖고 있으며, 항상 그것을 메고 다닌다(그것도 상표명이 잘 보이도록). 이 부류에 속하는 생물학자로는 생태학자를 꼽을 수 있다.

그런데 가끔 세 번째 부류에 속하는 생물학자도 있다. 이들은 은둔형도 야외 활동형도 아니고, 그 중간에 해당하는 '중간형'이다. 이들은 인공조명과 자연광 모두에 익숙한 아주 희귀한 사람들로서, 페트리 접시(배양 접시)와 펠리컨을 구별할 수 있을 뿐만 아니라 한 실험에 두 가지 방식을 모두 포함시킬 수 있다.

도브잔스키는 아마도 최초의 중간형 생물학자가 아닐까 싶다. 그와 동시에 그는 가장 위대한 중간형 생물학자였다. 그는 자신의 시간을 실험실과 야외에 균등하게 분배했다. 여름이면 야외에서 초파리를 수집하며 연구했고, 겨울에는 초파리를 실험실로 가져와 더 자세히 연구했다. 그가 전통에서 벗어나는 행동을 보인 이유는 생물학 실험을 실험실의 제약에서 벗어나 거대한 야외로 확대시키기 위해서였다.

도브잔스키의 새로운 과학 연구 방식은 혁명적일 뿐만 아니라 매우 생산적이기도 했다. 초파리와 함께 야외로 나가면서 그는 진화생물학을 현대화하는 데 결정적 기여를 했다. 실험 전통과 박물학 전통을 결합함으로써 그는 유전학과 다윈의 진화론을 통합하여 진화유전학이라는 새로운 분야를 탄생시키는 데 기여했다.

도브잔스키가 미국으로 오지 않고 자신의 조국에 있었더라면, 이 이야기는 완전히 달라졌을 것이다. 만약 도브잔스키가 계속 소련에 머물렀더라면, 니콜라이 바빌로프 같은 동료 과학자들과, 스탈린이 개인적으로 싫어한 수백만 명의 소련 시민과 같은 운명을 맞이했을 것이다.

수학이 유전학의 방향을 바꾸다

도브잔스키는 27세였던 1927년에 미국에 도착해 뉴욕의 모건 연구팀에 합류했다. 원래 계획은 미국에 1년(록펠러 재단의 장학금을 받는 동안)만 머문 뒤 조국으로 돌아가 레닌그라드대학교에 초파리 유전학 연구소를 세울 계획이었다. 그러나 소련의 정치 상황이 악화되자, 그냥 미국에 눌러앉았다.

모건의 연구실에 들어간 것은 도브잔스키에게는 환상적인 기회였다. 그는 1920년대 전반에 모건의 연구와 관련된 것이라면 모조리 다 읽었다. 그는 그 당시를 이렇게 회상했다. "그것은 일종의 계시였다. 당시엔 그곳이 바로 유전학의 본산이었다. 모건은 영웅 또는 성인이었다." 영웅이건 아니건, 컬럼비아대학교에 도착해 모건의 실험실을 본 도브잔스키는 충격을 금치 못했다. 초파리실의 불결함과 서랍 속의 바퀴벌레들, 코를 찌르는 악취, 끊임없이 딸그락거리는 병들의 소음이 빚어낸 난장판은 도브잔스키가 영웅 과학자에게 기대한 모습과는 영 딴판이었다.

비록 도브잔스키가 모건의 유전학 연구를 흠모하는 팬이기는 했지만 두 사람의 과학적 시각은 완전히 달랐고, 특히 진화생물학에 대해서는 더더욱 그랬다. 모건은 진화론 개념을 무시하는 태도를 보였다. 진화생물학은 박물학 전통에서 탄생한 전형적인 산물이기 때문에 대체로 사변적이고 비과학적이라고 보았다.

모건의 견해는 생물학을 양분하여 바라보던 문화에서 실험생물학자를 자처하며 자란 사람에게서 전형적으로 볼 수 있는 것이었다. 그러나 그러한 견해는 도브잔스키에게는 매우 이질적인 것이었다. 실험생물학자와 박물학자를 이분법적으로 구분하는 것은 서양적 사고였다. 동양에는 그렇게 뿌리 깊은 구분이 존재한 적이 없었다. 실험생물학과 야외생물학의 양 분야에서 모두 훈련을 받은 도브잔스키는 양 분야 사이에서 어떤 갈등도 느끼지 못했고, 진화생물학과 야외생물학에 대한 모건의 적대감과 우월 의식을 이해하기 힘들었다.

그런데 모건이 진화론 개념에 그토록 반대했으면서도 제목에 '진화'라는 단어가 들어간 책을 세 권이나 썼다는 사실은 꽤 흥미롭다. 이 책들은 모두 모건이 자연 선택에 대해 느꼈던 문제를 다룬다. 이 주제로 그가 마지막으로 쓴 《진화의 과학적 기초The Scientific Basis of Evolution》는 1932년에 출판되었는데, 이 책에서 모건은 자연 선택이 매장되었다고 확신한 것처럼 보인다. 그는 "개체군에서 더 극단적인 개체를 선택함으로써 다음 세대가 그와 같은 방향으로 조금 더 나아간다는 자연 선택설의 주장은 오늘날 틀린 것으로 밝혀졌다.”라고 과감하게 주장했다.

모건이 어디서 그런 정보를 얻었는지는 불확실하지만, 그 출처에서 나온 정보는 완전히 잘못된 것이었다. 1932년 무렵 다윈의 자연선택설은 부흥기를 맞이하고 있었고, 모건의 견해는 소수 의견으로 밀려났다. 다양한 출처를 통해 축적된 증거는 자연 선택이 동식물에게 일정한 방향성이 있는 변화를 눈에 띄게 일으킬 수 있음을 보여 주었다. 실험실에서는 두건쥐의 등에 난 줄무늬 폭에서부터 초파리의 몸에 난 털의 수에 이르기까지 온갖 종류의 형질이 자연 선택의 영향을 받는 것으로 나타났다. ‘현실 세계’인 실외에서도 동식물 육종가들의 경험이 자연 선택의 힘에 신빙성을 더해 주었다.

한발 앞서 나간 수학자들

모건이 자연 선택을 제대로 보지 못한 이유는 자연 개체군의 유전적 변이에 대해 기본적으로 잘못된 개념을 갖고 있었기 때문이다. 그는 자신의 실험실에서 나타난 것과 같은 종류의 돌연변이 초파리가 자연에서도 나타날 수 있다고 인정했지만, 그런 초파리를 (이상적인) ‘야생종’에서 벗어난 비정상으로 간주했다. 그는 자연 개체군은 유전적으로 동일한 개체들이 모인 균일한 집단이라고 믿었다. 모건이 개체들 사이에 유전 가능한 차이가 존재한다는 사실을 부정함으로써 자연 선택이 진화에서 의미 있는 역할을 한다는 사실까지 부정한 것은 그리 놀라운 일이 아니다.

아마 모건이 실내에 너무 오래 갇혀 지냈는지도 모른다. 야외로 좀 더 자주 나갔더라면, 그는 박물학자들이 오래전부터 이야기해 왔던 주장을 더 쉽게 받아들였을 것이다. 즉, 자연 개체군에 변이성이 풍부하다는 사실 말이다. 야생 초파리를 100마리 붙잡아 무슨 특징(눈 색깔이나 머리 폭, 음경 길이, 등에 난 털의 수 등)이건 한 가지를 선택해 관찰해 보면, 각각의 특징마다 개체 간에 측정 가능한 차이가 분명히 존재한다. 충분히 많은 특징을 측정해 보면, 개체군의 모든 개체는 각각 독특하다는 사실을 분명하게 알 수 있다.

모건의 입장을 변호한다면, 그의 견해는 그렇게 근시안적인 것은 아니었다. 1933년 이전까지만 해도 개체군 수준에서 유전적 변이성을 측정할 방법이 없었다(위험할 정도로 집중적인 교배 실험이 없었기 때문에). 개체군 내에 변이가 풍부하게 존재하는 것은 사실이었다. 그러나 그것을 반드시 유전적 변이와 동일시할 수는 없었다. 무엇보다도 개체 간의 차이를 빚어내는 원인은 유전자뿐만이 아니다. 환경도 중요한 영향을 미친다. 예를 들어 평균적으로 미국인이 영국인보다 체중이 더 많이 나가는 사례를 생각해 보라. 이 차이는 유전자 때문이 아니다. 단순히 미국인이 더 많이 먹기 때문에 이런 결과가 나타난 것이다.

도브잔스키는 모건과는 완전히 대조적으로 다윈의 진화론 개념을 모두 받아들였다. 소련에서는 다윈의 개념이 서구보다 대중문화 속에 훨씬 더 뿌리 깊게 자리 잡고 있었다. 도브잔스키는 《종의 기원》을 열세 살 때 읽었다. 20대 초반에는 야생 무당벌레 개체군들에서 변이를 조사하며 여름을 보내곤 했다. 그는 모건의 연구실에 가서 새로운 유전학 지식을 많이 배우면 진화론을 이해하는 데 큰 도움이 될 것이라고 기대했다.

그런데 수학자들은 이미 그보다 한발 앞서 나가고 있었다. 그들은 20세기 초부터 진화론 개념을 연구하면서 유전학의 방향을 개체에 대한 연구에서 개체군의 유전자에 대한 연구로 바꾸어 놓았다. 1920년대에 미국에서는 수얼 라이트Sewall Wright가, 영국에서는 로널드 피셔Ronald Fisher와 J. B. S. 홀데인J. B. S. Haldane이 멘델 유전학의 단순한 수학적 규칙을 개체군의 이론적 연구에 적용했다.

대부분의 생물학자들은 이러한 수학적 모형이 지닌 의미를 제대로 이해하지 못했다. 이것은 그다지 놀라운 일이 아니다. 생물학자들은 이전부터 늘 수학과 그다지 친하게 지내지 못했다. 보통 생물학자들은 방정식을 보기만 해도 불안해한다. 여러 과학 분야 중에서 생물학을 선택한 사람들 중에는 단지 물리학이나 화학에 많이 나오는 수학을 피하려고 그것을 선택한 사람들이 많다.

진화를 완전히 새롭게 보는 방법

생물학에서도 수학을 완전히 피할 수는 없다. 피셔와 라이트 같은 사람들 때문에 진화생물학에도 수학이 넘쳐 나게 되었다. 나는 진화론에 관한 그들의 획기적인 논문을 처음 읽었을 때 느꼈던 그 당혹스러운 느낌을 지금도 기억한다. 첫 번째 방정식을 보는 순간, 나는 뭔가 새롭고 신비로운 고고학적 유물이라도 보는 듯이 그것을 열심히 들여다보았다. 그리고 내가 정신을 충분히 집중해서 읽는다면, 이 추상적이고 난해한 수식에 숨어 있는 의미가 계시적인 환영으로 나타날 것이라고 믿으려 애썼다. 물론 그러한 환영은 결코 나타나지 않았다. 그래도 나는 인내심을 갖고 계속 읽어 나갔다. 점점 더 많은 문장이 방정식으로 변하자 나의 인내심도 한계에 달했고, 결국 어느 순간 좌절감이 폭발하면서 그 논문을 '나중에 봐야 할 것'으로 분류된 문서더미에 던져 버리고 말았다.

모건 같은 위대한 과학자도 진화에 관한 수학만큼은 피하려고 했다. 도브잔스키 역시 그것을 이해하는 데 어려움을 겪었다. 그러나 도브잔스키는 모건과 달리 최대한 노력했다. 그는 이렇게 말한 적이 있다.

> 나는 결코 수학자가 아니다. 내가 수얼 라이트의 논문을 읽는 방법은, — 지금도 나는 그 방법을 충분히 변호할 수 있다고 생각하는데 — 그가 한 생물학적 가정을 검토한 후 그가 도달한 결론을 읽고, 그 중간에 나오는 것들은 그저 맞겠거니 여기고 넘어가는 것이었다.

수학자들은 진화를 완전히 새롭게 보는 방법을 만들어 내고 있었다. 동식물 개체군을 개체들의 집합으로 생각하는 대신에 오로지 유전자와 '유전자 풀gene pools'로 생각했다. 개체군은 유전자들이 담긴 자루로 모형화되었고, 그 빈도는 선택의 이득에 따라 변했다. 생존 경쟁에 조금이라도 이득을 주는 유전자는 개체군 내에서 더 널리 퍼진다.

도브잔스키는 이러한 수학적 연구가 얼마나 중요한지 절실히 깨달았다. 그것은 그때까지 진화생물학에 전혀 존재하지 않던 이론적 틀의 출현을 알렸다. 이제 남은 것은 서구의 실험생물학자들이 전혀 시도할 생각도 하지 않던 일, 즉 실험실을 박차고 나와 자연에서 이론을 검증하는 일에 뛰어들려는 사람이 나타나는 것이었다.

자연 선택을 뒷받침하는 증거

1928년, 모건은 자신의 연구팀 전체를 이끌고 LA 외곽에 위치한 패서디나의 칼텍(캘리포니아공과대학교)으로 옮겨 갔다. 도브잔스키는 이 변화가 아주 마음에 들었다. 캘리포니아주 전원 지역의 넓은 들판은 여행과 야영을 좋아하는 그의 기질에 딱 맞았다. 도브잔스키는 여름에 캘리포니아주의 황야를 쏘다니다가 장차 그의 인생을 바꾸게 될 야생 초파리종인 드로소필라 프세우도오브스쿠라와 친숙해졌다.

도브잔스키가 다른 초파리종으로 바꾼 것은 순전히 필요에 의한 선택이었다. 1930년대 전반에 이르자, 실험실의 터줏대감인 노랑초파리는 너무 길들여져서 사실상 용변 훈련을 시킬 수 있을 정도가 되었다. 이 종은 야생 자연의 서식지를 버리고 안락한 쓰레기통이나 포도주 창고, 과수원에 정착하면서 자연적인 본성을 잃고 말았다. 실험실 밖에서 살아가는 개체군 역시 실험실에서 탈출한 개체들 때문에 '오염'되어 갔다. 도브잔스키는 진짜 자연 개체군의 유전학을 연구하려면 다른 곳을 찾을 필요가 있다고 생각했다.

그 점에서 드로소필라 프세우도오브스쿠라는 아주 이상적인 대안이었다. 야생종이면서도 쉽게 접근할 수 있는 종이었기 때문이다. 이 초파리 개체군들은 패서디나에서 얼마 떨어지지 않은 곳에 살았다(그 지리적 서식 범위는 북아메리카 서부 절반에 퍼져 있고, 심지어 멕시코까지 뻗어 있으며, 콜롬비아의 보고타 근처에도 격리된 개체군이 하나 살고 있다). 실험실에 터전을 잡은 노랑초파리와 마찬가지로 이 초파리종 역시 습성이 까다롭지 않아 실험실에서도 잘 살아갔다.

그런데 드로소필라 프세우도오브스쿠라는 분명하게 드러나는 특징은 아니지만, 도브잔스키의 필요에 딱 들어맞는 특징이 한 가지 있었다. 이 종에서 나타나는 유전적 변이는 반드시 개개 유전자의 다른 버전 때문에 나타나는 게 아니었다. 한 염색체에 늘어선 유전자 순서 차이도 유전적 변이를 만들어 냈다. 예를 들어 한 초파리의 염색체에 늘어선 유전자 순서가 ABCDEFG라면, 다른 초파리에서는 그 순서가 ABEDCFG나 ABDCEFG가 될 수도 있다. 이러한 염색체 변이는 일련의 유전자를 포함한 염색체에서 일부 조각이 잘려 거꾸로 들러붙는 '역위逆位'라는 현상 때문에 일어난다.

역위는 초파리실에서 초기에 발견되었다. 처음에는 역위를 발견하기가 몹시 힘들었는데, 매우 힘든 교배 실험을 하면서 추론을 통해서만 그 존재를 알 수 있었기 때문이다. 그러나 1933년에 초파리 침샘에서 생각지 않았던 것이 발견되면서 상황이 바뀌었다.

초파리 침샘 세포 속에 들어 있는 염색체는 아주 크다(굵기가 보통 염색체의 약 1000배에 이른다). 그 당시에는 그 이유를 아무도 몰랐지만, 침샘 염색체가 그렇게 두꺼운 것은 세포 분열이 일어나지 않고도 그 염색체의 DNA가 수없이 복제되어 각 염색체가 스파게티 다발처럼 늘어나기 때문이다. 이 침샘 거대 염색체를 염색하자 길이 방향으로 어두운 색의 띠들이 나타났는데, 이것들은 특정 유전자들의 위치를 알려 주는 분명한 표지나 다름없었다.

침샘 염색체는 신이 도브잔스키에게 내린 선물이었다. 그는 띠 모양으로 나타나는 그 패턴을 현미경으로 관찰하면서 서로 다른 염색체 역위를 쉽게 구별할 수 있었다. 각자 독특한 띠 모양 패턴을 지닌 이 염색체들은 생물학적 바코드 역할을 해 최초로 개체군 내의 유전적 변이를 신뢰할 수 있게 측정하는 방법을 제공했다.

종의 기원이 발생하는 장면

1930년대 중엽에 도브잔스키는 광범위한 지역을 여행하면서 다양한 서식지에서 초파리를 채집했다. 남쪽으로는 멕시코, 북쪽으로는 캐나다 서부의 브리티시컬럼비아주와 알래스카, 동쪽으로는 네브래스카주와 노스다코타주까지였다. 이렇게 수집한 수만 마리의 초파리를 패서디나로 갖고 와 현미경으로 염색체를 자세히 관찰했다.

도브잔스키가 연구 결과를 대량으로 쏟아 내자, 개체군을 유전적으로 동일한 개체들의 집합으로 보던 낡은 개념은 역사의 쓰레기통 속으로 들어갈 운명임이 명백해졌다. 도브잔스키가 조사한 모든 개체군은 유전적 다양성이 풍부했다. 그를 비롯해 많은 사람들이 생각했던 것처럼, 유전적 변이는 비정상이 아니라 일상적으로 일어나는 일이었다.

도브잔스키가 관찰한 패턴의 종류를 설명하려면, 염색체 대신에 다른 것을 예로 들어 설명하는 게 나을 것 같다. 예를 들어 도브잔스키가 미국의 각 도시 사람들이 신는 신발을 조사했다고 상상해 보자. 초파리 대신에 신발로 대체하더라도 그 기본 원리는 똑같다. 신발은 염색체나 유전자처럼 항상 쌍으로 존재한다. 또 종류도 아주 많고 사람마다 신는 신발의 종류가 제각각 다르다. 한 켤레를 이루는 신발 두 짝은 패션을 살리기 위해 대개 똑같다. 하지만 비유를 위해 같은 켤레를 이루는 신발 두 짝이 서로 다를 수도 있다고 가정하자. 여기서 핵심은 개체군 내에서 각 신발 종류의 빈도만 생각하고, 개개인이 어떤 신발 쌍을 신는지는 무시하는 것이다.

앞에서 말했듯이, 도브잔스키가 맨 먼저 발견한 것은 각 개체군 내에 유전적 변이가 아주 많이 존재한다는 사실이었다. 신발 비유로 바꾸어 이야기해 보자. 각 도시마다 대여섯 종류의 신발이 있었다. 그런데 변이성은 개체군 내에만 존재하는 게 아니라, 개체군 사이에도 존재했다. 다시 말해 도시마다 신발 종류의 명단이 제각각 달랐다. 예를 들어 샌프란시스코에서는 지저스 부츠Jesus boots(히피 등이 신는 남자용 샌들)와 모카신moccasin(부드러운 가죽으로 만든 납작한 신)이 유행했지만, 미니애폴리스에서는 그런 신발은 보기 드물고 대신에 스노 부츠가 인기를 끌었다. 댈러스에서는 지저스 부츠와 스노 부츠를 모두 찾아보기 힘들고, 대신에 카우보이 부츠가 인기였다. 로스앤젤레스에서는 디자이너 스니커즈가 유행하지만, 시애틀에서는 그것을 보기 힘들고 고무장화가 인기를 끌었다. 이와는 대조적으로 뉴욕에서는 다른 곳에서 보기 힘든 가죽 옥스퍼드 슈즈를 비롯해 모든 종류의 신발이 골고루 섞여 있었다.

두 초파리 개체군 사이의 차이는 서로 간의 지리적 거리에 따라 달랐다. 다시 신발 비유를 빌린다면, 로스앤젤레스와 샌프란시스코의 신발 종류 명단은 로스앤젤레스와 뉴욕의 명단보다 더 비슷하다. 그런데 도브잔스키는 이러한 광범위한 지리적 패턴을 바탕으로 미세한 세부 내용까지 알아냈다. 도브잔스키는 베니스비치에서 볼 수 있는 신발 종류가 로스앤젤레스 시내와 크게 다르다는 것뿐만 아니라, 서로 가까이 위치한 초파리 개체군도 사는 서식지가 다르면 유전적으로 서로 다를 수 있다는 사실을 알아냈다. 다시 말해서, 들판에 사느냐 숲에 사느냐에 따라, 또는 같은 산에 살더라도 해발 고도에 따라 각자 유전적으로 독특한 개체군을 이루었다.

극단적인 경우에는 유전적 차이가 생식형 불일치를 낳기까지 했다. 예를 들어 콜롬비아에 사는 드로소필라 프세우도오브스쿠라 개체군의 암컷과 북아메리카에 사는 개체군의 수컷을 교배시켜 태어난 수컷 자손은 생식 능력이 없었다. 이 경우, 생식적 격리가 완전한 것은 아니다. 암컷 자손은 생식 능력이 있기 때문이다. 이런 종류의 증거를 통해 도브잔스키는 작은 유전적 변화가 축적되어 결국에는 생식적 장벽이 생긴다는 확신을 얻었다. 그는 이러한 생식형 불일치가 종 사이의 경계를 정의한다고 믿었다.

도브잔스키는 두 개체군 사이에 유전적 차이가 축적되면서 몸 크기, 색깔, 생식기 구조, 행동 특이성, 그리고 그 밖의 수천 가지 특징에도 차이들이 축적되어 결국에는 두 종이 서로 짝짓기하길 싫어하거나 짝짓기가 불가능해진다는 사실을 알아냈다. 도브잔스키는 이렇게 뚜렷이 구별되는 유전적 특징의 차이들을 보면서 자신이 종의 기원이 발생하는 장면을 보고 있다고 믿었다.

초파리의 염색체 역위

도브잔스키가 조사한 많은 유전적 특징들은 정적인 것이 아니라, 비교적 짧은 시간에 놀라울 정도로 크게 변할 수 있었다. 예컨대 캘리포니아주의 샌저신토산에 있는 한 초파리 개체군을 대상으로 달마다 표본을 채집한 결과, 일부 염색체형의 빈도는 일 년을 단위로 주기적 변화를 나타냈다. 신발 비유를 다시 빌린다면, 미니애폴리스에서는 겨울이 되면 스노 부츠가 절정의 인기를 누리지만, 봄이나 여름이 되면 인기가 시들해지고 대신에 모카신이 인기를 끈다. 그러다가 가을이 오면 다시 모카신은 인기가 없어지고, 스노 부츠가 눈에 띄게 늘어난다.

이러한 계절적 변동이 일어나는 원인은 무엇일까? 처음에 도브잔스키는 그 원인을 우연, 즉 유전에서 일어나는 무작위적 요소 때문이라고 생각했다. 그러나 매년 같은 개체군을 관찰하러 올 때마다 늘 똑같은 결과가 나타났다. 그러한 변화가 아주 규칙적으로 일어난다는 사실을 깨달은 도브잔스키는 무작위적 요소를 버릴 수밖에 없었다. 이러한 변동을 설명하는 길은 단 하나밖에 없었는데, 그것은 바로 자연 선택이었다. 생존 경쟁에서 어떤 염색체형은 특정 종류의 신발처럼 일 년 중 다른 계절보다 특정 계절에 살아남는 데 더 유리하다.

도브잔스키가 샌저신토산에서 얻은 결과는 진화생물학에 신기원을 열었다고 해도 과언이 아니다. 전통적으로 진화가 비록 불가능하지는 않다고 하더라도 실험을 통해 검증하기가 아주 어려울 정도로 느린 과정이라고 생각해 왔기 때문에, 비판론자들은 진화라는 주제 자체를 비과학적이라고 일축했다. 그러나 샌저신토산의 결과는 진화가 실제로 일어나는 것을 완벽하게 보여 주는 사례였다. 다리뼈가 겨우 2mm 자라기까지 수백만 년을 기다려야 하는 그런 진화와는 차원이 달랐다. 여기서는 진화적 변화가 바로 눈앞에서 일어났다.

도브잔스키의 연구는 생물학자들에게 자연 선택에 대한 신념을 다시 불어넣었다. 그의 초파리 연구는 이론가들이 예측한 개념들에 생명을 부여했다. 자연 선택이 충분히 강하게 작용하기만 하면, 그 어떤 것이라도 가능해 보였다.

1937년, 도브잔스키는 낙마 사고로 무릎에 큰 부상을 입었다. 빈둥거리는 체질이 아닌 그는 치유되기를 기다리는 동안 최신 연구 결과를 반영하여 진화생물학의 체계를 세우려는 목적으로 책을 썼다. 그 결과로 탄생한 《유전학과 종의 기원Genetics and the Origin of Species》은 즉각 고전의 반열에 올랐다. 도브잔스키는 그 책에서 진화에 관한 수학과 최신 실험 관찰 결과를 결합해 일관성 있는 체계로 만듦으로써 이론과 경험의 종합을 제시했다. 그러면서 그는 수학에 두려움을 갖고 있던 생물학자들이 난해한 수학 이론을 쉽게 이해할 수 있도록 설명하는 통역자 역할을 떠맡고 나섰다. 또한 그는 초파리의 염색체 역위가 진화생물학자들에게 앞으로 한동안 훌륭한 연구거리를 제공할 것이라는 믿음을 심어 주었다.

초파리실의 분열

드로소필라 프세우도오브스쿠라가 야외 현장에서는 유전학과 진화생물학을 통합하는 역할을 했을지 모르지만, 실험실에서는 도브잔스키와 초파리실의 동료인 스터티번트 사이에 메울 수 없는 틈을 만들어 냈다.

한때 두 사람은 아주 절친한 친구 사이였다. 도브잔스키가 미국에 처음 왔을 때 그를 보호해 주고 살아가는 요령을 가르쳐 준 사람이 바로 스터티번트였다. 도브잔스키에게 드로소필라 프세우도오브스쿠라를 만나는 즐거움을 알려 준 사람도 스터티번트였다. 두 사람은 실험실을 함께 사용했고, 초파리를 대상으로 한 많은 연구 계획에서 서로 긴밀하게 협력했다.

두 사람 다 유전학을 진화에 응용하는 것에 큰 흥미를 느꼈지만, 접근하는 시각은 서로 완전히 달랐다. 스터티번트는 유전학을 이용해 서로 다른 초파리종 사이의 진화 관계를 최초로 해독하길 원했다. 반면에 도브잔스키는 진화의 결과보다는 그 메커니즘에 더 관심을 보였다. 그는 같은 종의 개체군들 사이에 나타나는 유전적 차이의 기원에 초점을 맞추려고 했다.

서로 다른 야심을 품고 있었지만 최소한 표면적으로는 두 사람 사이에 어떤 갈등의 징후도 보이지 않았다. 1936년 초에 두 사람은 초파리 유전학에 관한 대규모 협력 연구 계획에 대해 논의했다. 그것은 두 사람의 이해를 통합할 수 있는 연구 계획이었다. 그러나 표면 아래에서는 갈등이 부글부글 끓고 있었다. 같은 해 5월, 마침내 그것이 폭발하면서 두 사람의 우정은 갈가리 찢어지고 말았다.

도브잔스키가 텍사스대학교로부터 교수직을 제의 받은 것이 문제의 발단이었다. 그 자리는 명예로운 것이었으며, 그에 대한 학계의 높은 신망과 존경을 반영한 것이었다. 그 소식을 들은 모건은 즉시 도브잔스키에게 그에 상응하는 제안을 내놓았다. 어떻게 해야 할지 판단이 서지 않은 도브잔스키는 친구인 스터티번트에게 조언을 구했다.

스터티번트는 텍사스대학교의 제의를 받아들이지 않으면 정신나간 짓이라고 조언했다. 보수도 괜찮은 데다가 널찍한 연구실 공간과 연구원 등의 조건도 아주 좋았다. 더구나 학계에서 독립할 수 있는 좋은 기회이기도 했다. 그래서 도브잔스키는 그 제의를 받아들이기로 했지만, 좀 더 숙고한 뒤에 마음이 바뀌어 텍사스대학교 측에 그냥 패서디나에 남겠다고 편지를 보냈다.

도브잔스키가 남기로 했다는 이야기를 들은 스터티번트는 실망을 감추지 못했다. 도브잔스키는 이렇게 회상했다.

"그는 얼굴이 일그러지더군요. 그가 원하던 결과가 아니라는 걸 분명히 알 수 있었습니다. 그것은 정말로 큰 충격이었습니다."

스터티번트의 반응에 놀란 도브잔스키는 다시 텍사스대학교에 편지를 보내 마음이 다시 바뀌었는데, 아직도 그곳에 갈 수 있느냐고 물었다. 그러나 그 자리는 이미 다른 사람으로 채워진 뒤였다.

확실한 이유는 그 뒤에도 밝혀지지 않았지만, 스터티번트가 보인 반응으로 미루어볼 때 그는 도브잔스키가 떠나길 원했던 것이 분명하다. 아마도 도브잔스키의 치밀하지 못하고 대충대충 하는 작업 방식과 생산성에 집착하는 태도가 마음에 들지 않았는지도 모른다. 도브잔스키는 논문을 학술지에 보내지 않고 한 달을 보내면 허송세월을 했다고 말하곤 했다. 그런 말은 항상 치밀하고 체계적인 접근 방법으로 일을 하는 스터티번트뿐만 아니라 일반적인 과학자들에게도 몹시 거슬리는 발언이었다.

사라진 협력 정신

어쩌면 스터티번트의 반응은 과학적 이해관계가 서로 달랐기 때문인지도 모른다. 스터티번트는 진화유전학에 자기 나름의 깊은 신념을 갖고 있었고, 그것을 자신의 과학적 정체성을 확립하는 길로 보았다. 어쩌면 그는 그저 도브잔스키가 자신의 길을 방해하는 게 마음에 들지 않았을 수도 있다.

도브잔스키가 떠나길 바란 이유는 그 밖에도 많이 있었다. 그 사건이 있기 전에도 은퇴 시기가 다가온 모건이 후계자를 지목하지 않아 초파리 연구팀 내부에 긴장이 고조되고 있었다. 아마도 스터티번트는 그동안 연구팀을 위해 희생한 것에 대한 보상으로 그 자리가 당연히 자기에게 돌아올 것이라고 생각했을지 모른다. 하지만 도브잔스키가 남아 있다면, 반드시 그렇게 되리란 보장이 없었다. 도브잔스키는 그의 친구였지만 경쟁자이기도 했다. 스터티번트보다 열 살쯤 아래인 도브잔스키는 무시할 수 없는 젊은 경쟁자였다.

스터티번트가 그런 반응을 보인 진짜 이유가 무엇이건 간에, 그 사건은 초파리 연구팀에 속으로 곪는 상처를 남겼으며, 연구팀이 서서히 죽음을 향해 나아가는 것을 알리는 신호가 되었다. 스터티번트는 도브잔스키와 함께 사용하던 실험실에서 다른 곳으로 옮겨갔고, 두 사람의 대화는 의례적인 것에 머물렀다. 오랫동안 연구팀의 특징이던 협력 정신은 도브잔스키가 가장자리로 물러나면서 증발하고 말았다.

1938년에 캘빈 브리지스가 심장마비를 일으켜 49세의 나이로 갑작스럽게 사망했지만, 그것마저도 연구팀의 분위기를 되돌리는 데에는 아무 도움이 되지 않았다. 브리지스는 스터티번트와 마찬가지로 컬럼비아대학교 초파리 연구팀의 창설 멤버였지만, 그것 말고는 두 사람 사이에 공통점이 전혀 없었다. 두 사람의 성격은 그렇게 다를 수가 없었다. 스터티번트는 지식인처럼 보이는 이미지를 위해 많은 노력을 기울였다. 그는 오만했고, 자기보다 아래라고 생각하는 사람에게는 종종 심하게 대했다. 이와는 대조적으로 브리지스는 자신을 기술 전문가 또는 숙련된 노동자로 여겼고, 다른 사람들은 그에게 큰 호감을 느꼈다. 그는 명랑함과 관대함, 어리숙함이 뒤섞인 매력적인 개성을 지니고 있었다. 도브잔스키는 브리지스가 신성한 불꽃을 지녔다고 표현한 적이 있다.

브리지스 역시 평범한 인물은 아니었다. 초파리의 생활 방식을 연구하면서 그는 자신의 생활 방식도 초파리를 따라 하려고 한 것처럼 보였다. 1920년대 초에 그는 아내와 자녀를 버리고 정관 절제술을 받은 뒤, 문란한 성생활을 즐겼다. 그는 공식적인 유혹 절차를 아예 생략하고 단도직입적인 접근 방식을 선호했다. 어쩌면 이러한 생활 방식이 그의 명을 재촉했는지도 모른다. 아니면, 그저 원래부터 심장이 약했는지도 모른다.

브리지스가 죽고 나서 도브잔스키는 패서디나에 2년 더 머물렀다. 그와 스터티번트의 관계는 더욱 나빠졌다. 1939년, 도브잔스키는 친구인 밀리슬라프 데메렉Milislav Demerec에게 보낸 편지에서 매우 우울한 어조로 이렇게 썼다.

> 몇 년의 세월이 지난 후 그럴 가치가 없는 사람이라는 사실을 깨닫느니, 차라리 처음부터 좋아하지 않는 게 나아.

1940년, 도브잔스키는 컬럼비아대학교 교수 자리를 제의받자 두말하지 않고 수락했다. 도브잔스키로서는 간절히 기다리던 일이었다. 그는 데메렉에게 보낸 편지에서 이렇게 썼다.

> ……패서디나의 환경이 지긋지긋해졌어. 단, 자연 환경만 빼고. 이곳의 산과 사막, 계곡은 내가 정말로 사랑하는 것들인데, 이제 이것들을 다시 못 보게 된다니 정말로 아쉬워.

마침내 도브잔스키가 따로 제 갈 길을 가자, 스터티번트는 사과와 친절한 말이 가득 찬 편지를 보냈다.

> 자네가 없는 이곳은 낯설 테지. 여기에 자네만 한 열정과 추진력을 가진 사람은 아무도 없으니. 자네가 몹시 그리울 걸세.

뉴욕으로 돌아온 뒤에도 도브잔스키는 초파리를 관찰하기 위해 캘리포니아주의 황야로 해마다 야외 조사를 나갔다. 그는 캘리포니아주 남부의 샌저신토산맥과 요세미티 공원의 서쪽 산비탈에서 길고 무더운 여름을 보내곤 했다.

제2차 세계 대전도 초파리에 대한 그의 관심을 돌리지 못했다. 동포들이 파시즘에 대항해 싸우는 동안 도브잔스키는 초파리가 얼마나 멀리까지 날아가는지 측정하는 중요한 문제에 매달렸다.

진화유전학은 무슨 쓸모가 있을까?

터무니없는 소리로 들릴지 모르지만, 어떤 동물의 이동 방식에 대한 지식은 그 동물의 진화를 이해하는 데 아주 중요하다. 동물이 이동하면 유전자도 함께 이동한다. 한 개체군에서 태어난 개체들이 다른 곳으로 이동해 번식한다면, 그 개체들은 다른 개체군으로 유전자를 옮기고, 개체군 사이의 차이를 줄이는 유전자 거품기 역할을 한다. 반면에 개체들의 이동이 전혀 없거나 거의 없다면, 각각의 개체군이 독립적으로 진화할 가능성이 높아진다. 유전학자들은 개체군 사이에서 유전자가 옮겨 다니는 것을 '유전자 이동gene flow'이라고 부른다.

이것은 다시 '신발 이동'으로 바꾸어 생각해도 된다. 기본 개념은 아주 간단하다. 도시들 사이에서 이동하는 사람의 수가 많을수록('신발 이동'이 많이 일어날수록), 두 도시에서 유행하는 신발의 종류는 서로 비슷해질 것이다.

솔직히 말하면, 유전자 이동은 내가 특히 좋아하는 주제이다. 좋은 일이었는지 나쁜 일이었는지 모르겠지만, 나는 유전자 이동을 연구하느라 4년을 보냈다. 그 대상은 초파리가 아니라 작은 나방이었다. 종은 그다지 중요하지 않다. 그 기본 원리는 약 50년 전에 도브잔스키가 확립한 것과 정확하게 똑같았다.

내가 연구하던 장소인 사우스웨일스의 광대한 연안 모래 언덕은 도브잔스키가 연구하던 캘리포니아주의 황야만큼 명성이 높은 곳은 아니었다. 그러나 근처에 있는 석유화학 공장의 외관과 거기서 나오는 악취만 빼면, 연구하기에 아주 아름다운 곳이었다. 최소한 낮에는 아름다웠다. 문제는 밤이 되면 경치가 싹 바뀐다는 점이었다. 물결처럼 구불구불 펼쳐져 있는 모래 언덕들은 으스스한 느낌을 주었다. 위험한 느낌을 주는 것은 그곳에 사는 야생 동물이 아니라, 근처에 사는 사람들이었다. 나는 현지 경찰에게서 불량배들이 모래 언덕을 배회하면서 어둠 속에서 '다양한 범죄 활동'을 저지른다는 이야기를 들었다. 그것은 전혀 반갑지 않은 소식이었다. 내가 연구하는 나방은 한밤중, 정확하게는 새벽 3시경에 가장 활발하게 활동하기 때문이었다.

초파리 몸에 표지를 다는 방법

나방이 얼마나 멀리 날아가는지 조사하기 위해 나는 수백 마리의 나방에 형광 먼지로 표지를 달았다. 그래서 자외선 빛을 비추면 어둠 속에서 빛을 내는 형광 먼지를 보고 그 위치를 알 수 있었다. 모래 언덕 사이의 한 장소에서 나방들을 야생으로 풀어 준 후, 매일 돌아와 자외선램프를 비추며 그 나방들이 얼마나 이동했는지 조사할 생각이었다.

그다음 2주일 동안 나는 모래 언덕 사이를 배회하며 어둠 속에서 형광을 찾았다. 램프에서 나오는 자외선 복사에 화상을 입고 싶지 않았기 때문에, 거대한 플라스틱 가면으로 얼굴을 가리고 두꺼운 장갑을 끼고 목도리를 둘렀다. 멀리서 보면 꼭 1950년대의 SF 영화에 나오는 조잡한 외계인처럼 보였을 것이다.

화상에 대한 염려는 걱정거리 중 가장 사소한 것이었다. 나는 어둠 속에서 낯선 사람과 마주치지 않을까 몹시 불안했다. 밤중의 모래 언덕은 아주 조용하고 외진 장소였다. 구름이 달을 가릴 때면 더욱 그랬다. 때로는 기괴한 소리가 침묵을 깨뜨렸다. 방향을 종잡을 수 없는 곳에서 들리는 그 소리는 그 전은 물론이고 그 후에도 한 번도 들어 보지 못한 기괴한 소리였다. 괴기스러운 비명과 꽥꽥거리는 소리, 그리고 한참 동안 쉭쉭거리는 소리가 이어졌다. 야행성 동물들이 세력권을 놓고 다투거나 짝짓기할 상대나 먹이를 놓고 다툴 때 내는 자연의 소리일까? 아니면 누군가 '다양한 범죄 활동'을 저지르는 소리일까? 무슨 일인지 알아보려고 둘러보는 대신, 피난처인 차로 재빨리 달아난 적이 한두 번이 아니었다.

어쩌면 초파리를 연구하는 편이 나방보다 훨씬 나았을지 모른다. 적어도 초파리의 습성은 그다지 반사회적이지 않으니까. 드로소필라 프세우도오브스쿠라의 경우, 가장 활발하게 활동하는 때는 새벽녘과 황혼녘이다. 도브잔스키가 매일 바나나 미끼를 놓은 덫을 조사하면서 덫에 걸린 초파리가 없는지 들여다본 시간도 바로 이때였다.

도브잔스키가 초파리 몸에 표지를 다는 방법은 내가 사용한 것보다 좀 더 복잡했다. 초파리 몸에 형광 먼지를 붙이는 대신에 돌연변이 유전자를 집어넣었다. 그는 선명한 주황색 눈을 가진 초파리를 수천 마리 기른 다음 풀어 주었다. 주황색 눈을 가진 초파리는 빨간색 눈을 가진 야생 초파리와 쉽게 구별할 수 있었다.

FBI의 의심을 받다

도브잔스키가 연구한 초파리는 내가 연구한 나방보다 모험심이 훨씬 강한 여행자였다. 초파리는 하루에 약 100m나 이동할 수 있다. 이와는 대조적으로 내 가련한 나방은 운이 좋아야 평생 동안 겨우 몇 미터 이동하는 게 고작이다. 이것은 아주 짧은 거리에서도 진화적 변화가 일어날 가능성이 있음을 시사한다. 진화의 관점에서 볼 때, 약 20m 떨어져 있는 나방들은 서로 전혀 다른 개체군에 속한다.

매일 새벽 3시에 일어날 필요는 없었겠지만, 두려움이라는 측면에서는 도브잔스키 역시 자유롭지 못했다. 그에게 두려움의 대상은 밤중에 배회하는 불량배가 아니라, 그보다 훨씬 사악한 FBI였다. 전쟁 동안에 동유럽 억양의 영어를 쓰는 남자가 캘리포니아주의 오지를 배회한다는 신고는 FBI의 의심을 사기에 충분했다.

편집증에 가까운 FBI 요원들의 머릿속에 무슨 생각이 떠오를지 누가 알겠는가? 그들은 도브잔스키가 초파리에게 정찰 임무를 수행하도록 훈련시킨 다음, 펜타곤 심장부에 침투시켜 국가 기밀을 적국에 넘기려고 하는 것은 아닐까 하고 생각했을지도 모른다. 그들이 그렇게 의심을 품은 근거가 무엇이건 간에, 도브잔스키는 아주 힘들고 짜증나는 심문을 받았다.

불행하게도 나는 심문 기록을 입수할 수 없었다. 그러나 그들 사이에 오간 대화가 어떤 것이었는지 대강 추정해 볼 수는 있다.

FBI: 초파리는 얼마나 멀리 날아갈 수 있나요?

도브잔스키: 하루에 100m 정도요.

FBI: 음…… 경비 초소에서 펜타곤 심장부까지 거리쯤 될까? 아니, 그 정도는 안 되는군. 그래도 충분히 가까이 접근할 수 있겠는걸. …… 당신은 관광이나 사업을 목적으로 워싱턴을 방문한 적이 없습니까? 당신은 보드카를 즐깁니까? 당신은 우랄 산맥과 로키 산맥 중 어느 쪽을 더 좋아합니까? 테네시 윌리엄스와 안톤 체호프 중에서는 누구를 더 좋아하나요? 덫에 사용하는 바나나는 어디서 구했습니까? ……

당신이 하는 연구의 궁극적인 목적은 무엇이오?

도브잔스키: 자연 개체군의 유전학을 연구하는 것이죠.

FBI: 아무래도 의심스러운 이야기로군요.

도브잔스키는 자신이 연구하는 과학 분야를 설명하려고 노력했을 것이다. 그러나 의심을 품은 FBI 요원에게 진화유전학을 설득력 있게 설명한다는 것은 무리였다. 나는 도브잔스키가 처한 상황에 충분히 공감을 느낀다. 나도 고개를 갸우뚱하는 친지들에게 내가 하는 연구의 중요성을 설명하려고 시도한 적이 여러 번 있었다. 그러나 그런 시도는 번번이 경멸과 조롱을 받는 것으로 끝났다. 내 삼촌은 심지어 이렇게 말했다.

"그 지긋지긋한 나방들에게 쓰이는 우리 납세자들의 돈으로 왓퍼드와 스테인스 사이에 M25(런던 외곽의 순환 고속도로)의 차선을 하나 더 늘릴 수 있을 텐데."

내 삼촌처럼 여러분도 과학이 인류에게 실질적 '혜택'을 주기를 원하는 부류의 사람이라면, 진화유전학은 여러분의 취향에 전혀 맞지 않을 것이다. 진화유전학자 중에서 지금까지 노벨상을 받은 사람은 아무도 없으며, 초파리가 얼마나 멀리 날아가는지 측정하는 것이 GDP에 기여할 리도 만무하다. 그러나 진화유전학을 쓸모없는 것으로 간주하는 태도는 너무 성급하다. 무엇보다도 집단유전학population genetics[2]은 개체들의 유전학과 마찬가지로 보편 언어이다. 초파리 개체군에 적용되는 규칙들은 나방과 땅돼지, 그리고 사람에 적용되는 규칙들과 똑같다. 심지어 자라나는 종양 속의 암세포 집단에도 똑같이 적용된다.

그래도 눈에 띄는 혜택을 원한다면, 주위에서 얼마든지 찾을 수 있다. 예를 들면, 법의학자는 범죄 현장에 남아 있는 DNA가 용의자의 DNA와 순전히 우연만으로 일치할 수 있는지를 판단할 때 집단유전학을 이용한다. 인류학자도 집단유전학을 이용해 인류의 역사를 추적한다. 언어와 문화와 마찬가지로 전 세계에 퍼져 있는 유전자 분포를 이용해 인류가 지구를 정복해 간 경로를 추정하는 것이다.

---

2 생물학에서는 population을 '개체군'이란 용어로 번역하는 게 보통이지만, 일반적으로는 흔히 '집단'으로도 번역한다. population biology도 개체군생물학이라고 해야 적절한데, 이전부터 집단생물학으로 써 왔기 때문에 계속 그렇게 부른다. 집단유전학도 마찬가지다.— 옮긴이 주

만약 다윈이 초파리를 연구했더라면……

도브잔스키 같은 생물학자들이 등장하기 전에 개체군은 유전적으로 동일한 개체들의 집단으로 간주되었다. 도브잔스키는 초파리 친구들에게서 약간의 도움을 받아 이 철학적 멍에에서 개체군을 해방시켰다. 개화된 새 세상에서 개체군은 유전적 다양성의 보고였고, 유전자는 진화적 변화의 기본 통화였다.

개체군의 유전자 명단은 상호 작용하는 진화의 힘들이 섞이면서 역동적인 유동 상태에 있다. 다윈의 자연 선택은 어떤 유전자를 다른 유전자보다 선호함으로써 개체군의 유전자 명단을 결정하는 역할을 한다. 돌연변이(새로운 변이의 원천)는 개체군에 유전적으로 새로운 개체를 낳을 수 있다. 그리고 유전자 이동은 서로 다른 개체군의 유전자들을 섞음으로써 개체군 사이의 차이를 없앤다. 이 새로운 세계 질서에서 진화는 상호 작용하는 힘들 사이의 균형에 좌우된다.

진화적 힘들이 협력하는 방식

이 진화적 힘들이 서로 협력하는 방식을 설명하기 위해 신발 비유를 마지막으로 한 번만 더 사용하기로 하자. 댈러스에 살던 일부 토착민이 석유와 카우보이에 넌더리가 나 북쪽의 초원 지역으로 옮겨 가기로 결정하면서 미니애폴리스 집단이 생겨나게 되었다고 상상해 보자.

만약 이주 집단이 충분히 크다면, 댈러스의 모든 신발 종류를 대표하는 표본을 가지고 옮겨 갈 것이다. 그러나 이주 집단의 크기가 비교적 작다면, 순전히 우연만으로 댈러스의 신발 명단 중에서 한쪽으로 치우친 표본만 가진 채 옮겨 가는 일이 일어날 수 있다. 원래부터 댈러스에 드물었던 신발 종류는 이 과정을 통해 완전히 누락될 가능성이 높다. 반면에 어떤 종류의 신발은 불공평하게 많이 포함될 수 있다. 유전자 또는 신발 빈도에 일어나는 이러한 임의적 변화를 '창시자 효과founder effect'라고 부르는데, 이것은 개체군이 진화하는 또 한 가지 방법이다.

이주 집단이 댈러스에 있던 신발 종류를 모두 대표하는 표본을 지닌 채 옮겨 간다고 가정해 보자. 처음에 두 집단(댈러스와 미니애폴리스)이 신은 신발의 종류와 빈도는 똑같다. 그러나 얼마 지나지 않아 댈러스에서는 편리했던 신발이 미니애폴리스에서는 불편한 것으로 드러날 수 있다. 북쪽은 기후가 춥기 때문에 '자연 선택'은 다른 종류의 신발을 선호하게 되고, 그때부터 두 집단의 신발 종류는 서로 다르게 갈라져 나간다.

만약 자연 선택의 힘이 아주 강하다면, 두 도시 사이에 신발 이동이 일어나더라도 이러한 차이가 계속 유지될 것이다. 그러나 자연 선택의 힘이 약하다면, 두 도시 간에 사람들의 이동이 일어나면서 두 도시의 신발 종류가 다시 비슷해질 것이다. 이러한 역동적인 흐름 속에서 일부 신발은 아예 완전히 사라져 버릴 수도 있다. 예를 들어 카우보이 부츠는 미니애폴리스에서 오래 살아남지 못할 것이다. 이 경우에는 댈러스에서 계속 사람들이 이동해 오거나 돌연변이가 일어나야만 미니애폴리스의 카우보이 부츠에 계속 새로운 생명을 불어넣을 수 있다. 돌연변이는 또한 완전히 새로운 종류의 신발을 만들어 낼 수 있는데, 1970년대에 유행한 플랫폼 슈즈platform shoes(힐뿐만 아니라 밑창 전체를 높게 한 구두)가 좋은 예이다.

두 집단 간의 신발 명단은 계속 갈라져 나갈 수 있다. 그러나 설사 댈러스와 미니애폴리스 주민들이 더 이상 사이좋게 지내지 않는다 하더라도, 신발 취향의 차이가 새로운 종의 출현을 낳을 것 같지는 않다. 신발 비유는 여기까지가 한계인 것 같다. 그러나 유전자는 거기서 더 나아갈 수 있다.

유전학은 진화와 종의 기원을 한때 그것을 의심의 눈초리로 바라보던 과학계에 더욱 설득력 있게 제시했다. 유전학은 잘 알려지지 않은 새로운 초파리종에 드로소필라 프세우도오브스쿠라라는 이름도 붙여 주었다. 훌륭한 판단과 행운이 손을 잡은 덕분에 도브잔스키는 대부분의 생물학자들이 그저 꿈만 꾸던 종류의 실험계를 만났다.

초파리 대신 핀치를 택한 다윈의 불운

틀림없이 다윈은 무덤 속에서 통곡했을 것이다. 그는 유전의 메커니즘을 제대로 알지 못해 평생 동안 자신의 진화론을 더 설득력 있게 주장할 수 없었다. 유전학은 그의 이론에서 느슨하게 풀려 있던 나사들을 단단히 죄었을 뿐만 아니라, 진화생물학을 실험과학으로 바꾸어 놓았다. 다윈이 제시한 진화론의 증거는 생물과 환경의 비교 연구와 화석 기록, 동식물 사육에서 얻은 게 전부였다. 그 증거들은 특별한 것이었지만, 기술적이고 간접적인 것에 그쳤다. 그런데 초파리 염색체에 대한 연구는 여기에 실험적 증거라는 정통성을 더해 주었다.

도브잔스키가 거둔 성과를 조금이라도 얻을 기회가 있었더라면, 아마 다윈은 어떠한 대가라도 기꺼이 치르려고 하지 않았을까? 턱수염을 밀고 린네 학회Linnaean Society에서 알몸으로 춤이라도 추었을 것이며, 열성적인 창조론자들 앞에서 "나는 미쳤다."라고 선언하는 것도 마다하지 않았을 것이다. 심지어 최신 부리 측정 장비까지 덤으로 제공하는 갈라파고스 제도행 무료 여행 티켓도 포기했을 것이다. 도브잔스키의 풍부한 실험 결과를 조금이라도 얻을 수 있었더라면, 그는 이 모든 것뿐만 아니라 그보다 더한 것도 기꺼이 희생하려고 했을 것이다. 그러나 그에게는 그런 기회가 없었다.

초파리 대신 핀치를 조사했던 것이 그의 불운이었다.

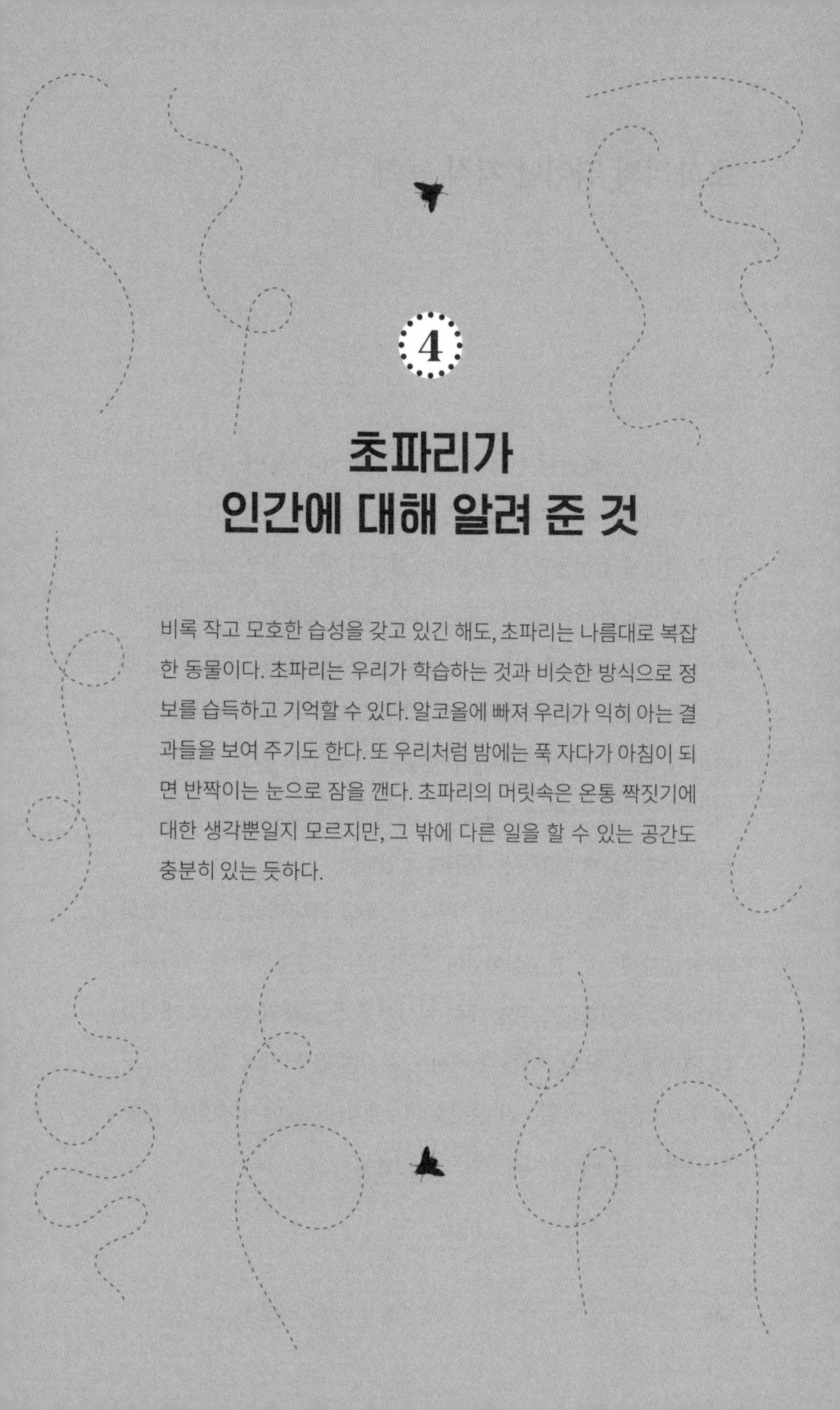

4

초파리가 인간에 대해 알려 준 것

비록 작고 모호한 습성을 갖고 있긴 해도, 초파리는 나름대로 복잡한 동물이다. 초파리는 우리가 학습하는 것과 비슷한 방식으로 정보를 습득하고 기억할 수 있다. 알코올에 빠져 우리가 익히 아는 결과들을 보여 주기도 한다. 또 우리처럼 밤에는 푹 자다가 아침이 되면 반짝이는 눈으로 잠을 깬다. 초파리의 머릿속은 온통 짝짓기에 대한 생각뿐일지 모르지만, 그 밖에 다른 일을 할 수 있는 공간도 충분히 있는 듯하다.

초파리의 뛰어난 지적 능력

1970년대는 초파리의 전성기였다. 그 이전 30년 동안 초파리는 세균과 바이러스에 밀려 보조 역할에 만족해야 했다. 그러나 디스코 열풍 시대에 접어들면서 초파리는 갑자기 다시 큰 인기를 끌었다. 그것은 마치 과학의 불길이 확 솟아오르면서 실험실 공기가 영향을 받아 병만 한 크기의 소용돌이가 생겨나 마침내 초파리를 긴 잠에서 깨운 것처럼 보였다. 심지어 할리우드조차 막대한 예산을 투입하여 '소울의 전설' 커티스 메이필드Curtis Mayfield의 음악을 사운드트랙으로 곁들인 블록버스터 영화 〈슈퍼플라이Superfly〉를 제작함으로써 시대정신에 동조하는 것처럼 보였다.

이러한 과학 르네상스의 진원지는 독일 하이델베르크대학교의 작은 분자생물학 연구실이었다. 그곳에서 발생생물학자 크리스티아네 뉘슬라인폴하르트와 에릭 위샤우스가 초파리 연구를 재개했다. 그런데 초파리는 다른 곳에서도 그 이름을 떨치고 있었다. 그곳에서 1만 6000km 떨어진 캘리포니아공과대학교에서 진행한 행동의 유전학적 연구에서도 주역으로 떠올랐다.

그 행동 연구를 이끈 사람은 박학다식한 과학자 시모어 벤저Seymour Benzer였다. 벤저는 1940년대 전반에 물리학자로 학계에 첫발을 내디뎠다. 그러다가 1950년대에 생물학자로 변신한 뒤 제1세대 분자생물학자 대열에 합류하여 유전자의 분자 구조를 세밀히 조사함으로써 명성을 얻었다. 1970년대에 그는 다시 방향을 바꾸어 이번에는 행동을 유전학적으로 분석하는 연구에 뛰어들었다.

1970년대에 벤저가 이룬 업적 중 하나는 초파리의 대중적 이미지를 획기적으로 변화시킨 것이다. 초파리가 짝짓기에 탐닉하는 동물인 것은 사실이지만, 벤저는 초파리를 그저 뇌가 없는 멍청이, 즉 짝짓기에만 미친 자동 기계로 보던 기존의 견해를 완전히 바꾸어 놓았다. 오히려 그의 연구팀은 초파리의 지적 능력이 뛰어나다는 것을 보여 주었다. 훈련만 적절히 시키면 초파리도 정보를 학습하고 기억할 수 있다.

벤저의 연구실에서 이런 소식이 새어나왔을 때 전 세계의 개들은 개집 속에 웅크린 채 불안에 떨었을 것이다. 개는 지능이 높은 동물이라는 명성 때문에 그동안 애완동물 시장에서 최고의 인기를 누려 왔다. 그런데 이제 만만치 않은 경쟁자가 나타난 것이다. 만약 정보를 기억하는 속도로 동물의 지능을 측정한다면, 개가 볼 때 초파리는 꼬마 아인슈타인이나 마찬가지였다.

초파리의 기억 훈련

개를 훈련시키려면 며칠이나 몇 주일, 심지어 우둔한 종은 몇 달이 걸린다. 이와는 대조적으로 초파리는 단 몇 분 만에 훈련시킬 수 있다. 물론 초파리는 "앉아!"나 "서!"와 같은 명령에 반응을 보이지 않는다. 하지만 이것은 지극히 당연한 일이다. 초파리처럼 다리가 6개 달린 동물에게는 앉는다는 개념 자체가 의미 없을 것이다.

말로 된 명령어는 잊어버려라. 초파리를 훈련시키는 데 가장 좋은 방법은 냄새와 전기를 사용하는 것이다. 그 방법은 다음과 같다. 초파리 몇 마리를 시험관 속에 집어넣는다. 시험관 속에 강한 냄새를 집어넣으면서 그와 동시에 전기 충격을 가한다. 전기 충격은 70V(볼트) 정도 되어야 한다(초파리를 죽이지 않으면서 충분히 강한 충격을 주려면). 1분 뒤에 전기 충격 스위치를 끄고 시험관 속에 두 번째 냄새를 1분 정도 집어넣는다. 이것으로 훈련은 끝이다.

그다음에는 시험을 치른다. 초파리가 연상을 통해 학습을 했는지 알아보는 시험이다. 시험관에서 초파리를 꺼내 T자 모양의 미로에서 선택한 지점에 놓아둔다. 그리고 초파리가 1번 냄새(전기 충격과 함께 집어넣었던 냄새)를 향해 나아가는지, 2번 냄새(전기 충격을 가하지 않고 집어넣었던 냄새)를 향해 나아가는지 지켜본다.

훈련을 단 한 차례만 받았을 경우, 초파리의 기억은 아주 짧은 시간만 지속된다. 세 시간 뒤에 시험을 반복하면, 일부 초파리는 이미 그 기억을 잃은 듯이 보인다. 24시간 뒤에는 모든 초파리가 훈련을 통해 학습한 것을 완전히 잊어버린다.

그렇다고 해서 초파리에게 장기 기억 능력이 없는 것은 아니다. 초파리가 기억을 오래 간직하려면 반복 훈련이 필요하다. 15분 간격으로 전기 충격 훈련을 열 차례 반복한다면, 초파리는 7일이 지난 뒤에도 '좋은' 냄새와 '나쁜' 냄새를 구분할 수 있다.

초파리의 기억은 사람의 기억과 놀랍도록 비슷한 방식으로 작용하는 것처럼 보인다. 초파리와 마찬가지로 우리의 기억도 처음에는 아주 짧은 시간만 지속되지만, 중간에 적당한 휴식 간격을 두고 반복 훈련을 한다면 기억을 장기간 지속시킬 수 있다. 휴식 간격은 아주 중요하다. 벼락치기 공부(휴식 없이 계속 반복되는 훈련에 해당하는)를 해서 시험을 치러 본 사람이라면, 그 기억이 시험 당일에는 지속되지만, 며칠 뒤에는 완전히 증발하는 경험을 했을 것이다. 초파리도 마찬가지다. 휴식 없이 훈련을 계속 반복하면 기억은 오래 남지 않는다.

벤저의 행동학적 돌연변이 연구

동물 행동을 연구한 벤저의 접근 방법은 이전의 방법과 완전히 다른 것이었다. 전통적으로 동물 행동 연구는 박물학자나 야외 생물학자의 영역이었다. 동물의 구애 행동이나 먹이 구하기, 싸움 같은 본능적인 행동은 아주 자세하게 관찰되고 세밀하게 기술되었다. 복잡한 행동은 대개 일련의 단계적 행동들로 분해할 수 있었다. 예를 들면 학습과 기억은 단기 기억, 중기 기억, 장기 기억의 획득으로 나눌 수 있었다. 이렇게 행동을 '행동 원자'들로 분해한 이유는 순전히 단순화와 기술記述의 편의를 위해서였다. 박물학자들은 그러한 행동 원자들이 유전자나 분자의 행동과 어떤 관련이 있는지에 대해서는 아무 관심도 없었다. 그러나 벤저는 어떤 행동 경로를 이루는 각각의 단계들을 한 유전자나 별개의 분자적 사건과 일대일로 대응시킬 수 없는지 알아보고 싶었다. 그는 학습과 기억을 해부하여 그 유전학적 내부 구조를 밝히려고 했다.

벤저는 뉘슬라인폴하르트와 위샤우스가 배 발생에 대해 한 연구를 행동에 대해 시도하려고 했다. 우선 벤저는 그들이 썼던 것과 거의 똑같은 방법으로 시작했다. 초파리들에게 돌연변이 유발 물질을 살포하여 많은 초파리 돌연변이를 만들었다. 그리고 이 돌연변이들 중에서 학습과 기억 테스트에서 냄새를 잘 구별하지 못하는 초파리들을 골라냈다.

최초로 얻은 학습 돌연변이 초파리는 '던스*dunce*(멍청이)' 초파리였다. 외형상으로는 정상 초파리와 구분되지 않았지만, 던스는 전형적인 멍청이 초파리로, 거의 아무것도 학습하지 못했다. 훈련 강도를 높여도, 전압을 높이거나 냄새의 강도를 높임으로써 시험관 속의 학습 환경을 더 가혹하게 만들어도 아무 소용이 없었다. 던스는 항상 모든 초파리 중에서 학습 성적이 바닥을 기었다.

벤저는 던스가 홍수처럼 쏟아져 나올 학습 돌연변이의 도래를 알리는 전주곡이 될 것으로 기대했다. 분명히 출발은 좋았다. 하지만 어떤 행동 경로를 확실히 알아내려면, 훈련받은 내용을 기억하는 시간이 몇 분, 몇 시간 등으로 멍청한 정도가 제각각 다른 다양한 돌연변이 초파리들을 찾아야 했다.

그러나 행동학적 돌연변이를 확인하는 것은 아주 어려운 일로 드러났다. 발생학적 돌연변이와 달리 많은 행동학적 돌연변이는 그 정체성을 확인할 신체적 단서가 전혀 없었다. 그것을 확인하는 유일한 방법은 후각을 바탕으로 한 엄격한 훈련과 시험뿐이었다. 그 결과, 새로운 돌연변이는 홍수처럼 쏟아진 것이 아니라 찔끔찔끔 나타났다. 던스 다음에는 '앰니지액*amnesiac*(기억상실증 환자)', '래디시*radish*(무)', '캐비지*cabbage*(양배추)', '터닙*turnip*(순무)', '리노트*linotte*(이 단어는 '새대가리'란 뜻의 tête de linotte라는 프랑스어에서 유래했다)'가 발견되었다. 이들은 모두 멍청한 초파리 무리에 속했다.

하지만 어려운 문제들이 여전히 남아 있었다. 새로운 돌연변이 초파리들이 모두 멍청한 것은 분명했지만, 그 점을 빼고는 서로 구별하기 어려웠다. 멍청함의 중간 단계들을 계량화하여 감지할 수 있을 만큼 훈련 장비들이 충분히 민감하지 않은 게 문제였다. 돌연변이들 사이에 차이가 있다 하더라도, 실험에서 발생하는 잡음이 너무 많아 그것을 제대로 분간하기 어려웠다. 게다가 초파리는 훈련 도중에 한눈을 잘 팔았기 때문에, 모 든 초파리에게 냄새와 전기 충격의 강도를 똑같이 경험하게 하기가 어려웠다.

점핑 유전자를 이용한 새로운 돌연변이

1980년대가 되자 벤저는 다른 문제로 관심을 돌렸다. 그러나 벤저의 원래 연구팀과 긴밀하게 협력했던 팀 털리Tim Tully는 새로운 학습 장비를 설계해 만들기로 마음먹었다. 이번에는 우연이 개입할 여지를 철저히 배제하려고 노력했다. 그는 플라스틱으로 특별한 초파리 훈련용 관을 만들었다. 바닥 전체에 전기가 통하는 그리드를 균일하게 깔았고, 또 진공 펌프를 사용해 초파리 위로 지나가는 냄새의 흐름을 부드럽고 일정하게 만들었다. 외부의 영향을 최소화하기 위해 할 수 있는 일은 다 했으며, 심지어 초파리를 훈련 장소에서 T자형 미로의 선택 지점으로 이동시키기 위해 초파리용 엘리베이터까지 만들었다.

털리는 이 새로운 학습 장비를 설계하고 제작하느라 4년을 보냈다. 실험 장비가 이렇게 획기적으로 개선되자, 초파리들은 더 이상 한눈팔지 않고 주어진 학습 과제에 집중하게 되었다.

이전의 설계보다 해상력이 크게 향상된 털리의 장비는 대단한 성공작이었다. 이제 많은 학습 및 기억 돌연변이를 쉽게 구별할 수 있었다. 예컨대 '리노트' 돌연변이는 훈련을 받고 나서 처음 세 시간 동안 학습한 것을 기억하는 데 문제가 있는 초파리인 것으로 확인되었다.

'리노트' 초파리는 돌연변이 무리 중에서도 여러 이유로 눈에 띄었다. '리노트' 유전자는 화학 물질이나 X선과는 관계가 없는 새로운 돌연변이의 산물이었다. 1980년대가 되자, 이러한 전통적 기술들은 낡은 것이 되었다. 새로운 유행에 민감한 초파리 생물학자는 '점핑 유전자jumping gene'를 사용해 새로운 돌연변이를 만들었다.

P 인자가 가져온 혁명

점핑 유전자('이동성 유전 인자'라고도 부른다)는 유전자 기생충이다. 점핑 유전자는 짧은 DNA 조각인데, 숙주 생물(세균, 초파리, 심지어는 사람)의 DNA 내부에서 살면서 증식한다. 이들을 피할 수 있는 길은 없다. 이 이기적인 준생물 조각은 수천만 년 전부터 염색체에 침입했고, 이제는 당당하게 유전자의 일부로 자리 잡았다.

점핑 유전자의 유일한 오락거리는 염색체들 사이에서 돌차기 놀이를 하는 것인데, 그 과정에서 닥치는 대로 숙주의 DNA 속으로 끼어든다(그 결과가 어떻게 되는지에는 전혀 개의치 않는다). 숙주의 유전자에게 이러한 이동성 유전 인자는 골칫거리가 될 수 있다. 점핑 유전자가 숙주의 어떤 유전자 속에 끼어들면, 돌연변이가 일어나면서 심각한 장애가 나타날 수 있다. 1980년대에 초파리 생물학자들은 이 말썽꾼들의 능력을 이용할 수만 있다면, 점핑 유전자의 엄청난 잠재력을 끌어낼 수 있다는 사실을 깨달았다. 점핑 유전자가 돌연변이를 유도하는 방법을 제공할 뿐만 아니라, 초파리 몸속에 외래 유전자를 집어넣는 운송 수단으로도 사용할 수 있다.

점핑 유전자는 종류가 아주 많다. 그러나 초파리의 이동성 유전인자 가운데 가장 각광받고, 또 최초로 분리되고 정제된 것은 1950년대에 한 야생 노랑초파리 개체군에서 발견된 'P 인자P element'이다. P 인자가 어떻게 해서 그 초파리 개체군에 들어가게 되었는지는 아무도 확실히 모른다. 가까운 관계에 있는 다른 초파리종들에서는 전혀 발견되지 않기 때문이다. 그렇다면 아주 먼 친척으로부터 바이러스나 세균을 통해 옮겨 왔을 가능성이 있다. 어떻게 옮겨 왔건 간에 일단 노랑초파리 개체군에 들어온 P 인자는 들불처럼 퍼져 나갔다. 1980년 무렵에는 전 세계 각지의 노랑초파리 개체군에서 P 인자가 발견되었다.

P 인자는 모든 실험에서 기대에 부응했다. P 인자가 초파리 분자생물학에 혁명을 가져왔다고 말해도 과언이 아니다. P 인자는 초파리의 배胚에 직접 집어넣을 수도 있는데, 거기서 P 인자는 산탄 폭탄처럼 초파리의 DNA를 파괴하면서 많은 돌연변이를 일으킬 수 있다. 혹은 P 인자 끝 부분에 여분의 DNA를 붙여서 집어넣을 수도 있다. 그리하여 일종의 분자 편지처럼 다양한 유전 메시지를 초파

리의 DNA에 전달할 수 있다.

P 인자는 이렇게 다양한 능력 때문에 초파리의 학습 및 기억 유전학을 연구하는 데 아주 소중한 도구로 사용되었다. P 인자는 유전자를 더하고 빼는 간단한 유전자 산술을 하는 데 완벽한 도구여서, 어떤 곳에 유전자가 없거나 여분의 유전자가 추가된 초파리를 만드는 데 사용되었다. 이와 같이 유전공학기술을 통해 만들어 낸 초파리들이 학습 및 기억 시험에서 나타낸 수행 능력은 학습으로 얻은 경험을 유전자가 어떻게 기억에 새기는지 흥미로운 그림을 보여 주었다.

유전자 요법을 이용한 학습 장애 치료

1990년대 후반에 털리는 정상 초파리의 배에 유전공학적 조작을 약간 가해 '리노트' 유전자를 떼어 냈다. 그의 유전자 조작은 거기서 그치지 않았다. 털리는 정상 '리노트' 유전자를 포함한 P 인자 편지를 보내면서 그 끝에 열 충격 촉진제를 붙였다. 열 충격 촉진제는 그 이웃에게 제어 스위치 역할을 했다. 실온에서는 우송된 '리노트' 유전자는 영구적으로 스위치가 꺼진 상태로 있지만, 유전공학으로 만든 초파리의 온도를 약 35℃ 이상으로 높이면 그 유전자의 스위치가 켜지면서 해당 단백질을 만들기 시작한다.

유전공학기술로 만든 초파리는 모두 실온에서 사육했다. 이렇게 사육한 어른 초파리들을 훈련시켜 시험하자, 모두 결함이 있는 '리노트' 유전자에서 전형적으로 나타나는 학습 장애를 보였다. 그런데 거기서 털리는 유전적 마술을 보여 주었다. 그는 그 초파리들이 들어 있는 병을 뜨거운 물속에 담갔다. 뜨거운 열기가 초파리의 체내로 스며들자, 정상 '리노트' 유전자가 작동하기 시작했다. 유전공학기술로 만든 초파리의 체내에서 우송된 뒤 지금까지 잠자고 있던 '리노트' 유전자의 스위치가 갑자기 켜진 것이다.

세 시간 뒤에 그 초파리들을 꺼내 그 능력을 또 한 번 시험했다. 간단한 훈련을 시킨 뒤에 T자형 미로에 올려놓고 시험했다. 초파리들은 조금 전처럼 여전히 멍청할까, 아니면 새로 얻은 지능을 발휘할까? 그 결과는 의심의 여지가 없었다. 합격률은 정상 초파리 개체군과 같은 수준인 90%까지 올라갔다. 유전자 스위치가 하나 켜진 것만으로 초파리의 학습 능력이 회복된 것이다. 그것은 아주 놀라운 변화였고, 유전자 요법을 이용해 학습 장애를 치료한 최초의 사례였다.

초파리의 학습과 기억에서 온오프 스위치처럼 작동하는 유전자는 '리노트' 유전자뿐만이 아니다. 예컨대, *CREB* 유전자도 비슷한 방식으로 작동한다. 이 유전자는 중간에 간격을 두면서 반복 훈련을 받은 초파리에게서 장기 기억 스위치를 켜는 역할을 한다. *CREB* 유전자를 끄거나 돌연변이를 일으키면, 훈련을 아무리 많이 시키더라도 초파리는 장기 기억을 결코 얻지 못한다. 하지만 열 충격 촉진제로 *CREB* 유전자를 다시 켜면, 마술처럼 초파리의 장기 기억 능력이 회복된다.

CREB 유전자는 단순히 기억 은행을 정상으로 회복시키는 것 외에도 초파리에게 많은 일을 할 수 있다. 이것은 털리가 여분의 유전자를 가진 초파리를 유전공학적으로 만들어 발견했다. 여분의 *CREB* 유전자를 넣어 주자 '사진적 기억력'을 가진 초파리가 태어났다. 이 초파리는 일정 간격을 두고 반복 훈련을 받지 않아도 장기간 기억할 수 있는 능력이 있었다. 또한 정상 초파리가 열 번 훈련받아야 기억할 수 있는 것을 단 한 번의 훈련만으로 기억했다. 필요한 것을 학습하는 데에도 단 한 번의 훈련이면 충분했다.

'던스', '리노트', *CREB* 같은 유전자는 벤저가 처음 생각했던 것이 옳음을 입증했다. 이 유전자들은 행동도 유전학적으로 분석할 수 있음을 보여 주는 증거였다. 느리지만 확실하게 행동 원자들은 유전자 원자들로 번역되고 있다.

학습과 기억 유전자의 미래

유전자를 확인하는 것은 그렇다 치자. 하지만 그 유전자가 어떻게 작용하고, 그 지시가 어떻게 분자 차원의 사건과 기억으로 번역되는지를 이해하는 것은 전혀 다른 문제이다. 지금까지 냄새를 학습하고 기억하는 일과 관련된 유전자는 20개 이상이 확인되었지만, 그중 대다수의 기능이 제대로 알려지지 않은 상태로 남아 있다. 하지만 지금까지 해독된 유전자들만 해도 이미 감질나게 하는 그림을 보여 준다.

새로운 정보를 기억하는 것은 신경계에 일어나는 물리적 · 생리적 변화와 관계가 있다. 훈련을 한 번만 받을 경우, 이러한 변화(그리고 그 기억)는 일시적이고 수명이 짧다. 오직 반복 훈련을 통해서만 신경 연결의 수와 그 민감도를 더 항구적으로 높일 수 있다.

'던스', '리노트', *CREB* 같은 유전자는 세포 내부에서 이러한 물리적 변화를 통합 조정하는 생화학적 경로의 일부를 이룬다. 이 유전자들(더 정확하게는 이것들이 만든 단백질)은 세포 표면에서 받아들인 전기적 자극을 신경 세포 내에서 물리적 변화로 전환시킨다.

학습과 기억의 세부 경로는 분자 차원의 구불구불한 길과 모퉁이로 가득하다. 그러나 안전한 거리에서 바라보면, 그 경로에서 놀라운 특징이 드러난다. 경로 단계와 학습 단계 사이에는 놀랄 만한 유사성이 존재한다. 예를 들어 '리노트' 유전자는 경로에서 일찍 작용하고 학습 초기 단계에 영향을 미치는 단백질을 만든다. 이와는 대조적으로 *CREB* 유전자는 경로 끝 부분에 관여하며, 장기 기억에 중요한 역할을 한다.

이 경로를 시각화하는 한 가지 방법은 일련의 생화학적 단계들을 강 양쪽을 연결하는 징검돌이라고 생각하는 것이다. 한쪽 강둑은 종착점, 곧 장기 기억의 습득을 대표한다. 각각의 징검돌은 학습과 기억의 경로에 있는 단계이다. 경로에 존재하는 한 유전자에 일어나는 돌연변이는 강에서 징검돌을 하나 없애는 것과 같다. 그러면 학습과 기억은 그 없어진 징검돌 직전 단계까지만 진행되고, 그 이상은 진행되지 않는다.

물론 이렇게 보는 것은 지나치게 단순하다. 학습과 기억에 대해 아직도 밝혀내야 할 것이 많이 있다는 사실은 의심의 여지가 없다. 하지만 초파리는 이미 돌풍을 일으켰다. 학습과 기억은 일련의 생화학적 스위치로 번역되었으며, 간단한 유전공학적 덧셈과 뺄셈으로 그것을 조작할 수 있다. 이것은 환원주의(복잡하고 높은 단계의 사상이나 개념을 하위 단계의 요소로 세분화하여 명확하게 정의할 수 있다고 주장하는 견해)에 반대하는 사람들을 움찔하게 만들기에 충분하다. 그러나 과연 그것이 사람에게도 똑같이 적용될까 하는 질문부터 던져야 할 것이다.

기억 조작이 가능한 미래?

초파리에서 발견된 것과 비슷한 학습 및 기억 유전자는 이미 다른 동물들에서도 발견되었다. 사람, 생쥐, 쥐, 선충, 갯민숭달팽이도 초파리의 *CREB* 유전자와 DNA 염기 서열이 일치하는 유전자를 갖고 있다. 사실, *CREB* 유전자는 동물계 전체에서 발견되는 보편적인 분자 스위치로 보인다. 예를 들면, *CREB* 유전자는 초파리에서와 마찬가지로 생쥐에서도 장기 기억 스위치를 켠다. *CREB* 유전자를 제대로 작동하지 못하게 하면, 단기 기억만 하는 생쥐가 태어난다. 발생 유전자와 마찬가지로 학습과 기억 유전자도 보수적 성격을 지닌 것처럼 보인다.

만약 우리 역시 초파리와 똑같은 유전자 주형으로 만들어져 있다면 어떨까? 기억 조작이 가능한 흥미로우면서도 두려운 미래의 모습이 눈앞에 다가올 것이다. 뜨거운 욕탕에 들어가서 아인슈타인의 상대성 이론을 다 배웠다가 거기서 나오는 순간 그것을 싹 잊어버리는 자신을 상상해 보라.

또, 첩보 요원에게 *CREB* 유전자를 과다 주입함으로써 사진적 기억력을 갖게 만들면 어떨까? 열 충격 촉진제를 써야 한다면, 그

첩보 활동은 아프리카나 중동처럼 더운 지방에 국한될 것이다. 열 충격 촉진제를 없애도 된다면, 전 세계 어디서나 환상적인 첩보 활동을 펼칠 수 있을 것이다. 그러나 온도를 조절하는 인자가 전혀 없다면, 여러분의 뇌는 금방 정보 과부하 상태가 되고 말 것이다.

좀 더 진지하고 현실적인 측면에서 보면, 초파리는 새로운 약과 유전자 요법을 이용해 선천적 학습 장애나 뇌졸중 환자, 알츠하이머병 환자를 치료하는 미래를 시사한다. 머리에 손상을 입어 상실한 기억은 되살리는 반면, 고통스러운 기억이나 외상성 기억은 화학적으로 제거할 수 있을 것이다.

이러한 이야기는 너무 꿈같아서 믿기 어려울 정도이다. 어쩌면 지나치게 부풀었다가 금방 사라져 버릴 또 하나의 미래 전망인지도 모른다. 과연 어느 쪽인지는 시간이 알려 줄 것이다. 하지만 위 문단을 열 번 반복해서 읽어 보라(중간에 적당히 휴식을 취하면서). 여러분 머릿속에는 생생하게 계속 남을지도 모르니까.

우리는 왜 술을 좋아하는가?

초파리가 냄새를 학습하고 기억하는 능력은 단순히 기묘한 재주에 불과한 것이 아니다. 초파리에게 냄새를 기억하는 능력이 생긴 데에는 진화적으로 충분한 이유가 있다. 초파리는 후각에 의존해 자신의 작은 세계를 돌아다닌다. 먹이와 배우자, 그리고 알 낳는 장소에서 나는 '좋은' 냄새를 위험한 것에서 나는 '나쁜' 냄새와 구별하지 못하면, 초파리의 삶은 몹시 힘든(그리고 짧게 끝나는) 것이 된다. 초파리의 기억 은행에서 가장 중요한 냄새 중 하나는 알코올이다. 알코올은 과일이 썩거나 발효할 때 부산물로 생긴다. 알코올은 휘발성이 아주 강한 유기 화합물이기 때문에, 익은 과일 한 조각에서도 알코올 증기가 스며 나온다. 이 알코올 증기가 풍겨 오는 곳을 냄새로 감지하는 능력이 있기 때문에, 초파리는 알을 낳거나 먹이를 구하는 장소를 쉽게 찾을 수 있다.

초파리에게 알코올에 대한 민감성이 진화했다는 사실은 우리가 술을 좋아하게 된 진화적 기원에 통찰을 제공한다. 익거나 썩은 과일을 먹고 살아가는 동물은 알코올에 민감한 더듬이나 코가 큰 도움이 된다. 수백만 년 전에 온몸이 털로 뒤덮인 우리 조상은 숲에서 익은 과일을 먹고 살았다. 울창한 초록색 잎 사이에서 과일을 찾아내는 일은 쉽지 않았을 터이므로, 알코올 증기 냄새를 맡는 능력은 분명히 큰 도움이 되었을 것이다.

인간이 술을 좋아하게 된 진화적 기원

우리가 술을 좋아하는 것은 과거의 진화가 남긴 유물일까? 술집에 들어갈 때마다 우리는 조상들이 맛있는 과일을 찾아가던 행동을 따라 하는 것일까? 이러한 추측을 뒷받침해 주는 정황 증거는 아주 많다. 예를 들어, 우리의 음주 습관을 생각해 보라. 우리는 대개 맥주나 포도주처럼 알코올 도수가 비교적 낮은 술을 즐긴다. 독한 술을 마실 때에는 물이나 얼음을 타 희석시킨다. 야생 자연에서 일어나는 발효도 비교적 도수가 낮은 알코올을 만든다. 대사 작용이 가장 왕성할 때에도 효모가 과일로 만드는 알코올 도수는 10~15% 정도에 불과하다. 우리가 선호하는 알코올 도수가 조상들이 야생에서 얻던 알코올 도수와 비슷한 것은 단순히 우연의 일치일까?

이러한 추측을 뒷받침하는 사실이 하나 더 있는데, 그것은 초파리처럼 우리도 알코올을 규칙적으로 소량 섭취하면 더 건강하고 오래 사는 경향이 있다는 점이다. 만약 우리 조상들이 매일 먹던 식사에 낮은 농도의 알코올이 늘 포함되어 있었다면, 진화가 우리의 생리학을 거기에 맞게 조절했다 하더라도 전혀 놀라운 일이 아니다.

물론 술을 절제하며 마신다는 게 늘 쉬운 일은 아니다. 익거나 썩은 과일을 먹고 사는 동물은 항상 저녁 식사가 자기 뜻과 상관없이 방탕한 밤으로 이어질 위험을 안고 살아간다. 초파리, 나비, 원숭이, 코끼리를 비롯해 과일을 먹고 사는 수많은 동물에게 알코올에 취하는 것은 늘 일어날 수 있는 위험이며, 특히 잘 익은 과일을 먹었을 때에는 거의 불가피한 결과이다.

알코올에 취했을 때 우리가 보이는 일부 기괴한 행동은 초파리와 비슷하다. 초파리의 경우에는 세 단계에 걸쳐 나타나는데, 우리에게 몹시 익숙한 행동들이다. 첫 단계는 행복감에 넘쳐 소란스러워지는 단계로, 초파리는 침착성을 잃고 과잉 행동을 보인다. 이 단계에서 초파리는 자제력(만약 자제할 게 있다면)을 잃기 시작한다. 그 다음은 몸을 제대로 가누지 못하는 단계이다. 초파리는 똑바로 걸어가는 데 어려움을 겪는다. 날 수는 있어도 마음먹은 대로 날지 못한다. 마지막으로 의식을 잃는 상태가 오는데, 의식이 돌아왔을 때에는 이미 시궁창에 처박혀 있거나 포식자의 뱃속에 들어가 있기 십상이다.

사람과 비슷한 점은 여기서 끝나지 않는다. 알코올에 대한 초파리의 내성은 우리와 놀라울 정도로 비슷하다. 초파리는 대체로 혈중 알코올 농도가 약 0.2%(혈액 100ml당 알코올 0.2g)에 이르렀을 때 취한다. 대부분의 나라에서 운전이 가능한 혈중 알코올 농도를

0.1%로 정했다는 사실을 생각해 보라. 이러한 유사점들을 감안한다면, 초파리가 사람의 알코올 남용과 중독을 연구하는 모형으로 과대 선전되더라도 전혀 이상할 것이 없다.

알코올 민감도를 결정하는 유전자

우리 조상에게 알코올에 취한 오후는 가끔 예상치 않은 보너스였을 것이다. 그것은 나무 위에서 살아가는 따분한 일상에서 잠깐 벗어날 수 있는 기회를 제공했다. 하지만 이제 우리는 항상 알코올을 충분히 구할 수 있는 단단한 땅 위에서 살아가기 때문에, 쉽게 통제 불능 상태에 빠질 위험이 커졌다. 알코올 중독은 진화의 유산이 우리를 압도한 사례이다.

물론 우리가 알코올 중독자가 되도록 프로그래밍되어 있는 것은 아니다. 알코올 중독을 야기하는 데에는 많은 생물학적 요인과 사회적 요인이 있을 것이다. 그러나 이 질환에 유전적 요인이 중요한 역할을 한다는 사실은 부인할 수 없다. 알코올 중독이 같은 가족 간에 잘 나타난다는 사실과 개인에 따라 알코올에 대한 생리적 민감도에 큰 차이가 있다는 사실은 알코올 중독이 유전자와 관련되어 있음을 말해 준다.

어떤 사람은 맥주 500cc 한 잔만 마셔도 다리가 후들거리지만, 어떤 사람은 여러 잔을 마셔도 끄떡없다. 마찬가지로 초파리도 알코올에 대한 민감도에서 다양한 차이를 보인다. 유전자의 역할을 인정한다면, 일부 초파리는 다른 초파리보다 알코올에 훨씬 강할 것이다. 실제로 알코올이 풍부한 환경(포도밭이나 양조장)에서 사는 초파리는 다른 곳에서 사는 초파리보다 알코올에 대한 내성이 커지는 방향으로 진화했다는 증거가 있다.

사람의 경우에 알코올 내성은 알코올 중독과 손을 맞잡는 경향이 있다. 즉, 알코올에 대한 내성이 강한 사람일수록 알코올 중독자가 될 가능성이 높다. 그래서 과학자들은 알코올 민감도에 대한 유전적 · 분자적 기반을 확인하는 것이 적당한 알코올 중독 치료법을 개발하는 첫 단계라고 생각해 왔다. 초파리는 그러한 역할을 맡기기에 적절치 않은 후보로 보일지 모른다. 그러나 학습과 기억에 대한 연구에서 초파리가 보여 준 것처럼, 행동에 대한 유전학적 연구에 의미 있는 기여를 하는 데에도 반드시 복잡한 생물이 필요한 것은 아니다.

그런데 알코올 민감도를 결정하는 유전자를 어떻게 확인할 수 있을까? 알코올을 어느 정도 마실 수 있는 초파리와 그렇지 못한 초파리를 어떻게 정확하게 구별할 수 있을까? '취도 측정기'라는 기발한 장비가 그 답을 제공한다. 취도 측정기는 높이 1m의 수직 유리관으로, 그 속에는 알코올 증기가 채워져 있다. 유리관 속에는 구멍이 많이 뚫린 경사진 단들이 다양한 높이에 고정되어 있는데, 초파리가 그 위에 앉아서 몸을 다듬을 수 있다.

측정을 하려면, 우선 초파리 100여 마리를 유리관 꼭대기에 올려놓는다. 알코올이 서서히 효과를 나타내면 초파리는 균형을 잃고 위의 단에서 그 아래 단으로 굴러떨어진다. 완전히 몸을 가누지 못하게 된 초파리는 맨 아래에 있는 단을 통해 유리관 밖으로 나온다. 유리관 밑에서 비틀거리며 나오기까지 걸리는 시간은 그 초파리의 알코올 민감도를 알려 주는 신뢰할 만한 측정값이다.

취도 측정기 안에서 보통 초파리는 평균 20분 정도 머물다가 밖으로 나온다. 그런데 1998년에 한 돌연변이 초파리는 알코올에 대해 상당히 커다란 민감도를 보였다. 이 돌연변이 초파리는 20분이 아니라 15분 만에 취도 측정기 밖으로 나왔다. 이 초파리와 함께 술을 마신다면, 주머니 사정을 걱정할 필요가 없다. 그래서 이 돌연변이 초파리에게는 '칩데이트*cheapdate*(쉬운 데이트 상대)'라는 이름이 붙었다.

이 초파리와의 데이트는 비용이 덜 들지 모르지만, 지적으로는 그다지 흥미로운 것이 못 되었다. 알고 보니 칩데이트는 새로운 유전자가 아니라, 학습과 기억에 관여하는 유전자인 '앰니지액'의 또 다른 돌연변이 버전이었기 때문이다. 다시 말해서, 학습 능력에 영향을 미치는 유전자인 '앰니지액'이 알코올 내성에도 영향을 미친다는 이야기이다. 이렇게 유전자 차원에서 일어나는 우연의 일치는 이것뿐만이 아니다. 학습과 기억의 돌연변이 중 많은 것이 알코올에 대한 민감도가 큰 것으로 드러났다. 이러한 초파리들을 취도 측정기 위에 올려놓으면 다른 초파리보다 훨씬 빨리 떨어졌다.

알코올이 유발하는 행동에 대한 유전학을 분자 차원에서 이해하려면 더 많은 연구와 분석이 필요하다. 그러나 우리는 알코올 내성에 관한 유전학이 학습과 기억에 관한 유전학과 겹친다는 사실을 이미 알고 있다. '리노트'와 *CREB* 돌연변이를 구하기 위해 사용한 것과 동일한 방법으로 유전공학을 사용해 '칩데이트' 돌연변이를 '구할' 수 있다. 단순히 유전자 스위치를 켜는 것만으로 '칩데이트' 돌연변이를 알코올에 내성을 가진 초파리로 바꿀 수 있는 것이다. 물론 아직 이 연구는 시작에 지나지 않지만, 초파리는 우리와 알코올 사이의 애증 관계 문제에 해결책을 내놓을지도 모른다.

생체 리듬의 수수께끼

학습 장비에서 힘든 하루를 보냈거나 취도 측정기에서 취해서 곯아떨어지는 오후를 보낸 초파리에게 잠보다 더 달콤한 것은 없을 것이다. 그러나 휴식 시간조차도 초파리는 행동의 관찰과 심문에서 완전히 벗어나지 못했다. 잠자고 깨어나는 패턴이 초파리만큼 자세히 관찰된 동물은 거의 없다.

초파리의 잠은 사람의 잠과 약간 다르기는 해도 본질적으로 동일한 것이라고 할 수 있다. 곤충인 초파리는 눈꺼풀이 없기 때문에 피곤을 느끼더라도 눈을 감지 않는다. 그렇더라도 어두워지면 초파리는 수면 모드로 전환한다. 밤은 낮 동안 정신없이 바쁘게 사느라 누적된 피곤에서 회복할 수 있는 휴식과 이완의 시간이다.

초파리는 우리처럼 약 24시간 주기에 맞추어 살아간다. 초파리의 몸은 낮과 밤의 규칙적인 주기에 맞추어져 있다. 초파리는 아침이 되면 일어나고, 저녁이 되면 잔다. 따라서 분자 차원에서 생체 시계의 수수께끼를 풀려고 할 때, 초파리가 유력한 연구 대상이 된 것은 전혀 놀라운 일이 아니다.

'피리어드' 유전자와 '타임리스' 유전자

1970년대 초에 벤저와 그의 제자인 로널드 코노프카Ronald Konopka가 '피리어드*period*(주기)' 유전자를 발견했다고 발표하면서 전 세계 과학자들은 생체 리듬을 유전학적으로 연구하는 것에 관심을 보이기 시작했다. 그 유전자가 어떻게 작용하는지는 아무도 몰랐지만, 이것이 초파리의 하루 24시간 주기를 유지하는 시계로 작동하는 것처럼 보였다. '피리어드' 유전자에 일어난 돌연변이는 생체 리듬이 비정상인 초파리를 만들어 냈다. 어떤 돌연변이는 생체 시계가 너무 빨리 흘러서 19시간을 주기로 살아갔다. 또 다른 돌연변이는 생체 시계가 느리게 흘러 29시간을 주기로 살아갔다. 그리고 세 번째 종류의 돌연변이는 제멋대로 잠을 자고 일어나는 등 생체 리듬을 완전히 상실한 것처럼 보였다.

생체 시계 조절과 관련이 있는 '피리어드' 유전자는 초파리의 많은 행동에 관여하는 것으로 여겨진다. 초파리의 24시간 생체 시계를 조절할 뿐만 아니라, 구애 행동을 할 때 날개를 퍼덕이는 리듬까지도 제어한다. 마치 자명종 시계와 메트로놈을 합쳐 놓은 것과 비슷하다고 할 수 있다.

'피리어드' 유전자가 초파리에게 어떤 일을 하는지 보여 주는 사례는 아주 많지만, 유전자와 그것이 만들어 내는 단백질이 어떻게 시간에 맞춰 행동하는지 분자 차원에서 제대로 설명된 적은 거의 없었다. 생체 시계의 내부 메커니즘에 대한 첫 번째 단서가 나온 것은 1980년대 후반이었다.

그 증거는 초파리 수백 마리의 머리가 잘려 나간 아주 잔인한 실험에서 발견되었다. 프랑스 혁명 때 단두대에서 수많은 사람들의 머리가 잘려 나간 이래 한꺼번에 이렇게 많은 머리가 잘려 나가는 의식이 벌어진 적은 거의 없었다. 과학자들은 하루 종일 한 시간마다 초파리들을 병에서 꺼내 그 머리를 잘랐다.

보기에 썩 아름다운 광경은 아니었지만, 이러한 대규모 처형의 결과로 '피리어드' 유전자에 일어나는 화학적 변화를 시간별로 알 수 있었다. 초파리 머리를 화학적으로 분석한 결과, 뇌의 '피리어드' 단백질 농도가 하루 사이에 출렁이며 변한다는 사실이 밝혀졌다. 그 단백질은 캄캄한 시간에 최고치에 이르렀다가 서서히 감소하기 시작하여 오후에 가장 낮은 수준으로 떨어졌다.

1994년에 생체 시계를 조절하는 두 번째 유전자인 '타임리스 *timeless*(시간을 모르는)'가 발견되었다. '타임리스'의 돌연변이 유전자를 가진 불운한 초파리는 잠을 푹 자는 데 어려움을 겪었다. 정상적인 동료 초파리들은 밤이 되면 곯아떨어졌지만, '타임리스' 돌연변이 초파리는 유리병 속에서 왔다 갔다 하면서 계속 움직였다. 잠을 자고 싶어 하는 것은 분명했지만, 생화학적으로 그럴 수가 없었다. '피리어드' 단백질처럼 뇌 속의 '타임리스' 단백질 농도도 시간에 따라 변동했으며, 밤 동안에 최고치에 이르렀다가 오후 중간쯤에 최저치로 떨어졌다.

'피리어드' 단백질과 '타임리스' 단백질 — 이것들을 각각 Per와 Tim으로 표기하기로 하자 — 이 서로 협력하여 시간을 조절한다는 사실이 밝혀졌다. 두 단백질은 서로 반쪽을 이루는 연인과 같다. 두 단백질을 페트리 접시에 넣으면, 둘은 분자 차원에서 결합한다.

그러나 초파리의 뇌 안에서는 이러한 협력 관계가 이어지지 않는다. 변덕스러운 연인들처럼 두 단백질은 짝을 이루었다가 떨어져 나갔다 다시 짝을 이루기를 반복한다. 켜짐(만남)과 꺼짐(헤어짐)을 반복하는 이 연애 패턴은 끝없이 계속된다. 켜짐과 꺼짐, 켜짐과 꺼짐, 똑딱똑딱……. 시계추가 한 번 왕복하는 것은 초파리의 삶에서 하루가 지나가는 것에 해당한다. 끊임없이 반복되는 이 분자들의 결혼과 이혼의 진행 속도가 초파리의 내부 생체 리듬을 결정하는 것처럼 보인다.

좀 더 자세히 살펴보기 위해 우리가 초파리의 한 뇌세포 속에 들어 있다고 상상해 보자. 우리는 지금 사건 현장에 와 있다. 시간은 먼동이 트기 다섯 시간 전이고, 초파리는 휴식을 취하고 있다. Per-Tim 쌍은 세포 내 도처에 널려 있다. 하루 중 이 시간이 농도가 가장 높은 때이다. Per-Tim 쌍이 세포핵(유전자들이 모여 있는 본부) 속으로 향하고 있다.

세포핵은 문을 관리하는 규칙이 엄격하다. Per와 Tim 단백질은 오직 쌍을 이루고 있을 때에만 세포핵 안으로 들어갈 수 있다. 홀로 있는 단백질은 들어갈 수 없다. 일단 세포핵 안으로 들어간 단백질 쌍은 '피리어드'와 '타임리스' 유전자를 끄기 시작한다. 사실상 Per-Tim 쌍은 자신의 생산을 조절한다. '피리어드'와 '타임리스' 유전자가 꺼지면 Per와 Tim은 생산을 멈추고, Per-Tim 쌍은 더 이상 생기지 않는다.

무엇이 초파리의 생체 시계를 조종하는가?

Per와 Tim의 농도 변화는 초파리의 뇌 속에서 멜라토닌 같은 천연 수면제를 생산하는 과정에 연쇄 효과를 일으킨다. Per와 Tim의 농도가 감소하면 수면제 생산도 감소한다. 그래서 새벽녘이 되면 초파리는 잠에서 깨어나 새로운 하루를 시작할 준비를 한다.

새벽과 햇빛은 추가적인 변화를 일으킨다. Per은 낮 동안 빛을 편안하게 느끼지만, Tim은 빛을 견뎌 내지 못한다. Tim은 사실상 단백질 세계의 늑대 인간과 같다. 햇빛에 노출되면, Tim은 그 분자의 고유성을 잃고 해체되기 시작한다. Tim은 야행성 동물인 올빼미와 비슷하다.

따라서 새벽과 함께 Per와 Tim의 협력 관계도 와해되기 시작한다. 이 단백질 쌍은 점점 분해되어 세포핵에서 사라진다. 이 단백질 쌍이 감소함에 따라 '피리어드'와 '타임리스' 유전자를 제어하는 영향력도 감소한다. 이 유전자들은 한밤중부터 휴면 상태에 놓여 있었지만, 정오쯤에 잠에서 깨어나 다시 활동하기 시작한다.

지금은 아직 낮이기 때문에 완전한 형태의 Tim 단백질을 만들어 봐야 쓸데가 없다. 그래서 두 단백질은 전구물질의 형태로 축적된다. 그러다가 일몰 후 빛이 사라진 뒤에야 Per와 Tim 단백질이 본격적으로 생산되기 시작한다. 초파리의 뇌 속에서 수면제를 만들어 내는 단백질 스위치가 많이 켜지면서 초파리는 하루 일과를 끝내고 잠에 빠져들게 되는 것이다.

초파리가 휴식을 취하고 있는 동안에도 두 단백질은 계속 뇌세포 속에 쌓인다. 그러다가 일단 임계 농도에 이르면, 두 단백질의 협력 관계가 재정립된다. Per와 Tim 단백질은 그 농도가 최고치에 이르는 때(동트기 약 다섯 시간 전)까지 서로 계속 결합하는데, 이로써 하나의 주기가 완료된다.

일주기日週期(하루를 주기로 하여 나타나는 생물 활동이나 이동의 변화 현상)에 관한 이 이야기는 편의상 사실과 환상을 섞어서 꾸민 것이다. 무엇이 초파리의 생체 시계를 똑딱거리게 하는지 그 수수께끼를 풀려면 아직도 밝혀내야 할 것이 많다. 완전한 이해의 단계를 하루라는 시간에 비유한다면, 생물학자들은 아직도 동트기 직전의 어둠 속을 더듬고 있는 셈이다. 더 완전한 그림을 완성하려면, 더 많은 초파리 머리를 잘라야 할 것이다.

하지만 분명하게 밝혀진 사실도 있다. 유전자와 유전자의 산물은 생체 시계를 계속 똑딱거리게 만드는 톱니와 톱니바퀴이지만,

이 분자 제어 장치를 설정하는 것은 햇빛이다. 햇빛은 Tim 단백질이 언제 축적되어야 하는지, 그리고 Per-Tim 쌍이 언제 해체되어야 하는지 결정한다.

초파리의 시차증

햇빛에 대한 민감성은 초파리의 생체 리듬이 우리처럼 시간대 변화에 적응할 수 있음을 의미한다. 이 효과는 초파리를 빛에 노출시키는 시간을 조절함으로써 쉽게 확인할 수 있다. 해가 진 후에 초파리에게 햇빛을 더 쬐어 주면(예컨대 오후 10시까지), 초파리의 뇌에 Tim 단백질이 축적되는 것을 지연시킬 수 있다. 그 결과는 어떻게 될까? 초파리의 생체 리듬이 네댓 시간 지연되어 재설정된다. 우리가 비행기를 타고 서쪽으로 장거리 여행을 떠날 때, 우리의 생체 시계에 바로 이러한 일이 일어나며, 하루의 길이가 길어진 것을 경험한다.

이와는 반대로 초파리에게 해 뜨기 전에 빛을 한 시간 정도 쬐어 주면, Per-Tim 쌍이 더 일찍 해체되어 초파리의 생체 리듬은 몇 시간 앞서 가게 된다. 우리가 동쪽으로 여행하면서 하루의 길이가 짧아지는 것을 경험할 때, 우리의 생체 시계도 이와 똑같이 재조정된다.

생체 시계가 재조정될 때 초파리도 시차증을 경험하는지는 아직 추측 수준에 머물러 있다. 그러나 초파리가 시차증을 느낀다는 사실이 밝혀진다 하더라도, 그것은 그다지 놀라운 일이 아닐 것이다. 초파리는 그동안 이미 생물학을 위한 최상의 역할 모델임을 입증했다. 초파리의 유전자는 사람의 행동을 분석하는 데에도 도움을 줌으로써 그 중요성을 다시 한 번 입증한 셈이다.

비록 작고 모호한 습성을 갖고 있긴 해도, 초파리는 나름대로 복잡한 동물이다. 초파리는 우리가 학습하는 것과 비슷한 방식으로 정보를 습득하고 기억할 수 있다. 알코올에 빠져 우리가 익히 알고있는 결과들을 보여 주기도 한다. 또 우리처럼 밤 동안에는 푹 자다가 아침이 되면 반짝이는 눈으로 잠을 깬다. 초파리의 머릿속은 온통 짝짓기에 대한 생각뿐일지도 모르지만, 그 밖에 다른 일을 할 수 있는 공간도 충분히 있는 것처럼 보인다.

만약 애완동물로 개와 초파리 중 하나를 골라야 한다면, 여러분은 어느 쪽을 선택하겠는가? 대부분의 사람들은 아마도 개를 선택할 것이다. 개는 부드럽고 껴안고 싶은 마음이 들 정도로 사랑스러우며, 각각 나름의 독특한 개성을 가진 존재이기 때문이다. 반면에 초파리는 개와는 성격이 완전히 다르다. 적절한 이름을 지어 주기도 전에 죽어 버리는 동물과 장기적인 유대 관계를 맺기는 힘들 것이다.

이런 점에서 개가 유리하다는 것은 분명하다. 그러나 초파리에게는 새로운 묘기를 가르칠 수 있다.

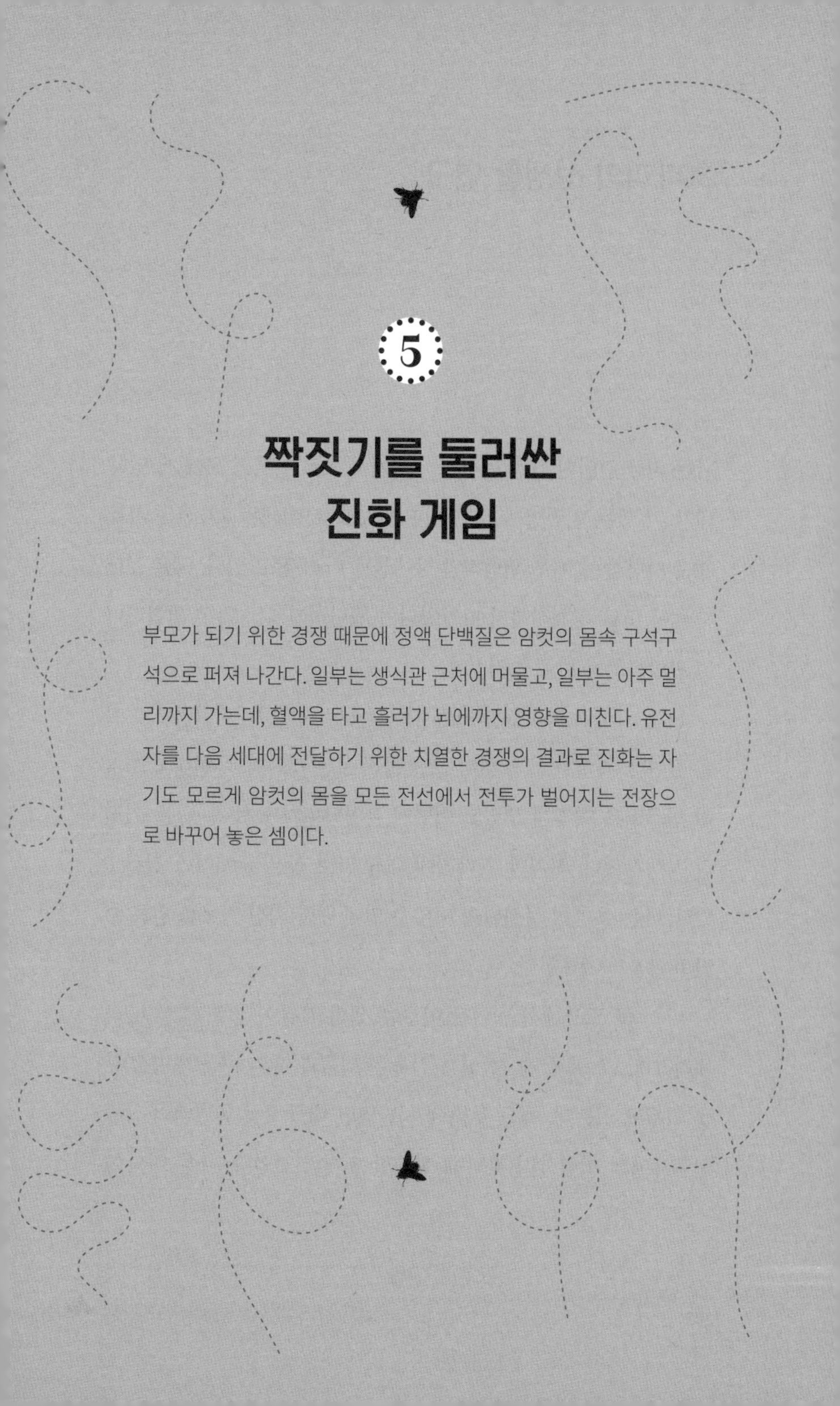

5

짝짓기를 둘러싼 진화 게임

부모가 되기 위한 경쟁 때문에 정액 단백질은 암컷의 몸속 구석구석으로 퍼져 나간다. 일부는 생식관 근처에 머물고, 일부는 아주 멀리까지 가는데, 혈액을 타고 흘러가 뇌에까지 영향을 미친다. 유전자를 다음 세대에 전달하기 위한 치열한 경쟁의 결과로 진화는 자기도 모르게 암컷의 몸을 모든 전선에서 전투가 벌어지는 전장으로 바꾸어 놓은 셈이다.

초파리의 성생활 연구

나는 지금 런던의 가장 번잡한 거리에서 도로 경계석 위에 서 있다. 내가 서 있는 지점과 도로 건너편의 보도 사이에는 6차선을 가득 메운 차량들이 매우 위협적인 장애물로 자리 잡고 있다. 많은 보행자들이 도로 경계석까지 다가왔다가 횡단하기에는 너무 위험하다고 판단하고는 뒤로 물러선다.

나는 지금 초파리를 만나기 위해 유니버시티칼리지런던으로 가는 길이다. 특별한 목적 없이 그냥 들러 보는 것이지만, 현대식 초파리 연구실은 어떻게 생겼고 어떻게 운영되는지 엿볼 수 있는 기회라고 생각했다. 하지만 초파리에 대해 알고 싶은 구체적인 질문도 있다. 나는 초파리 성생활의 어두운 면에 대한 최신 정보를 얻을 수 있지 않을까 기대한다.

나는 큰 도로에서 벗어나 어두운 색의 자갈이 깔린 길을 따라 내려갔다. 그 길 끝에 서 있는 건물은 벽돌과 유리 구조가 부조화를 이루고 있는데, 예산 부족에 시달리던 대학이 1960년대의 삼류 건축가에게 어렵사리 부탁해 설계한 것처럼 보인다. 나는 바닥에 신발을 문지르고 나서 건물 안으로 들어가 엘리베이터를 타고 꼭대기 층으로 올라갔다.

엘리베이터 문이 열리는 순간, 특이한 냄새가 확 풍겼다. 마치 위생 수준이 엉망인 양조장에서 나는 냄새 같았다. 악취 속에는 효모 냄새가 진동했지만, 알기 어려운 여러 가지 냄새도 함께 섞여 매우 고약한 냄새를 풍겼다.

홀 안으로 들어서자, 250ml 크기의 우유병이 가득 찬 나무 상자들이 벽 옆에 쌓여 있었다. 미지근한 250ml 우유를 마시는 것이 학교 교육의 일부였던 초등학교 시절의 기억이 떠올랐다. 그러나 아련하게 떠오르던 추억은 병에 묻은 초파리 배설물을 보는 순간 사라지고 말았다. 나는 계속 걸어가다가 무거운 이중문을 지났다.

초파리의 구애 행동

다음 순간, 나는 완전히 딴 세계에 들어온 것 같았다. 모든 것이 흰색이고 반짝이고 현대적이고 새것이었다. 건물의 음침한 겉모습과는 너무나도 대조적이었다. 돈을 아끼지 않은 티가 곳곳에 넘쳐 났다. 이곳에서는 과학 연구가 순조롭게 잘 진행되고 있는 것이 분명했다.

복도는 폭이 채 1m도 되지 않을 정도로 좁았다. 복도 양편에 있는 미닫이문들은 초파리의 번식률을 최대한 높이도록 온도와 빛을 조절할 수 있는 항온실로 들어가는 입구였다. 야생 자연에서는 날씨 변화 때문에 초파리가 알을 많이 낳고 싶어도 방해를 받는 일이 많다. 하지만 온도를 25℃로 일정하게 유지하고, 빛과 어둠을 교대로 12시간씩 비춰 주는 방 안에서 키우면, 초파리는 결코 과학자들의 기대를 저버리지 않는다.

문 하나가 열려 있기에 나는 안을 들여다보았다. 그 방은 보통 헛간만 할 정도로 작았고, 바닥에서 천장까지 벽면을 가득 메운 선반들 때문에 더욱 비좁아 보였다. 선반들에는 250ml 크기의 우유병들이 가득 쌓여 있었는데, 각 우유병 안에는 초파리가 수백 마리씩 들어 있었다. 모두 합하면 약 100만 마리는 될 것 같았다.

방 안에는 오늘 나를 초대한 초파리 생물학자 트레이시 채프먼Tracey Chapman이 앉아 있었다. 트레이시는 과학자 경력 중 대부분을 초파리의 성생활 연구에 쏟아부었는데, 특히 정액을 전문적으로 연구했다. 한평생을 바치기에는 좀 기묘한 주제라는 생각이 들지 모르겠다. 하지만 초파리의 정액에는 눈에 보이는 것보다 훨씬 많은 것이 숨어 있다. 그 정액 속에는 실제로 악마가 들어앉아 있는 것 같다.

트레이시는 강한 조명이 비치는 투명한 샌드위치 포장 상자를 지켜보며 앉아 있었다. 그 상자는 초파리가 사랑을 나누는 임시 장소로 사용되고 있었다. 나는 안으로 들어가 샌드위치 포장 상자 안에서 일어나는 일을 자세히 관찰하기 위해 그 앞의 의자에 자리를 잡고 앉았다.

상자 안에는 초파리 수백 마리가 기어 다니고 있었다. 많은 초파리는 이미 짝을 지었는데, 암컷이 앞서 가면 수컷은 그 뒤를 바짝 따라갔다. 수컷의 시선은 알이 들어 불룩한 암컷의 크림색 배에 고정돼 있었다.

수컷들은 얼른 교미를 하고 싶어 안달하는 것처럼 보였지만, 암컷들은 전혀 그런 기색을 보이지 않았다. 이들의 갑작스럽고 신경질적인 동작에서 짝짓기를 둘러싼 양성 간의 긴장을 느낄 수 있었다. 한 수컷이 한 암컷 뒤를 따라 상자 안을 돌아다니다가 반대 방향에서 다른 암컷이 걸어오는 것을 발견했다. 욕망의 갈등에 잠시 혼란을 느낀 수컷은 멈춰 서서 어느 쪽을 택할지 생각한다. 그러나 마음을 정했을 때에는 이미 두 암컷 모두 무리 속으로 사라졌고, 수컷은 텅 빈 플라스틱 조각 위에 홀로 남았다.

작고 단순한 동물치고 초파리의 구애 행동은 놀라울 정도로 정교하다. 물론 초파리의 짝짓기 게임에서 코끼리물범처럼 서로 머리를 부딪치는 난폭함이나 공작 같은 화려함은 찾아볼 수 없다. 그러나 초파리의 구애 행동은 나름대로 특별한 매력이 있다. 수컷이 자기 정액의 우수성을 보여 주기 위해 커닐링구스cunnilingus(암컷의 성기를 입술이나 혀로 애무하는 행위)와 노래를 흥미롭게 결합한 행동을 나타내는 종이 또 어디에 있겠는가?

한 수컷이 암컷 뒤를 쫓아간다. 내가 지켜보는 동안 수컷은 특유의 수작을 건다. 몸에 수직 방향으로 세운 오른쪽 날개를 격렬하게 진동시킨다. 몇 초 동안 그러다가 이번에는 왼쪽 날개로 같은 동작을 한다. 그러다 다시 오른쪽 날개로 같은 동작을 한다. 간간이 양쪽 날개를 다 펼치고 스테레오로 소리를 내기도 한다.

날개를 진동시키는 것은 수컷이 노래를 부르는 방법이다. 증폭시키지 않고서는 우리의 귀로는 그 노랫소리를 듣기가 어렵다. 생물학자들은 그 소리를 증폭시켜 들음으로써 그 노래가 리듬만 있고 멜로디는 전혀 없다는 사실을 알아냈다. 날개의 진동은 수천 분의 몇 초 간격으로 연속되는 소리 펄스를 만들어 낸다. 노래가 계속되면서 수컷은 노래 박자를 빠르게 했다가 느리게 했다가 하면서 주기적으로 박자를 변화시킨다. 누군가 2행정 기관의 스로틀(통로 면적을 여러 가지로 변화시켜 유체의 흐름을 조절하는 판)로 연주를 한다고 생각하면, 어떤 소리인지 대충 감이 올 것이다.

펍...펍....펍...펍..펍..펍.펍펍.펍..펍...펍...펍....펍......펍.....

이 노래는 암컷을 낭만적인 분위기로 끌어들이기 위한 것이다. 그러나 지금 내가 보고 있는 쌍에게는 아무 효과가 없는 것 같다. 사실, 여기서 주도권은 암컷이 쥐고 있는 것처럼 보인다. 암컷이 멈춰 서면 수컷도 멈춰 선다. 만약 수컷이 암컷의 개인 공간을 침범하면, 암컷은 꽁무니 끝으로 기다란 침을 쭉 뻗어 수컷을 다가 오지 못하게 한다. 그 침은 암컷의 산란관이지만, 공격 무기로도 사용할 수 있다.

양성 간의 전쟁

종종 수컷은 정식 교전 규칙을 무시하고 암컷의 꽁무니를 향해 돌진하여 재빨리 살짝 핥는다. 암컷이 수컷의 동작을 미리 알아채면, 침으로 물리치거나 부끄러운 부분을 몸 아래로 집어넣어 수컷이 접근하지 못하게 할 수 있다.

하지만 이번에는 암컷이 수컷의 접근을 허용할 것처럼 보인다. 암컷은 그 자리에 멈춰 섰다. 수컷은 음경을 집어넣을 자세를 취한다. 그 순간, 갑자기 암컷이 다시 움직이기 시작한다. 수컷의 물건을 보고 실망한 것처럼 보인다. 이것은 그리 놀랄 만한 일이 아니다. 초파리의 음경은 불쌍할 정도로 작은데, 배 끝 쪽으로 살짝 돌출한 돌기에 불과하다.

그래서 작업은 계속된다. 더 많은 노래와 키스가 이어지고, 때로는 수컷이 앞다리로 어루만지며 애무하기까지 한다. 암컷은 계속 퇴짜를 놓는다. 멈춰 섰다가 다시 출발하고, 다시 멈춰 섰다가 오른쪽으로 방향을 튼다. 보고 있는 내가 다 지칠 지경이다. 수컷은 15분 넘게 줄기차게 암컷 뒤를 쫓아다니며 좌절을 거듭 맛보는 게임을 하고 있다. 사람의 인생 같으면 먹지도 자지도 않고 30일 동안 계속 좇아다닌 시간에 해당한다. 그런데도 짝짓기는 여전히 요원해 보인다.

그때 상황에 변화가 일어났다. 너무 지루했든지 동정심을 느꼈든지, 그것도 아니면 정말로 매력을 느꼈든지, 암컷은 이제 때가 되었다고 판단한 듯하다. 암컷이 꽁무니를 내밀자 수컷은 얼른 그 위에 올라탄다. 수컷은 배 부분을 활 모양으로 구부려 음경을 암컷의 생식기에 들어가게 하려고 애를 쓴다. 이때 수컷의 음경은 자기 역량을 최대한 발휘한다. 수컷 초파리의 음경은 볼품없이 작지만, 천막을 칠 때 말뚝과 같은 역할만 하면 된다. 앞다리와 한 쌍의 파악기把握器를 사용해 암컷의 몸을 꽉 붙잡으면 음경을 암컷의 생식기에 단단하게 고정시킬 수 있다.

두 초파리는 몸을 약간 움직이면서 생식기의 접촉을 조절한다. 교미 시간은 보통 20분 정도 지속된다. 그러나 오늘 이 두 마리는 운이 나빴다. 수컷이 암컷 위에 올라탄 지 1분 정도 지났을 때, 트레이시는 고무관으로 두 녀석을 빨아올렸다. 트레이시는 상자 밖으로 끄집어낸 두 초파리를 작은 유리관 속에 집어넣었다. 두 녀석은 몇 초 동안 유리벽에 충돌하며 날아다니다가 유리관 속에서 서로 정반대편에 내려앉았다. 초파리의 교미가 이처럼 심하게 방해받는 사례는 찾아보기 힘들 것이다.

두 초파리는 몹시 실망한 것처럼 보이며, 나 역시 그렇다. 하지만 지금 우리는 초파리의 교미 장면을 즐기려고 여기에 있는 것이 아니다. 이러한 방해는 모두 각본에 있는 것이다. 트레이시는 짝짓기를 원하는 암컷을 확인하길 바라지만, 동시에 그 암컷이 수정되는 것은 원하지 않는다. 그래서 두 초파리가 교미한 지 2분 이내에 떼어 놓아야 한다.

트레이시는 정액에 숨겨진 위험과 암컷이 그 위험을 피하기 위해 사용하는 전략에 관심이 있다. 이 실험은 초파리 성생활의 어두운 면을 파헤치기 위한 연구의 일환인데, 이 연구를 통해 정액의 이미지가 크게 변하게 되었다. 정액은 더 이상 정자를 운반하는 무해한 매개 물질이 아니다. 초파리의 정액은 끝없는 짝짓기 전쟁에서 사악한 화학 무기로 쓰인다.

부모가 되기 위한 경쟁은 뜨겁다

짝짓기는 항상 골치 아픈 문제였다. 진화는 예의 맹목적이고 가혹한 방식으로 암컷과 수컷이 부모가 되기 위해 끊임없는 갈등 속에서 살아가는 세상을 빚어냈다. 양성은 모두 똑같은 것(자신의 건강한 자손을 되도록 많이 낳는 것)을 원하지만, 생물학적 차이 때문에 서로 다른 방식으로 목표에 접근한다.

간단히 말하면, 그 갈등은 결국 배우자gamete(성숙한 반수체半數體 생식 세포이자 다른 세포와 접합하여 새로운 개체를 형성하는 세포로, 정자 또는 난자를 가리킨다) 문제에서 발생한다. 수컷은 정자를 수백만 개나 만들어 내는 반면, 암컷은 훨씬 적은 수의 난자를 만든다. 배우자 생산의 이러한 불균형 때문에 수컷은 암컷 한 마리가 만들 수 있는 난자보다 훨씬 많은 난자를 수정시킬 수 있다. 수컷의 입장에서 볼 때, 문란한 성행위야말로 생식 측면에서 성공 확률을 최대화할 수 있는 방법이다. 모든 수컷이 성적 탐욕 정책을 추구한다면, 짝을 차지하기 위한 경쟁에서 승자와 패자가 생길 수밖에 없다.

하지만 암컷의 입장은 완전히 다르다. 난자 생산의 제약은 곧 낳을 수 있는 자손의 제약을 뜻하므로, 생식 잠재력을 극대화하는 방법은 짝짓기 상대를 잘 고르고, 교미를 얼마나 자주 할지 현명하게 판단하는 것이다. 선택할 수 있는 정자는 시장에 널려 있기 때문에, 물건을 잘 골라 자신의 난자에게 가장 유리한 거래를 해야 한다. 아무 희망도 없는 잡초 같은 수컷보다는 능력 있고 건강한 수컷의 정자를 선택하는 것이 장기적 진화에 유리하다.

다윈의 성 선택 이론

간단히 말해서, 수컷과 암컷 사이에 벌어지는 이해의 충돌은 곧 양과 질의 충돌이다. 다윈은 짝짓기의 중심에 자리 잡고 있는 이러한 불균형을 알아챘다. 그것은 왜 많은 종에서 수컷이 암컷보다 몸집이 훨씬 크거나 모습이 더 화려한지 설명해 주었다.

다른 성의 짝을 놓고 같은 성(항상 그런건 아니지만 대개는 수컷) 사이에 경쟁이 벌어질 때, 짝짓기 기회를 높이는 데 도움이 되는 특징이나 행동이 있으면 유리한데, 다윈은 이것을 '성 선택'이라 불렀다. 자연 선택과 달리 성 선택은 생존 경쟁보다는 짝을 놓고 벌어지는 경쟁에서 일어난다. 예를 들면, 다윈은 수사슴의 뿔이나 수컷 공작의 화려한 깃털은 수컷의 생존 기회를 높이기 위해 진화한 것이 아니라, 아비가 될 기회를 높이기 위해 진화했다고 믿었다.

즉, 진화는 수컷을 난폭하거나 과시를 좋아하게 만들었다. 어떤 종은 수컷이 암컷을 차지하기 위한 경쟁에서 경쟁자들을 굴복시키는 방법을 택한다. 또 어떤 종은 수컷이 아무런 부끄러움도 없이 암컷 앞에서 신체적 특징을 과시함으로써 자신의 건강 상태를 보여주려고 한다.

많은 종이 짝을 놓고 공개 결투를 벌이는 반면, 어떤 종은 좀 더 은밀한 방법을 사용한다. 예를 들어 곤충은 가끔 암컷의 몸속에서까지 부성을 놓고 경쟁을 벌인다. 즉, 교미를 하는 동안 수컷은 자신의 정액을 사정하기 전에 먼저 들어온 경쟁자의 정액을 쫓아낸다.

이러한 종들에서는 경쟁자의 정액을 밀어내기 위해 상상 가능한 온갖 형태의 음경이 진화했다. 예를 들어 지중해토끼벼룩의 음경은 갈고리, 지렛대, 가시철사, 용수철 등이 달려 있어 맥가이버 칼을 무색케 하는데, 이 분야의 전문가들은 이를 세상에서 가장 복잡한 음경으로 인정한다. 한편 멋진 국자처럼 생긴 음경이 있는가 하면, 채찍이나 술이 달린 것도 있다. 어떤 잠자리 종은 수컷의 음경이 암컷의 몸속에 들어갈 때 팽창하면서 경쟁자의 정자를 가장자리로 밀어내기도 한다.

일부 수컷 곤충들이 아비로서의 지위를 확실히 하기 위해 사용하는 방법에는 제한이 없는 것처럼 보인다. 많은 종은 교미가 끝난 뒤 다른 수컷이 그 암컷과 교미하지 못하도록 하려고 암컷의 생식관을 막아 버린다. 어떤 종은 경쟁자가 생식기를 암컷에게 쓰지 못하게 하기 위해 수컷 경쟁자와 교미를 하기도 한다. 더욱 기괴한 짓을 하는 곤충으로는 크실로코리스 마쿨리페니스*Xylocoris maculipennis*가 있다. 이 녀석은 짝짓기에서 예절이라곤 전혀 모르는 것처럼 행동한다. 음경을 암컷의 정상 생식기에 집어넣는 대신에 마치 피하 주사처럼 암컷의 몸에다 꽂은 다음 정자를 집어넣는다. 그러면 정자가 암컷의 몸속에서 돌아다니다가 난자와 만나 수정한다. 게다가 이 녀석은 교활하게도 경쟁자의 몸에 자신의 음경을 꽂고 정자를 집어넣는다. 그러면 그 정자가 경쟁자의 고환으로 갔다가 나중에 교미를 할 때 암컷의 몸속으로 들어간다.

짝을 차지하기 위한 경쟁에서 크실로코리스 마쿨리페니스는 '발사하고는 잊어버리는' 극단적 전략을 진화시킨 것으로 보이는데, 그 뒷일은 보통 정자가 처리한다. 그런데 초파리는 짝짓기 전쟁을 그보다 더 확대시켰다. 초파리의 경우, 전투의 승패를 좌우하는 것은 음경(초파리의 음경은 어떤 술책을 부리기에는 너무나도 보잘것없다)이나 정자가 아니라 정액 속에 포함된 단백질이다. 암컷을 수정시킬 때마다 수컷은 암컷의 몸과 마음을 통제하도록 설계된 마약 칵테일을 주입함으로써 암컷이 수컷의 이익을 위해 행동하도록 만든다.

암컷을 조종하는 정액 단백질

이러한 발견은 정액의 전통적 이미지에서 크게 벗어나는 것이다. 정액은 단지 정자를 운반하는 액체 매개물에 지나지 않는다는 것이 전통적 견해였다. 그 속에 포함된 다양한 화학 물질은 정자가 난자를 찾아 떠나는 긴 여행을 돕기 위한 일종의 화학적 도시락에 불과한 것으로 생각했다. 그러나 이 가설은 어디까지나 추측 수준에 머물러 있었다. 초파리와 일부 곤충의 정액을 제외하고는, 정액 속에 포함된 화학 물질들이 실제로 무슨 일을 하는지는 아무도 몰랐다. 사람의 경우에도 정액 속에 포함된 대부분의 성분들이 정확하게 어떤 기능을 하는지 분명하게 밝혀지지 않았다.

초파리의 정액이 좋은 역할만 하는 것이 아니라는 사실을 뒷받침하는 최초의 단서는 1950년에 곤충생리학자들이 정액이 암컷의 행동을 조종한다는 사실을 발견하면서 등장했다. 암컷 몸에 직접 주입한 정액은 암컷의 성적 충동을 억제하고 산란을 촉진했다. 만약 맨 마지막에 교미를 한 수컷이 자신의 정자로 이러한 효과를 일으킬 수 있다면, 그 수컷은 태어나는 새끼의 아비가 될 확률이 크게 높아질 것이다.

훗날 이러한 효과를 일으키는 화학 물질은 고환 바로 옆에 위치한 부속샘에서 나온다는 사실이 밝혀졌다. 부속샘 안에서는 단백질이 만들어지는데, 이 단백질은 사정을 통해 적의 영토 안으로 들어갈 때까지 대기한다. 지금까지 모두 20여 종의 단백질이 확인되었지만, 최근의 추정에 따르면 이 단백질 분자 무기에는 많게는 100여 종의 단백질이 들어 있을지도 모른다.

부모가 되기 위한 경쟁 때문에 정액 단백질은 암컷의 몸속 구석

구석으로 퍼져 나간다. 일부는 생식관 근처에 머물고, 일부는 아주 멀리까지 가는데, 혈액을 타고 흘러가 뇌에까지 영향을 미친다. 유전자를 다음 세대에 전달하기 위한 치열한 경쟁의 결과로 진화는 자기도 모르게 암컷의 몸을 모든 전선에서 전투가 벌어지는 전장으로 바꾸어 놓은 셈이다.

초파리 연구에 따르는 어려움

이 야만적인 분자 전쟁 이야기를 지금 내 앞에서 열렬히 구애 행동을 하고 있는 초파리와 연결 짓기는 어렵다. 초파리의 카드에는 폭력적 수단이 전혀 없는 것처럼 보인다. 아직 전장에 남아 있는 녀석들은 샌드위치 포장 상자에서 주변으로 물러났고, 오전의 부산한 활동으로 기진맥진한 것처럼 보인다. 작은 의자에 두 시간 동안 앉아 있었던 나도 등이 뻐근해 다리를 좀 스트레칭해야겠다는 생각이 들었다. 초파리들이 잠시 소강상태에 빠져 있는 동안 나는 이 훌륭한 과학 연구소를 둘러보기로 했다.

나는 복도를 거닐다가 이 방 저 방을 기웃거리며 분위기를 파악하기 위해 사람들과 대화도 잠깐 나누었다. 한 방에는 대여섯 명이 긴 작업대 앞에 나란히 앉아 있었다. 그들은 모두 현미경을 들여다보며 초파리를 세거나 측정하거나 관찰하면서 자기만의 세계에 몰입해 있었다. 한쪽 구석에 놓인 라디오에서 작게 흘러나오는 소리를 제외하면, 모든 작업은 완전한 침묵 속에서 이루어지고 있었다. 라디오 소리는 외부 세계의 침입을 허용하는 작은 배려처럼 보였다.

이곳에 있는 사람들이 모두 초파리의 성생활을 연구하는 것은 아니었다. 다른 연구도 많이 진행되고 있었다. 그들은 먹이가 초파리의 수명에 미치는 영향, 적도에서 멀어질수록 초파리의 몸이 커지는 이유, 근친 교배를 한 초파리에게 일어나는 일을 비롯해 그 밖의 대여섯 가지 의문에 대한 답을 얻기 위해 현미경에 들러붙어 연구하고 있었다.

목표는 제각각 다르지만, 연구실에 있는 사람들은 모두 근면과 생산성이라는 측면에서 하나가 되어 있는 것처럼 보였다. 이것은 그다지 놀라운 일이 아니다. 초파리는 신경을 많이 써야 하는 동물이기 때문이다. 초파리가 과학적 도구로 아주 유용하게 쓰이는 바로 그 이유(생산성) 때문에 연구자들도 평생 동안 노예처럼 일에 매달릴 수밖에 없다. 단지 초파리를 살아가게 하기 위해 먹이고 청소하고 거처를 마련하는 일만 해도 엄청난 노동이 필요하다. 실험은 거기에 약간의 노고만 더할 뿐이다.

초파리 연구는 사실 직업이라기보다는 삶의 전부라 해도 과언이 아니다. 이 일에 종사하는 사람은 흔히 하루 12시간씩 일주일 내내 일한다. 휴가는 아주 드물거나 아예 없다. 만약 초파리의 요구가 있으면 공휴일마저 포기해야 한다. 그러니 초파리에게 사랑과 증오가 뒤섞인 감정을 느끼는 것은 당연하다. 초파리는 위대한 과학적 발견을 제공하는 존재이기도 하지만, 과학자의 사회생활을 박탈하는 존재이기도 하다. 많은 데이터를 제공하기도 하지만, 다른 사람들이 편히 잠자는 동안 과학자를 현미경에 계속 들러붙어 있게 만든다.

나는 다른 쪽 복도를 따라 이 전체 산업 활동의 중심지인 주방 쪽으로 걸음을 옮겼다. 먹이는 초파리의 성욕에 연료를 제공하고, 증식로를 계속 돌아가게 한다. 어른 초파리는 아무것이나 잘 먹지만, 유충은 식성이 좀 까다롭다. 유충은 과일 자체보다는 썩어 가는 과일에 번식하는 효모를 더 좋아한다. 그래서 오늘도 다른 날과 마찬가지로 메뉴에 효모가 포함되어 있다.

주방 한쪽 구석에 있는 가스 오븐 위에 어린아이 하나가 들어갈 만큼 큰 솥이 놓여 있다. 솥 안에는 끈적끈적한 갈색 혼합물이 뜨거운 진흙탕처럼 부글거리고 있다. 가끔 이 혼합물에서 공중으로 간헐천이 솟아오른다. 효모와 우뭇가사리, 설탕, 옥수수, 물의 혼합물인 이 뜨거운 음식이 실험실의 초파리들을 먹여 살린다. 혼합물이 식은 다음, 그 액체를 깨끗한 우유병들 속에 따르면 굳어서 일종의 케이크로 변한다. 그러나 이것만큼 다양한 용도를 가진 케이크는 없을 것이다. 초파리는 이것을 먹을 뿐만 아니라 거기에다 알을 낳고, 결국에는 그 위에서 죽어 간다.

초파리 주방은 여느 주방과 마찬가지로 조리를 하는 곳일 뿐만 아니라 설거지를 하는 곳이기도 하다. 매주 수천 개의 우유병이 이

곳을 거쳐 간다. 각각의 병은 박박 문질러 잘 씻고 멸균을 한 뒤에 다음 세대 초파리의 집으로 사용한다. 그곳에 기생충이나 병균이 번식해서는 안 된다. 그러나 이렇게 신경 써서 예방 조치를 하는데도 종종 기생충이나 세균 감염이 발생한다. 특히 진드기는 모든 사람이 가장 두려워하는 악몽이다. 진드기는 몇 달에 걸친 노력을 물거품으로 만듦으로써 초파리와 사람 모두의 삶을 불행하게 만들 수 있다.

나는 주방을 떠나 샌드위치 포장 상자들이 있는 방으로 돌아왔다. 초파리들은 내가 자리를 비우기 전과 거의 같은 위치에서 상자 가장자리에 제각각 홀로 앉아 있었다. 아마 맛없는 식사에 항의하며 연좌 농성을 하고 있는 것인지도 모른다. 아니면, 내가 다른 곳을 살펴보아야 할 시간이 된 것인지도 모른다.

무엇이 암컷의 수명을 단축시키는가

트레이시는 다른 방의 작업대에서 전기 장비를 설치하고 있었다. 나는 그것이 무엇인지도 모르면서 왠지 불안감을 느꼈다. 그것은 공포를 불러일으키는 의료 장비 같은 느낌을 풍겼다. 주요 부분인 끝부분(한 쌍의 가느다란 텅스텐 필라멘트 전극)은 전선을 따라 검은색 베이클라이트 상자에 연결되어 있었다. 그 장비에는 아직 정식 이름도 붙지 않았지만, 트레이시의 설명을 듣고 나서 나는 그것을 '거세 도구'라고 부르기로 마음먹었다. 그 이유는 곧 알게 될 것이다. 이것은 비록 공포를 불러일으키는 장비이기는 하지만, 약 30년이나 끌어온 초파리의 성에 관한 수수께끼를 해결하는 데 도움을 줄지 모른다. 이 수수께끼를 푸는 과정은 정액 단백질 이야기에 씁쓸한 뒷맛을 더해 준다.

교미가 암컷 초파리의 건강에 좋지 않다는 사실은 1960년대에 발견되었다. 실험 결과에 따르면, 교미를 많이 하는 암컷은 절제하는 암컷보다 수명이 짧았다. 그 자체만 놓고 본다면, 이 결과는 그다지 불길하게 들리지 않는다. 여기에 대해 그럴듯한 설명은 암컷 초파리가 '굵고 짧게 살다가 일찍 죽는' 철학을 따른다는 것이었다. 즉, 다음 세대에 더 많은 유전자를 남기기 위해 지상에서 보내는 시간을 희생한다는 것이다.

그러나 후속 실험에서 그것은 사실이 아닌 것으로 드러났다. 교미를 많이 하는 암컷은 일찍 죽을 뿐만 아니라 수정란도 훨씬 적게 낳았다. 이 결과가 암컷 초파리에게 주는 교훈은 명백하다. 짝짓기를 많이 하면 수명이 단축된다.

그러나 짝짓기의 어떤 측면이 그러한 값비싼 대가를 치르게 하는 것일까? 수컷의 끊임없는 괴롭힘으로 인한 스트레스 때문일까? 난폭한 교미 과정에서 발생하는 신체적 부상 때문일까? 아니면, 성적 접촉으로 감염되는 기생충이나 질병 때문일까?

교미를 많이 하면 일찍 죽는 이유

암컷의 수명 단축을 둘러싼 의문을 해결할 한 가지 가능성이 남아 있었다. 바로 정액을 범인으로 보는 견해였다. 초파리의 정액이 암컷에게 가벼운 독이 된다면, 반복적인 교미는 중독에 따른 조기 사망을 초래할 수 있다. 이것은 아주 흥미로운 설명이지만, 그것을 뒷받침해 주는 증거는 아직 하나도 없었다.

그 후 30년 동안 초파리 생물학자들은 구애 행동과 교미의 다양한 측면들을 하나하나 떼어 내 그것이 암컷의 수명에 어떤 영향을 미치는지 자세히 연구했다. 에든버러대학교의 케빈 파울러Kevin Fowler와 린다 파트리지Linda Partridge는 교미 자체에 암컷 초파리의 생명을 단축시키는 요소가 있다는 사실을 발견했다.

파울러와 파트리지가 성공을 거둔 열쇠는 구애 행동과 교미의 효과를 실험적으로 분리해 조사한 데 있었다. 그들의 계획은 믿기 어려울 정도로 간단했다. 일단 정상적인 암컷 초파리들을 두 집단으로 나누었다. 첫 번째 집단은 정상적으로 구애 행동을 하고 교미를 할 수 있는 수컷들과 함께 두었다. 두 번째 집단은 구애 행동은 정상적으로 하지만 교미는 할 수 없는 수컷들과 함께 두었다. 그러고 나서 두 집단 암컷의 평균 수명을 비교해 보았다. 첫 번째 집단에서는 구애 행동과 교미의 효과가 모두 반영된 결과가, 두 번째 집단에서는 구애 행동의 효과만 반영된 결과가 나올 것이다. 그리고 두 집단에서 구애 행동의 효과를 빼면 교미의 효과를 알 수 있다.

비록 말로는 간단하지만, 여기에는 먼저 해결해야 할 문제가 있다. 즉, 구애 행동은 정상적으로 하지만 교미를 하지 못하는 수컷을 골라야 하는 것이다. 처음에 두 사람은 이미 존재하는 초파리 중에서 적절한 돌연변이 후보가 없는지 찾아보았다. '프루트리스 *fruitless*(열매를 맺지 못하는)' 돌연변이가 가능성 있는 후보로 보였다. 이 돌연변이 초파리는 구애 행동은 열심히 하지만, 그 이상으로는 진도를 나가려고 하지 않았다. 그러나 '프루트리스'는 암컷뿐만 아니라 수컷에게도 정열적으로 구애 행동을 했기 때문에 이상적인 실험 대상이 되지 못했다. 수컷 '프루트리스'들을 함께 병 속에 넣으면, 이 녀석들은 거의 순식간에 마치 콩가conga(사람들이 길게 줄을 서서 각자 앞사람을 잡고 빙글빙글 돌아가며 추는 빠른 춤)를 추는 것처럼 각자 앞에 있는 초파리의 꽁무니에 들러붙으며 길게 늘어서서 구애 행동을 한다.

그 밖에도 선택할 만한 돌연변이는 많았다. 예컨대 어린이들이 좋아하는 '켄*Ken*'과 '바비*Barbie*'가 있었다. 이 녀석들은 생식기가 있어야 할 곳에 각피가 덮인 채 태어나는 돌연변이 초파리이다. '코이투스 인테룹투스*coitus interruptus*(교미 중단)'도 있었는데, 이것은 교미 도중에 성기가 오그라들어 교미가 중단되는 돌연변이이다. 가장 악명 높은 것은 '스턱*stuck*(포로 음경)'으로, 이 돌연변이 초파리는 음경을 삽입할 수는 있지만 뺄 수가 없다. 외부의 도움이 없으면 '스턱'은 암컷에게 들러붙은 채 굶어 죽고 만다.

하지만 이러한 돌연변이 중에서 파울러와 파트리지가 찾는 조건을 정확하게 갖춘 것은 없었다. 모두가 이상적인 조건에서 벗어나는 특징을 갖고 있었다. 적절한 돌연변이를 구할 수 없다면 남은 방법은 한 가지밖에 없었다. 구애 행동은 할 수 있지만 교미는 할 수 없는 초파리를 직접 만들어 내야 한다. 즉, 정상적인 수컷 초파리를 거세하는 것이다.

마침내 거세 도구를 꺼내야 할 때가 왔다.

초파리의 거세 도구

원리적으로 거세 도구는 모형 철도 열성 팬들이 사용하는 변압기 상자와 비슷하다. 하지만 두 전극을 선로 양 끝에 갖다 대는 대신에 수컷 초파리의 생식기 부분에 살짝 갖다 댄다는 점이 다르다. 그러면 음경을 통해 전기 회로가 연결되면서 그 결과로 음경이 녹아 버린다.

거세 도구는 정밀한 기기이기 때문에 최상의 결과를 얻으려면 손을 떨지 말고 침착해야 한다. 만약 연기가 보인다면, 전극을 너무 바짝 갖다 댄 것이다. 그러면 음경뿐만 아니라 내부 장기까지 타게 된다. 반대로 너무 살짝 갖다 대면, 음경의 기능이 약간 남을 수 있다. 전극을 적당히 갖다 댐으로써 음경만 녹이고 그 구멍을 봉합하여 평평한 상처만 남기는 것이 비결이다.

거세 도구는 디킨스 시대의 암울한 동물생리학으로 되돌아간 것처럼 매우 잔인해 보일지 모르지만, 연구자들은 거세당하는 초파리에게 최선의 치료와 돌봄을 제공했다. 초파리는 전신마취 상태에서 수술을 받았고, 고통의 시간이 지나고 나면 평소의 즐거운 삶을 대부분 되찾았다. 심지어 초파리의 노랫소리도 이전의 음 높이를 그대로 유지했다. 다리 사이에 약간의 통증이 있는 것을 제외하고는 아무 이상이 없는 것처럼 보였으며, 수술이 끝나고 나서 몇 분이 지나면 암컷에 대한 관심도 이전 수준으로 회복되었다. 이 초파리들은 정상 초파리가 하는 일은 모두 할 수 있었으나, 단 교미만 할 수 없었다.

파울러와 파트리지는 이제 구애 행동과 교미가 암컷의 수명에 미치는 효과를 구별하는 데 필요한 수단을 모두 손에 넣었다. 한 초파리 집단은 정상 수컷들과 어울리게 했고, 다른 집단은 거세한 수컷들과 어울리게 했다. 그 결과는 놀라웠다. 정상 수컷들에게 구애를 받고 교미를 한 암컷들은 거세된 수컷들의 구애를 받은 암컷들보다 수명이 훨씬 짧았다. 다시 말해서, 교미에는 암컷의 수명을 단축시키는 뭔가가 있었다.

정액 단백질이 미치는 영향

섹스와 죽음에 관한 이 불길한 이야기에서 정액이 정확하게 어떤 역할을 담당하는지는 1995년에 트레이시 채프먼과 그 동료들이 초파리의 정액이 실제로 독성 시한폭탄이라는 사실을 확인함으로써 마침내 밝혀졌다.

유죄 판결이 나오는 데에는 최신 분자생물학의 도움이 있었다. 트레이시는 유전공학기술을 통해 결함이 생긴 부속샘을 가진 수컷 초파리들을 만들어 사용했다. 이 초파리들은 정액 단백질을 만들지 못하지만, 정액 속의 정자나 그 밖의 화학 물질들은 아무 이상 없이 만들었다.

정액 단백질을 제거한 정액은 암컷의 수명을 연장시켰다. 유전공학기술로 만든 이 수컷들과 교미를 한 암컷들은 정상 수컷들과 교미한 암컷들보다 50%가량 더 오래 살았다. 이것은 정액 단백질이 암컷을 통제할 뿐만 아니라 죽이기까지 한다는 최종적 증거였다.

생명을 주는 물질인 정액이 생명을 앗아 갈 수도 있다는 사실은 의표를 찌르는 모순처럼 보인다. 여기에는 논리에 맞지 않는 뭔가가 있는 것 같다. 자신의 짝을 죽게 만든다는 것은 이치에 맞지 않는다. 적어도 방금 자신이 수정시킨 짝이 산란을 마치기 전까지는 그런 일이 일어나지 않아야 할 것이다.

트레이시는 정액 단백질이 암컷을 죽이려는 목적으로 진화했을 리는 없다고 생각한다. 훨씬 더 그럴듯한 가능성은 정액의 독성이 진화의 부산물이라는 주장이다. 즉, 아비가 되기 위한 경쟁에서 만들어진 화학 물질의 부작용이라는 것이다.

의도적이건 아니건, 이 독성은 실질적인 효과를 갖고 있기 때문에, 암컷도 이에 대응해 적절한 반응을 진화시켰다. 이 분자 전쟁은 일방적으로 전개되는 것처럼 보일지 모르지만, 그렇다고 암컷들이 그냥 뒷짐 지고 가만히 앉아 있는 것은 아니다.

양성 갈등에 대한 새로운 시각

짝짓기를 둘러싸고 벌어지는 싸움에서 암컷이 취하는 전략은 수컷의 전략에 비해 알려진 것이 별로 없다. 양성에 대한 지식에 이런 차이가 나는 것은 과학 연구에 존재하는 성차별이라기보다는 현실의 반영으로 봐야 할 것이다. 수컷에게 정액은 자신의 분자 공격 무기를 운반하는 수단이다. 그러나 암컷은 훨씬 교묘하다. 암컷의 방어막은 몸속 어디에나 존재할 수 있는데, 어디부터 살펴보아야 할지 확실히 아는 사람은 아무도 없다.

세부 내용은 불확실할지 모르지만, 암컷의 방어 수단이 존재한다는 사실을 뒷받침하는 정황 증거는 많다. 예를 들면 수컷의 부속샘 단백질들이 모두 순전히 공격을 위해 설계된 것은 아닌 것으로 보인다. 부속샘 단백질 Acp76A는 분자 보호자처럼 다른 정액 단백질이 적의 영토로 진격할 때 그것을 호위하고 보호하는 역할을 하는 것 같다.

암컷의 반격이 아니라면, Acp76A는 다른 정액 단백질을 무엇으로부터 보호하겠는가?

쫓고 쫓기는 진화 게임

암컷의 방어 수단을 뒷받침하는 가장 그럴듯한 증거는 샌타크루즈에 있는 캘리포니아대학교의 초파리 연구 권위자 빌 라이스Bill Rice가 한 실험에서 나왔다. 라이스는 암컷이 수컷의 분자 공격에 대응한다는 것을 입증했을 뿐만 아니라, 양 진영의 무기가 계속 개량된다는 것을 보여 주었다. 수컷과 암컷은 진화 군비 경쟁에 휘말린 모양새이다.

라이스는 정상적인 진화 교전 규칙을 변화시키면 초파리에게 어떤 일이 일어나는지 관찰하면서 1990년대 후반을 거의 다 보냈다. 한 실험에서는 '평형 염색체balancer chromosome'라는 특별한 염색체를 사용해 진화를 할 수 없는 암컷 계통을 만들어 냈다. 그러고 나서 초파리 집단을 두 개 만들었다. 첫 번째 집단에서는 정상 수컷과 진화가 억제된 암컷을 교배시켰다. 두 번째 집단(대조군)에서는 정상 수컷과 암컷을 교배시켰다.

40세대가 지난 후, 두 집단 사이에 눈에 띄는 차이가 나타났다. 암컷의 진화가 억제된 상황에서는 양성 간의 전쟁에서 수컷이 주도권을 쥐었다. 대조군의 수컷들과 비교했을 때, 첫 번째 집단의 수컷들은 아비가 될 확률이 더 높았고, 더 많은 자식의 아비가 되었다. 정액의 독성도 증가했다. 실험이 끝날 무렵, 진화가 억제된 암컷들의 평균 수명은 대조군의 암컷에 비해 절반에 불과했다.

40세대가 지나는 동안 진화는 수컷의 분자 무기를 개선시켜 정액 단백질이 수컷 경쟁자와 암컷 모두에게 더 큰 효과를 발휘하게 만들었다. 진화 잠재력을 박탈당한 암컷들은 이에 대응할 수 없었다. 그 결과, 대등하게 진행되던 양성 사이의 전쟁이 일방적으로 수컷에게 유리하게 기울었다. 마치 수컷은 최신 스타워즈 계획을 실전에 배치하는 데 박차를 가하는 반면, 암컷은 여전히 스커드 미사일에만 의존하는 상황과 같았다.

라이스의 실험을 통해 수컷과 암컷은 기생충과 숙주처럼 서로 쫓고 쫓기는 진화 게임을 하고 있다는 사실이 드러났다. 수컷이 분자 차원의 새로운 공격 방법을 진화시키면, 암컷도 곧 적절한 대응 전략을 개발해 대항한다.

이 진화 게임이 분자 차원의 전투에서 어떤 양상으로 펼쳐질지는 아무도 확실히 알 수 없다. 그러나 이 싸움은 암컷의 행동과 생리를 지배하기 위해 벌어지는 일종의 화학적 레슬링 경기로 간주할 수 있다. 많은 정액 단백질이 암컷의 호르몬을 모방한 형태를 띠고 있다는 점을 감안하면, 이것은 결코 터무니없는 가정이 아니다.

호르몬과 단백질의 역할

호르몬은 세포와 조직에 대사적 변화를 초래한다. 호르몬 분자 자체는 이런 일에 직접 관여하지 않는다. 호르몬은 단지 세포 표면에 있는 '수용체'에 정보를 전달하는 화학적 전령일 뿐이다. 수용체는 호르몬과 세포 밖의 분자를 세포 안에 있는 분자와 서로 소통할 수 있게 해 주는 분자 부두와 같다.

정액 단백질은 암컷 세포 표면에 있는 적절한 수용체에 효과적으로 접근할 수 있을 때에만 암컷으로부터 반응을 끌어낼 수 있다. 다시 말해서, 수컷의 단백질은 분자 열쇠와 같으며, 그 효과는 암컷의 분자 자물쇠와 얼마나 잘 들어맞느냐에 따라 결정된다. 따라서 진화 군비 경쟁은 자물쇠와 열쇠 사이의 경쟁으로 변한다. 암컷이 자물쇠를 변화시키는 속도에 대응해 수컷은 그것을 더 효과적으로 열 수 있는 열쇠를 진화시킨다.

화학적 전투는 암컷의 신체 모든 곳에서 일어나겠지만, 그중에서 가장 중요한 전장 두 곳은 생식관과 뇌이다. 전투가 특히 격렬하게 일어나는 장소는 암컷의 몸속에서 정자를 보관하는 세 기관 내부와 그 주변이다. 이 장소들은 전략적 요충지와 다름없다. 정자가 암컷의 난자를 수정시키기 위한 여행에서 마지막 한 걸음을 내디디기 전에 신호등이 바뀌길 기다리며 머무는 장소이기 때문이다. 분자 차원에서 일어나는 전투는 대부분 이 신호등의 스위치를 장악하기 위해 벌이는 공방전이다.

이곳에서 활동하는 것으로 알려진 부속샘 단백질 중 하나에는 Acp36DE라는 암호명이 붙어 있다. 이 단백질은 정자를 암컷의 정자 보관 기관 속으로 몰아넣는다. 이 단백질이 부족한 수컷은 자신의 정자를 효과적으로 저장할 수 없으므로, 그 정자는 다른 수컷의 정자와 경쟁할 때 탈락하게 된다.

또 다른 부속샘 단백질 Acp62F도 똑같은 곳에서 작용하는 것으로 보인다. 이 단백질은 암컷 정자 보관 기관의 근육을 이완시켜 경쟁자 수컷의 정자를 흘러 나가게 하는 역할을 하는 것으로 밝혀질지도 모른다. 흥미롭게도 Acp62F는 브라질떠돌이거미*Phoneutria nigriventer*가 먹이를 마비시키는 데 사용하는 단백질과 아주 닮았다. 마비 물질에서 독으로 변하기까지 그다지 많은 단계가 필요한 것은 아니며, Acp62F는 정액이 지닌 독성의 원천을 찾아내려는 수색 작업에서 이미 전부터 가장 유력한 용의자로 지목되어 왔다.

우리 종에서 일어나는 화학전?

나도 독성의 원천을 찾기 위해 부근 술집으로 발걸음을 옮겼다. 트레이시가 따라와 함께 맥주를 마셨고, 우리는 그녀의 장래 연구 계획에 대해 잠깐 이야기를 나누었다.

트레이시는 암컷 초파리가 수컷의 공격에 대응하기 위해 사용하는 전략에 대해 더 자세한 것을 알아내려고 한다. 그런데 트레이시는 학문 영역에서 벗어나는 계획까지 생각하고 있다. 그녀는 언젠가는 정액 단백질이 해충 방제에 사용될 날이 올 것이라고 생각한다. 유전공학 기술을 이용하면 수컷 곤충에게 정액을 대량 생산하게 만들 수 있을 것이다. 이 수컷들을 자연 속으로 놓아 보내면, 이 녀석들이 지나간 자리에는 빳빳하게 굳은 암컷들의 시체가 널려 있을 것이다. 환경 보호주의자들은 이 아이디어를 몹시 마음에 들어 할 것이 틀림없다.

이 아이디어에 내포된 의미를 충분히 토론하기 전에 트레이시는 초파리를 측정하러 실험실로 돌아가야 했다. 나는 맥주를 한 잔 더 시키고 나서 짝짓기에 관한 이야기뿐만 아니라 초파리 연구 문화 전반에 관한 이야기를 포함해 오늘 하루 동안 실험실에서 배웠던 것들을 되돌아보았다.

초파리에게서 나타나는 양성 간의 갈등은 우리 자신의 갈등을 넓은 시야에서 바라보게 해 준다. 나는 이제 설거지를 누가 해야 하는지 또는 변기 시트 위치를 어떻게 해야 하는지와 같은 문제 때문에 다투지 않을 것이다.

초파리를 타산지석으로 삼는다면, 우리의 말싸움은 빙산의 일각에 불과한 게 아닐까? 정말로 심각한 싸움은 다른 곳에서 벌어지고 있는 게 아닐까? 사람의 정액 단백질에 대해 좀 더 많은 것이 밝혀지기 전까지는 우리 종에서 일어나고 있는 화학전을 완전히 무시할 수만은 없다.

술집 안을 둘러보다가 오늘 실험실에서 보았던 두 사람이 한쪽 구석에서 잔을 기울이고 있는 모습이 눈에 들어왔다. 그 외에 나이

많은 연구자들도 몇 사람 있었는데, 이들은 트리니다드나 페루 또는 그 밖의 나라에서 방금 날아온 열대생물학자들이었다. 값비싸고 우아하게 닳은 등산화를 신고 폭넓은 세계관을 가진 척하는 그들의 태도는 어느 모로 보나 전형적인 유럽 인 탐험가처럼 보였다.

햇볕에 그을린 그들의 얼굴은 내가 초파리 실험실에서 만났던 창백한 얼굴들과는 매우 대조적이었다. 초파리 실험실에서 나는 약간 우울한 느낌을 감지할 수 있었다. 그것은 오늘 아무리 많은 성과를 거뒀다 하더라도, 내일 해야 할 일이 더 많이 남아 있음을 아는 데서 오는 침울함이었다. 자동으로 온도가 조절되는 방들과 산업적 규모의 주방, 줄지어 늘어서 의무적으로 일에 몰두하는 연구자들을 갖춘 초파리 실험실은 이름만 제외하고는 사실상 공장이나 다름없다. 반들거리는 흰색 표면과 값비싼 장비의 겉모습 뒤에는 쉴 새 없이 돌아가는 방적 공장의 정신이 흐르고 있다.

집으로 돌아오는 길에 나는 오늘 하루를 거의 다 보냈던 건물 앞으로 지나갔다. 건물 저 높이 5층에는 아직도 불빛이 환하게 켜져 있었다. 어둠 속에서 방향을 알려 주는 신호등처럼.

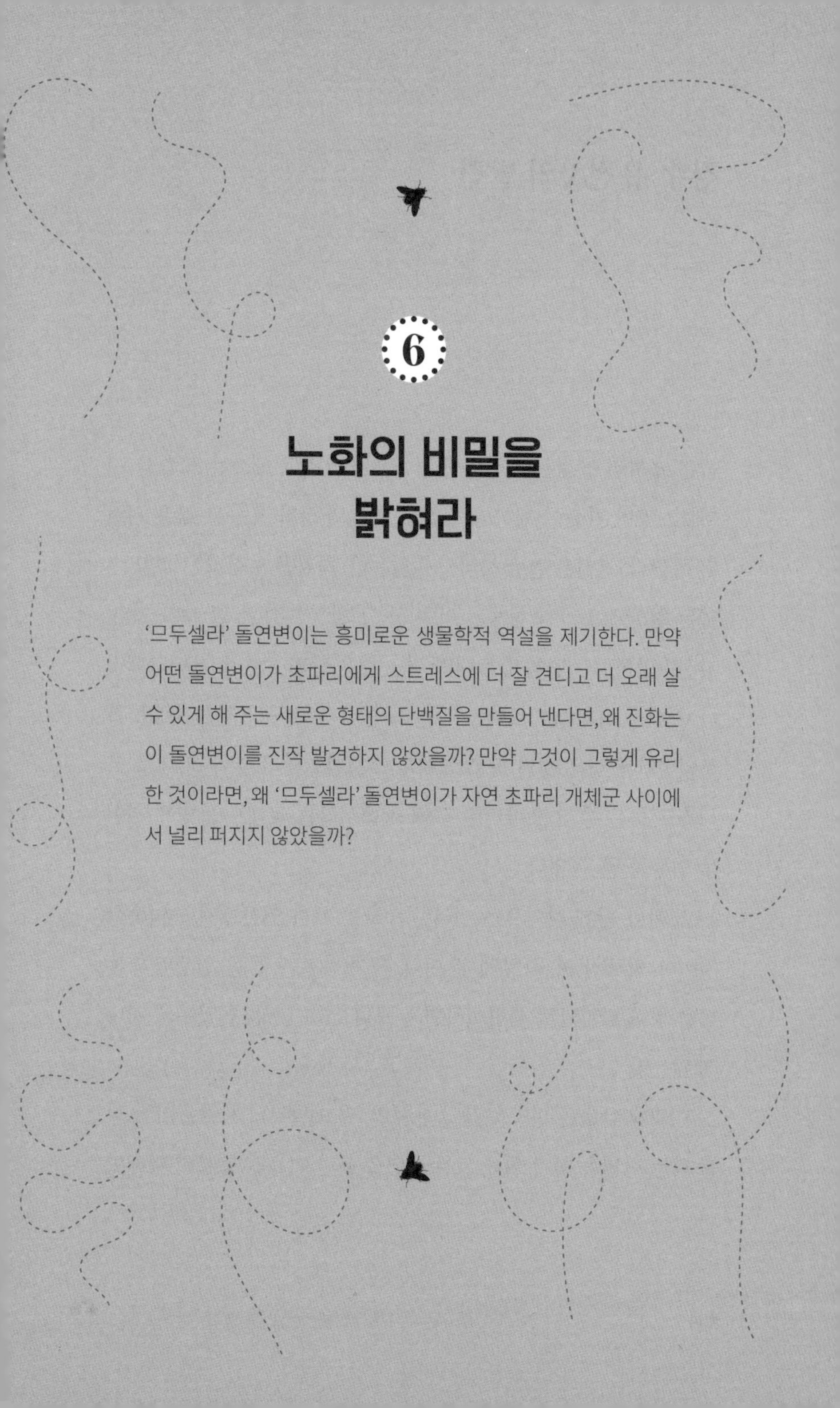

6

노화의 비밀을 밝혀라

'므두셀라' 돌연변이는 흥미로운 생물학적 역설을 제기한다. 만약 어떤 돌연변이가 초파리에게 스트레스에 더 잘 견디고 더 오래 살 수 있게 해 주는 새로운 형태의 단백질을 만들어 낸다면, 왜 진화는 이 돌연변이를 진작 발견하지 않았을까? 만약 그것이 그렇게 유리한 것이라면, 왜 '므두셀라' 돌연변이가 자연 초파리 개체군 사이에서 널리 퍼지지 않았을까?

장수 유전자의 발견

늙은 초파리가 젊은 시절의 영광을 되찾으려고 애쓰는 모습을 지켜보노라면 가슴이 찡하다. 물론 초파리의 성적 욕구는 젊은 시절과 똑같다. 그것은 결코 사라지지 않는다. 하지만 노화라는 피할 수 없는 현실에 망가진 신체는 더 이상 그 일을 제대로 할 수가 없다. 자신만만하고 거만하게 뽐내며 걷던 젊은 날의 모습은 온데간데없다. 게다가 이제 날기보다는 걷는 게 편하다. 더구나 전성기에도 볼품없었던 음경은 훨씬 작은 크기로 쪼그라들었다. 아무리 애를 쓰더라도 늙은 수컷 초파리는 구애 행동이라는 로데오 게임에 끼어들 엄두를 낼 수 없다.

노화와 함께 찾아오는 이러한 수모는 우리 인간에게도 익숙한 것이다. 약해진 뼈, 하얗게 센 머리, 축 처진 피부 등은 인생의 황혼녘을 향해 다가가는 사람이라면 누구나 겪는 현상 중 일부에 지나지 않는다.

이렇게 암울한 전망을 생각해 보면, 먼 옛날부터 사람들이 노화를 막는 방법을 찾기 위해 그토록 열을 올린 이유를 충분히 이해할 수 있다. 영원한 젊음의 비밀을 찾으려는 노력은 인류의 역사만큼이나 오래되었다.

노화를 막으려는 노력이 성과가 전혀 없었던 것은 아니다. 20세기에 들어 공중위생과 의학이 발전하면서 대다수 사람들은 이전보다 훨씬 더 오래 살게 되었다. 과거에 수많은 인명을 앗아 간 이질, 콜레라, 결핵, 디프테리아 같은 전염병이 선진국에서는 거의 사라졌다. 영국인의 경우, 평균 수명은 76세로, 빅토리아 시대보다 무려 30년이나 늘어났다.[3] 하지만 우리가 노화의 진행을 늦출 수 있다거나 신체적으로 나타나는 증상을 없앨 수 있다거나 수명의 자연적 한계를 연장시킬 수 있다는 희망은 아직도 지나치게 낙관적인 것으로 보인다.

사람의 경우, 영원한 젊음은 당분간 이루어질 가망이 없는 꿈이다. 하지만 그때가 닥치기 전까지는 초파리에 주목할 필요가 있을지 모른다. 사람에게는 노화가 이전과 다름없이 시간이 지나면 늘 닥치는 필연적 사건이지만, 초파리의 경우에는 사정이 좀 다르기 때문이다. 오늘날 실험실의 초파리들은 과거 그 어느 때보다도 더 오래 살고 더 우아하게 늙어 간다. 절뚝거리는 늙은 초파리 이미지는 곧 추억 속의 한 장면으로 사라질지 모른다. 또 누가 알겠는가? 초파리가 피할 수 없는 죽음에서 벗어나게 할 탈출구를 제공해 줄

---

3 국제연합이 발표한 2005~2010년 평균 수명은 영국과 우리나라 모두 79.4세이다.

지. 희망이 있는 곳에는 소문과 과대 선전이 꼬이게 마련이다.

수명 연장의 비밀

1990년대 후반, 캘리포니아공과대학교에 있는 시모어 벤저의 연구실에서 아주 특별한 초파리가 탄생했다. 겉모습만 봐서는 특이한 점이 전혀 없었다. 그 초파리가 지닌 독특한 성질은 시간이 지나면서 나타났다.

평균적으로 초파리는 실험실에서 50~60일 정도 산다. 그런데 이 돌연변이 초파리는 60일이 지나고 나서도 신체적으로 약화되는 징후가 전혀 나타나지 않았다. 여전히 경쾌하게 걸어 다니는 모습은 나이를 절반밖에 먹지 않은 듯이 보였다. 이 초파리는 100일이 지난 후에도 멀쩡했다. 이 녀석도 결국 세월을 이기지는 못했지만, 다른 초파리들보다 훨씬 오래 살다가 죽었다.

이 초파리가 이렇게 오래 살 수 있었던 근본 원인은 몸속에서 발견되었다. 다른 초파리들과의 차이점은 한 유전자 속에서 발견된 돌연변이였다. 이 유전자는 성경에서 노아의 홍수 이전에 969년이나 살았다는 유대인 족장의 이름을 따 '므두셀라*Methuselah*'라는 이름이 붙었다. 물론 이 초파리가 므두셀라만큼 오래 살지는 못했지만, 단지 한 유전자에 생긴 변화 때문에 평균 수명이 35%나 늘어났다는 사실은 결코 가볍게 볼 수 없었다.

'므두셀라' 초파리가 누린 혜택은 단순히 수명 연장에 그치지 않았다. 신체 상태도 보통 초파리보다 훨씬 건강했다. 다양한 스트레스 요인이 존재하는 환경도 '므두셀라' 초파리는 보통 초파리보다 훨씬 잘 견뎌냈다. 예를 들어 먹이를 전혀 주지 않으면, 보통 초파리는 약 50시간 살 수 있다. 그러나 '므두셀라' 초파리는 80시간 이상 살아 생존 시간이 50% 이상 더 길었다.

'므두셀라' 초파리는 높은 열에도 저항력이 훨씬 강했다. 온도가 높아지면 세포 내부의 분자들이 진동하는 속도도 높아진다. 온도를 더욱 높이면 분자들의 모양이 일그러지거나 분해될 수도 있다. 단백질 분자들이 분해되기 시작하면, 초파리 역시 분해된다. 36℃에 두었을 때, 보통 초파리는 12시간 정도 생존한다. 그러나 '므두셀라' 초파리는 같은 조건에서 18시간이나 생존했다.

'므두셀라' 초파리의 강한 생명력은 제초제 패러paraquat에 노출시켰을 때 가장 분명하게 드러났다. 패러은 세포 내에 '자유 라디칼'이라는 반응성이 아주 강한 원자나 분자를 만들어 생물을 죽게 만든다. 이 자유 라디칼은 세포의 분자 구조와 생물을 금방 분해하는 화학적 파괴자이다.

패러에 노출되고 나서 12시간이 지나면, 보통 초파리는 안절부절못하는 모습을 보이며, 움직임도 매우 느려지고 무기력해진다. 초파리의 신체가 내부에서 무너져 내리고 있다는 사실을 감안하면 놀라운 일이 아니다. 48시간이 지나면 정상 초파리는 약 90%가 죽는다. 그러나 '므두셀라' 초파리는 사정이 달랐다. 패러에 노출된 지 24시간이 지난 뒤에도 '므두셀라' 초파리는 봄철에 태어난 새끼 양처럼 팔팔했다. 물론 그 후부터는 '므두셀라' 초파리도 영향을 받기 시작하지만, 48시간이 지난 후에도 50% 이상이 살아남았다.

'므두셀라' 초파리는 노화와 장수의 본질에 대해 흥미로운 통찰을 제공했다. 굶주림이나 과도한 열 또는 제초제는 초파리의 몸에 생화학적 손상을 입힌다. '므두셀라' 초파리는 노화 속도를 늦추고 장수하는 비결이 이러한 종류의 손상에 대해 저항하거나 복구하는 능력에 있음을 암시했다.

'므두셀라' 돌연변이는 초파리를 노화 연구의 전면으로 내세운 일련의 발견들 중 하나에 지나지 않는다. 노화의 수수께끼를 풀려면 아직도 많은 연구가 필요하지만, 초파리는 적어도 거친 파도가 일렁이며 불확실성이 심한 가설의 바다에 꼭 필요한 경험적 명료성을 제공했다. 지금까지 노화의 원인에 대해 나온 가설은 300가지가 넘으며, 노화에 관한 생물학에는 폐기된 개념들과 때로는 서로 충돌하는 개념들이 도처에 널려 있다. 그러나 이제 한 가지만큼은 확실해 보인다. 노화의 원인이 단 한 가지만 존재할 가능성은 극히 희박하다는 것이다. 초파리에서 얻은 증거를 감안하면, 상당히 많은 요인들이 상호 작용하여 우리의 노화를 초래하는 것으로 보인다.

생물은 왜 늙는가

실험실로 옮겨 오기 전에 초파리는 늙어 가는 즐거움이나 고통을 경험할 기회가 거의 없었다. 야생 자연에서는 도처에 죽음의 위험이 널려 있기 때문에, 초파리는 늙어 갈 기회조차 얻기 어렵다. 포식자, 기생충, 바이러스, 균류, 병균 등은 늘 초파리의 몸을 노리며 달려든다.

실험실은 이 모든 위험을 피할 수 있는 안식처를 제공했다. 공짜 음식, 따뜻한 잠자리, 그리고 포식자나 기생충이 전혀 없는 환경에서 초파리는 다른 데 신경 쓸 필요 없이 성적 충동에 탐닉하면서 주어진 수명을 다 누릴 수 있었다. 사육 상태에서 살아가는 것은 해당 동물에게 잔인한 삶이라고 주장하는 사람들이 있지만, 그런 사람들에게는 초파리의 의견을 물어보라고 하고 싶다. 야생 초파리는 태어나서 열흘만 살아도 무척 운이 좋은 편이다. 이에 비해 실험실에서는 수십 일을 더 살 수 있다.

대사 속도 가설

초파리의 수명은 각 개체에 따라 다를 뿐만 아니라, 온도에도 영향을 받는다. 초파리는 변온 동물이다. 다시 말해서, 주변 온도에 따라 체온이 변하는 동물이다. 이것은 초파리의 생활 리듬이 주변 온도 변화에 좌우된다는 것을 뜻한다. 온도가 올라가면 초파리의 대사가 빨라져 초파리는 매우 활동적으로 변한다. 반대로 온도가 내려가면 초파리의 활동이 느려진다.

1917년, 토머스 헌트 모건의 친구이자 브린모어대학교에서 한때 동료 연구자로 지냈던 자크 로브는 주변 온도가 높을수록 초파리의 수명이 짧아진다는 사실을 발견했다. 20℃에서 키운 초파리는 평균 54일을 산 반면, 25℃에서는 평균 수명이 39일로 줄어들었고, 30℃에서는 겨우 21일만 살았다.

온도가 높을수록(그리고 대사 속도가 빠를수록) 수명이 짧아진다는 사실을 바탕으로 노화에 관한 '대사 속도rate of living' 가설이 나왔다. 이 가설은 동물의 삶이 박자 수가 정해져 있는 노래와 같다고 본다. 동물마다 수명이 다른 것은 각자 생명의 노래를 다르게 해석해 부르기 때문이다. 오래 사는 동물은 그것을 느린 발라드로 부르는 반면, 초파리 같은 동물은 훨씬 빠른 테크노 리듬을 선호한다.

이 가설은 큰 인기를 얻었다. 대사 속도의 상대적 차이 때문에 상대적 수명이 결정된다는 예측은 데이터와 잘 일치하는 것처럼 보였다. 초파리와 심지어 온혈 동물도 이 가설과 잘 들어맞았다. 예를 들어 생쥐와 뒤쥐 같은 포유류는 사람이나 코끼리 같은 큰 포유류에 비해 대사 속도가 훨씬 빠르고 수명도 훨씬 짧다.

그러나 이 가설은 완벽한 것이 아니다. 즉, 대사 속도가 항상 어떤 종의 수명에 대한 믿을 만한 지침이 되는 것은 아닌데, 특히 조류에는 잘 들어맞지 않는다. 예를 들면 비둘기는 크기가 비슷한 포유류인 생쥐보다 대사 속도가 훨씬 빠르다. 그러나 쥐의 수명이 4년 정도인 데 비해 비둘기의 수명은 약 30년이나 된다.

이런 이유로 대사 속도 가설은 뒤로 밀려났지만, 노화와 대사 사이의 연관 관계가 완전히 사라진 것은 아니다. 노화에 관한 최근의 이론들은 대사 속도보다는 대사의 부산물에 초점을 맞추고 있다. 지금은 산소 대사의 유독한 부산물이 노화를 촉진하는 유력한 용의자로 의심받고 있다.

세포를 파괴하는 자유 라디칼

우리가 살아가려면 산소가 필요하다. 물론 그 산소는 공기 중에서 섭취한다. 공기를 폐 속으로 들이마신 지 몇 초 만에 산소는 혈액을 통해 몸을 이루는 수천억 개의 세포로 전달된다. 연료를 태워 열을 내려면 산소가 필요한 것처럼, 우리 몸속의 세포들도 우리가 먹은 음식을 '태워' 에너지를 얻기 위해 산소가 필요하다.

이러한 연소는 세포 속의 '미토콘드리아'에서 일어난다. 미토콘드리아 안쪽 표면에서 일어나는 일련의 길고 지루한 연쇄 화학 반응을 통해 에너지가 만들어진다. 이 과정에서 산소가 하는 일은 연쇄 반응의 끝 부분에서 발생하는 자유 전자를 흡수하는 것이다. 우리의 건강과 안전을 위해서는 각 산소 분자가 전자를 4개씩 흡수해야 한다. 만약 산소 분자가 전자를 1개만 흡수하면 '자유 라디칼'이라는 매우 불안정한 분자로 변한다. 자유 라디칼이 된 산소는 우리 몸에 아주 큰 손상을 입힐 수 있다. 자유 라디칼은 만나는 어떤 분자와도 화학 반응을 일으키는 경향이 있다. 자유 라디칼의 머릿속에는 오로지 전자에 대한 갈망만 들어 있으며, 전자에 대한 갈증이 충족되기 전에는 아무것이나 가리지 않고 무차별 공격한다.

자유 라디칼 생성을 통제할 수 없는 상황은 불이 난 것과 비슷하다. 물론 세포는 이런 불이 일어나지 않게 하려고 노력한다. 세포 속에서 일어나는 연소 반응은 아궁이 속에서 일어나는 연소보다 훨씬 조용하고 통제된 방식으로 일어난다.

세포는 무엇보다도 자유 라디칼이 생기지 않도록 최선을 다한다. 미토콘드리아 내부에는 산소에 분자 구속복을 입혀 붙잡아 두는 효소가 있는데, 이 효소는 산소가 전자 4개를 모두 흡수했을 때에만 자유롭게 놓아 준다. 어쨌든 이론상으로는 그렇다는 이야기이다. 실제로는 전체 산소 분자 중 2~3%가 항상 자유 라디칼이 되어 돌아다닌다.

마음대로 돌아다니는 자유 라디칼은 마치 분자 훌리건처럼 세포 내에서 파괴 활동을 자행하면서 돌아다닌다. 단백질, DNA, 지질 등은 자유 라디칼을 만나면 그 화학적·물리적 구조가 확 바뀌고 만다. DNA만 하더라도 매일 약 1만 번이나 분자 펀치를 얻어맞는 것으로 추정된다.

세포를 지키는 효소들

다행히도 세포가 자유 라디칼의 공격에 완전히 무력하기만 한 것은 아니다. 세포 속에는 손상을 복구하거나 자유 라디칼이 손상을 입히기 전에 먼저 자유 라디칼의 활동을 무력화하는 효소들이 있다. 예를 들어 초과산화물 불균등화 효소superoxide dismutase와 과산화수소 분해 효소catalase같은 항산화 효소들은 분자 경찰을 조직하여 자유 라디칼에 대항한다. 이 효소들은 문제를 일으키기 전에 자유 라디칼을 붙잡아 무력화시킨다.

대부분의 항산화제는 몸속에서 만들어지지만, 균형 잡힌 식사에 섞여 흡수되기도 한다. 예를 들면, 비타민 C와 E는 대표적인 항산화제이다. 호두와 녹색 채소에 들어 있는 비타민 E는 특히 섬세한 세포막을 이루는 분자들을 자유 라디칼의 공격에서 보호한다.

항산화 효소가 생물에 얼마나 중요한지는 1990년대 초에 유전공학으로 과산화수소 분해 효소와 초과산화물 불균등화 효소 유전자를 추가로 더 갖게 만든 초파리의 실험에서 증명되었다. 추가된 유전자는 초파리의 건강을 향상시켰을 뿐만 아니라 수명도 늘렸다. 유전공학으로 만든 초파리는 항산화 유전자가 추가되지 않은 대조군 초파리에 비해 수명이 약 30%나 늘어났다. 게다가 이 초파리의 단백질은 대조군 초파리의 단백질에 비해 건강한 상태를 더 오래 유지했다. 이 실험은 자유 라디칼이 최소한 어느 정도는 노화의 원인이라는 증거를 제공했다. 또한 항산화 효소가 신체에 나타나는 노화 증상을 억제한다는 사실도 밝혀졌다.

초파리 실험으로 항산화 효소의 유용성이 드러나자, 건강에 신경 쓰는 사람들은 당장 식단에 항산화제를 포함시켰다. 그러나 초파리의 경우에는 식사에 항산화제를 보강하면 수명 연장 효과가 있음이 확인된 데 반해, 사람의 경우에는 그 효과가 불분명하다. 음식에 항산화 물질을 소량 첨가한다고 해서 우리의 수명이 더 늘어나는 것 같지는 않으며, 그 이유 또한 불분명하다.

단 한 가지 또는 몇 가지 효소의 흡수량을 늘리면 훨씬 복잡하게 상호 작용하는 효소계의 균형이 깨질지도 모른다. 혹은 항산화 물질이 창자에서 분해되어 세포 속으로 들어갈 기회를 얻지 못할지도 모른다. 이유야 무엇이건, 당장 문제를 바로잡을 해결책은 없다.

자유 라디칼의 공격

세포 안에서 자유 라디칼을 만들어 내는 악당은 산소뿐만이 아니다. 자외선과 그 밖의 복사, 담배 연기 속의 독소, 수많은 환경 오염 물질, 제초제, 열 등도 자유 라디칼을 만드는 원인이 될 수 있다. 자유 라디칼은 생명의 일부이다. 세포 하나 속에서도 매일 수백만 개의 자유 라디칼이 생겨난다.

우리가 늙는다는 사실은 세포의 방어 체계를 이루는 효소들이 비록 훌륭하게 제 역할을 하긴 하지만 완벽하지는 않다는 것을 말해 준다. 자유 라디칼은 세포에 손상을 입힐 수 있고, DNA가 입은 손상은 눈에 띄지 않은 채 그대로 남거나 잘못 복구될 수도 있다.

여기저기서 일어나는 분자 차원의 파괴 행위는 그 자체만으로는 세포의 건강에 심각한 위협이 되지 않는다. 하지만 작은 폭력 행위가 며칠, 몇 달, 몇 년 동안 계속 축적되면 결국에는 심각한 문제가 될 수 있다. 세포의 분자 벽돌과 모르타르가 마모되고 부식되기 시작한다. 세포 내에 그리고 세포 간에 존재하는 소통의 통로가 붕괴되고 생화학 기구가 부식되면서 에너지 생산도 점점 감소한다.

노화의 근본 원인은 신경 세포 손상?

그래도 사태의 심각성이 와 닿지 않는다면, 암에 대해 생각해 보자. 나이가 들면 암과 같은 질병이 찾아오는 이유가 무엇일까? 자유 라디칼로 인한 손상의 축적은 한 가지 설명이 될 수 있다. 암은 세포 성장과 분열을 조절하는 유전자에 생긴 돌연변이 때문에 생긴다. 오래 살수록 이러한 유전자 중 하나가 공격을 받아 손상을 입을 가능성이 커진다. 이러한 유전자가 돌연변이를 일으키면, 세포는 자기 조절 감각을 잃고 마구 증식하기 시작해 종양을 만든다.

복원 효소들은 이런 종류의 사고를 막는다. 예를 들면, DNA 교정 효소는 이중 나선을 따라 이동하면서 DNA에 생긴 화학적 결함을 발견해 바로잡는다. 그러나 세포의 방어 효소를 책임지고 있는 유전자 자체가 손상을 입을 가능성이 있다. 일단 세포의 방어 메커니즘이 붕괴되면, 분자 차원의 파괴 행위가 통제 불능 상태로 치닫는 것을 막을 길이 없다.

자유 라디칼 때문에 노년에 생기는 질병은 암뿐만이 아니다. 파킨슨병이나 알츠하이머병 같은 신경변성질환의 원인도 자유 라디칼로 인한 손상으로 보인다. 뇌와 신경계의 세포들은 특히 자유 라디칼의 공격에 취약한데, 이 세포들은 보통 세포들보다 산소를 훨씬 많이 대사하기 때문이다.

사실, 모든 세포가 자유 라디칼의 공격에 노출되어 있지만, 초파리를 대상으로 한 유전공학 실험의 결과에 따르면, 수명에 가장 큰 영향을 미치는 원인은 신경계 세포 손상으로 보인다. 뇌와 신경계에서만 스위치가 켜지는 항산화 유전자를 하나 더 가지도록 유전공학으로 만든 초파리는 몸 전체에서 그 여분의 유전자 스위치가 켜지는 초파리와 거의 비슷하게 오래 산다.

자유 라디칼로 인한 손상의 결과만 놓고 본다면, 신경 세포 손상은 노화의 근본 원인인 것처럼 보인다. 그러나 자유 라디칼의 폭력을 진압하는 것만으로 오래 살 수 있는 것은 아니다. 만약 정말로 오래 살고 싶다면, 열이 세포에 미치는 영향도 생각해야 한다.

열은 자유 라디칼의 생성을 촉진함으로써 세포에 손상을 입힐 수 있다. 그런데 열은 분자에 직접 손상을 입힐 수도 있다. 다행히도 세포가 간간이 일어나는 열의 공격에 완전히 무방비 상태는 아니다. 열 때문에 변형되거나 손상된 분자들은 열충격 단백질(고온에서 활성화되기 때문에 이런 이름이 붙었다)이 수리하거나 교체한다.

열충격 단백질이 장수에 얼마나 중요한지 설명하기 위해 두 초파리 집단을 살펴보자. 한 집단은 유전공학으로 열충격 단백질을 만드는 유전자를 추가로 더 가진 초파리들이다. 다른 집단은 정상 초파리들이다. 두 집단을 뜨거운 장소에 놓아두고 매일 상태를 확인한다. 유전적으로 변형된 초파리들은 여전히 파티를 열고 햇볕을 쬐는 반면, 대조군은 얼마 지나지 않아 말 그대로 파리 목숨처럼 픽픽 쓰러진다. 이 실험이 알려 주는 사실은 명백하다. 만약 열에 약하다면, 열충격 단백질을 더 많이 가져야 한다는 것이다.

당연한 이야기이지만, 오래 사는 비결은 하나만 있는 게 아니다. 항산화 물질의 생성을 촉진하거나 열충격 단백질 유전자를 하나 더 가지는 것도 하나의 방법이다. 또 항상 DNA 복원 효소의 상태를 잘 감시하는 것이 좋다. 그러나 무엇보다도 전체 방어 전략을 향상시키는 것이 좋지 않겠는가? '므두셀라' 초파리가 바로 그것에 성공했다.

'므두셀라' 돌연변이는 왜 널리 퍼지지 않았을까?

'므두셀라' 돌연변이 초파리는 광범위한 환경 스트레스에 강한 저항력을 보인다. '므두셀라' 초파리는 단 하나의 유전자에 일어난 한 가지 변화만으로도 열과 굶주림, 그리고 자유 라디칼 생성을 촉진하는 제초제를 잘 견딜 수 있다. 이 유전자가 만들어 낸 단백질이 왜 이러한 마법의 효과를 발휘하는지는 아직 아무도 확실히 모른다. 이 단백질은 세포막 안쪽에 자리 잡고서 전체 방어 전략을 살피면서 지휘하는 것처럼 보인다. 이 단백질의 놀라운 효능은 스트레스가 많은 상황에서 분자의 반응을 조절하는 속도 또는 효율성에서 나오는 것으로 보인다.

'므두셀라' 돌연변이는 흥미로운 생물학적 역설을 제기한다. 만약 어떤 돌연변이 유전자가 초파리에게 스트레스에 더 잘 견디고 더 오래 살 수 있게 해 주는 새로운 형태의 단백질을 만들게 한다면, 왜 진화는 이 돌연변이를 진작 발견하지 않았을까? 만약 그것이 그렇게 유리한 것이라면, 왜 '므두셀라' 돌연변이가 자연 초파리 개체군 사이에서 널리 퍼지지 않았을까?

종마다 수명이 제각각 다른 이유

'므두셀라' 돌연변이를 둘러싼 수수께끼에 대한 대답은 두 가지가 있다. 하나는 '므두셀라' 돌연변이가 야생 초파리 개체군에서 출현한 적이 전혀 없다는 것이다. 또 하나는 설사 돌연변이가 나타났다 하더라도, 생존 경쟁에서 반드시 유리하지는 않았다는 것이다. 오래 사는 것이 반드시 유리한 것은 아니라는 사실을 확인하고 싶다면, 많은 동식물 종의 다양한 수명을 살펴보라. 진화의 관점에서 볼 때, 사람에게 좋은 것이라고 해서 반드시 초파리에게도 좋다고는 할 수 없다.

그러나 노화 현상이 단순히 분자 차원의 변화가 축적되어 일어나는 것이라면, 왜 종마다 수명이 제각각 다를까? 초파리는 운이 좋아야 몇 주일 정도 사는 데 비해 사람은 75년이나 사는 이유는 무엇일까? 초파리나 사람이나 모두 똑같은 공기를 마시며 사는데 말이다.

밖에서 보면 똑같아 보일지 모르지만, 몸속을 들여다보면 놀라운 차이를 발견할 수 있다. 모든 동식물은 세포 내에서 일어나는 분자 손상을 바로잡을 수 있는 복구 메커니즘이 있다. 그러나 사용할 수 있는 서비스 수준은 종에 따라 큰 차이를 보인다. 예를 들어 사람은 매우 효율적인 복구 체계를 갖고 있어, 발생하는 문제를 대부분 즉각 탐지할 수 있다. 한편, 생쥐의 복구 체계는 효율성이 훨씬 떨어진다. 그래도 생쥐가 이 세상에서 1~2년 정도 살아가는 데에는 그 정도로 충분하다.

하지만 초파리는 더 운이 없는 것처럼 보인다. 복구 메커니즘을 연장통으로 생각한다면, 진화는 초파리에게 싸구려 크리스마스 크래커(파티나 만찬 때 쓰는 긴 꾸러미로, 양쪽 끝을 잡고 당기면 폭죽 터지는 소리가 나면서 작은 선물이 나온다)에서 나온 플라스틱 스패너만 선물한 것이나 다름없다. 물론 이것은 나름대로 쓸모가 있겠지만, 아주 오래 사용할 수 있도록 설계된 것은 아니다.

생식이냐 장수냐

그러나 복구 서비스 수준의 이러한 차이는 왜 종마다 제각각 수명이 다른가 하는 질문에 대해 부분적인 답만 제공할 뿐이다. 왜 초파리는 애초에 낮은 수준의 서비스만 받도록 진화했느냐 하는 의문은 여전히 풀리지 않는다. 왜 초파리는 그런 푸대접을 받는 반면, 사람은 최상급의 대우를 받는 것일까?

많은 지지를 받는 한 가지 설명은, 복구 서비스와 수명에 나타나는 이러한 차이에는 한정된 에너지 예산 문제에 대한 서로 다른 진화 전략이 반영돼 있다는 가설이다. 모든 생물은 생산할 수 있는 에너지의 총량이 제한돼 있다. 그 에너지 중 일부는 생식에 사용되고, 나머지는 신체를 기본적으로 유지하는 데 사용된다. 한 종의 에너지 예산 분배는 포식자에게 잡아먹히거나 질병에 걸려 죽거나 발에 밟혀 죽거나 버스 바퀴에 깔리거나 절벽에서 떨어지거나 그 밖의 불행한 사고를 당해 죽을 수 있는 위험의 정도에 따라 결정되는 것처럼 보인다.

예를 들어 여러분이 흔히 포식동물에게 잡아먹혀 생을 마감하는 종이라고 상상해 보자. 이 경우, 신체를 기본적으로 유지하는 데 과도한 투자를 하는 것은 진화의 관점에서 비효율적이다. 그 예산의 혜택을 다 누릴 만큼 신체가 오랫동안 살아남지 못할 것이기 때문이다. 이 경우에는 초파리의 전략을 선택하는 것이 유리하다. 즉, 대부분의 에너지를 생식에 쏟아부어 태어나자마자 짝짓기에 열을 올리는 것이다. 다만 이 전략을 택하면 기본적인 유지에 필요한 에너지가 별로 남지 않으므로 빠른 노화를 피할 수 없다.

이와는 대조적으로 주변 세계에 위협의 대상이 거의 없는 사람이나 코끼리 또는 거북의 경우에는 빨리 늙어야 할 이유가 없다. 진화의 관점에서 볼 때, 이 경우에는 기본적인 유지에 더 투자하는 것이 유리하다. 즉, 생식은 천천히 하는 대신에 더 오래 사는 것이다.

하지만 여러분이 정말로 오래 살고 싶다면, 섹스를 아예 포기하는 쪽이 나을지 모른다. 말미잘처럼 무성 생식을 하는 종은 노화의 징후를 전혀 보이지 않으며, 무한정 오래 살 수 있는 것처럼 보인다. 이와 비슷하게 역사 기록은 많은 나무들이 아주 오래 살 수 있는 잠재력을 갖고 있음을 시사한다.

어떤 의미에서는 사람도 무한정 오래 산다. 정자와 난자가 영원히 우리의 계보를 이어 나가기 때문이다. 문제는 우리가 가장 강한 유대감을 느끼는 자신의 일부인 신체가 영원하지 않다는 데 있다. 신체는 개개인에게 무한히 소중한 것이지만, 진화의 관점에서 볼 때 유성 생식을 하는 종의 신체는 생식 세포(정자와 난자)를 보관하고 전달하는 수단에 지나지 않는다. 신체가 맡은 주 임무는 생식을 할 때까지 충분히 오랫동안 개체를 살아 있게 하는 것이다. 생식에 성공하고 나면 체세포는 돌연변이가 누적되고 늙어 갈 수 있다. 맡은 임무를 이미 완수했기 때문이다. 달리 표현하면, 진화는 우리가 유성 생식을 하도록 만듦으로써 우리의 신체를 소모품으로 만든 것이다.

영원한 삶을 얻으려면 섹스를 포기하라

무성 생식을 하는 종은 생식 세포와 체세포의 구별이 없다. 생식은 몸에서 세포 하나 또는 세포들의 집단이 떨어져 나가 부모와 똑같은 클론clone(유전적으로 동일한 복제)을 만드는 방식으로 아주 무미건조하게 일어난다. 무성 생식을 하는 종은 생식이 무미건조해 보일지 몰라도 소모하고 버려야 할 부분이 없기 때문에 아주 오래 살 수 있는 잠재력이 있다.

만약 무성 생식이 노화를 막는 열쇠라면, 우리에게 불로장생은 생각만큼 먼 목표가 아닐지 모른다. 다만 여기서 말하는 '우리'는 전체 인류 중 절반인 '여성'만 가리킨다. 어느 모로 보나 수컷은 무성 생식을 하기에 부적합하다.

복제 양 돌리는 장차 여성이 무성 생식을 시작할 가능성을 열어놓았다. 약간의 기술 개선과 좀 더 과감하고 동정적인 정부만 있으면 충분히 가능성이 있다. 신체에서 세포 하나를 떼어 내 그 DNA를 끄집어낸 뒤, 그것을 텅 빈 난자(사전에 그 DNA를 제거한) 속에 집어넣고 그 난자를 자궁 속으로 집어넣으면 된다. 모든 일이 순조롭게 흘러가면, 아홉 달 후 여러분을 복제한 아기가 울음을 터뜨리면서 세상으로 나올 것이다.

그러나 매력적으로 보이는 이 이상적인 계획이 노화 자체에는 별다른 영향을 미칠 것 같지 않다. 설사 남자가 없더라도, 생물학적으로 여자는 여전히 유성 생식을 하는 생물이다. 말미잘처럼 완전히 무성 생식을 하려면, 난자를 완전히 없애야 한다. 또 생식기와 가슴, 입술, 엉덩이를 비롯해 무성 생식의 생활 방식에 불필요한 것도 모두 없애야 할 것이다. 이러한 종류의 진화적 변화는 하룻밤 사이에 일어날 수 있는 게 아니다. 유성 생식 개체군을 무성 생식 개체군으로 바꾸려면 수천 세대에 걸친 선택 교배가 필요할 것이다. 그렇다 하더라도, 떨어져 나간 팔이 동일한 복제 인간으로 자라나는 것을 볼 수 있다는 매력적인 전망 때문에 충분히 기다릴 만한 가치가 있다.

생식 시기 지연의 이점

이처럼 무성 생식을 하는 종으로 변한다는 생각에 대해 대부분의 사람들은 거부감을 느낄 것이다. 여러분이라면 영원한 삶을 얻기 위해 섹스를 포기하겠는가? 이것은 단지 서로의 몸이 접촉하는 성교를 포기하는 것만 이야기하는 것이 아니다. 선택 교배를 통해 무성 생식을 하는 종으로 바뀐다는 것은 성에 민감한 모든 부위가 꽁

꽁 얼어붙는다는 것을 의미한다. 인생은 정말 엄청나게 길어지겠지만, 동시에 엄청나게 따분해질 것이다.

그렇다면 유성 생식을 완전히 포기하는 것이 아니라, 생식 시기를 약간 늦추는 방법은 어떨까? 초파리를 대상으로 선택 교배 실험을 한 결과에 따르면, 교미를 시작하는 시기를 늦추면 몇 세대 지나지 않아 초파리가 더 건강하게 오래 살았다.

나이가 많은 초파리를 그다음 세대의 부모로 선택하는 것은 나이가 들어서도 생식할 수 있는 능력을 선택하는 것과 같다. 다시 말해서, 생식 시기를 지연함으로써 노화를 늦추도록 선택하는 것과 같다. 초파리의 경우에는 이것이 분명히 효과가 있는데, 사람에게도 효과가 있을지 모른다. 여자의 경우, 수명이 지연 폐경과 밀접한 관계가 있다는 증거가 있다. 100세까지 사는 여자들은 보통 여자들보다 폐경기가 더 늦게 찾아온다.

선택 교배한 초파리의 수명이 늘어나는 것에는 또 다른 이점이 있다. 이 초파리들은 다양한 환경 스트레스에 저항력이 강할 뿐만 아니라, 훨씬 건강하다. 오래 걷기와 날기 시험에서 이 초파리들은 같은 나이의 보통 초파리들보다 더 빨리 그리고 더 오래 걷거나 날았다.

그러나 이러한 이점에는 대가가 따른다. 더 오래 그리고 더 건강하게 사는 대신에 어린 나이에 생식할 수 있는 능력이 감소한다. 더 오래 사는 초파리들은 생식에 필요한 에너지 지출을 줄이면서 신체 유지에 필요한 에너지 지출은 늘리는 쪽으로 에너지 예산을 새로 편성하도록 진화한 듯하다. 사람에게도 이와 비슷한 효과가 나타난다는 증거가 있다. 영국 귀족 가문의 역사 기록을 분석한 결과, 장수한 여자일수록 출산율이 낮았다.

생식 시기 지연의 이점은 단지 에너지 예산 측면뿐만 아니라 유전자, 유전자 프로필, 변화하는 자연 선택 패턴이라는 측면에서도 생각할 수 있다. 어떤 유전자가 어느 개체군에서 살아남는 것은 한 세대에서 다음 세대로 잘 전달되기 때문이다. 유전자는 사람들이 행복하게 늙어 가도록 하기 위해 존재하는 것이 아니다. 어떤 개체가 일단 생식에 성공하면, 그 개체의 유전자는 더 이상 자신이나 개체가 어떻게 되는지에는 별로 신경 쓰지 않는다.

자연 선택은 개체의 생존 확률을 낮추는 유전자가 개체군에 남지 않도록 하는 방향으로 작용한다. 그러나 자연 선택이 작용하는 강도는 유전자가 그 효과를 나타내는 시기에 따라 달라진다. 예를 들면, 생식기 이전에는 자연 선택이 결함 있는 유전자를 솎아 내는 데 아주 강한 힘을 발휘한다. 그러나 일단 개체가 생식기를 지나면, 자연 선택은 다소 무기력해진다. 따라서 생식기가 지난 다음에 해로운 효과를 미치는 유전자는 개체군 속에 계속 남는 경향이 있다.

생식기에 따른 이러한 구분은 사람에게 나타나는 두 가지 유전 질환인 조로증과 헌팅턴무도병이 잘 보여 준다. 이 두 가지 병은 모두 치명적인 질환이다. 조로증은 어린 시절에 노화가 급속히 진행되는 질환인데, 이 병에 걸린 사람은 대개 10대에 사망한다. 반면에 신경 변성 질환인 헌팅턴무도병은 중년이 되기 전에는 그 증상이 나타나지 않는다.

조로증은 아주 희귀한 질환이다. 그 유전자를 가진 사람이 자식에게 그것을 물려주기 전에 거의 다 죽기 때문이다. 이와는 대조적으로 헌팅턴무도병은 상대적으로 흔한 편이다. 환자는 대개 생식기를 지나 이 병에 걸리기 때문에, 그 유전자가 이미 자식에게 전달되었을 가능성이 높다.

헌팅턴무도병 유전자는 효과가 늦게 나타나는 해로운 유전자 중에서도 극단적인 사례이다. 하지만 사람 개체군들에는 이것보다 그 효과가 훨씬 경미한 유전자들이 상당수 존재할 가능성이 높다. 이것들은 초기에는 우리에게 도움을 주다가 나중에 나이가 들면 신체를 약화시키는 데 기여하면서 해로운 효과를 발휘할 수 있다.

유전자의 해로운 효과가 경미하건 심하건, 그 원리는 똑같다. 유전자가 생식기 이후에 효과를 나타낸다면, 자연 선택은 그 유전자를 솎아 내지 못할 것이다. 그러나 생식 시기를 지연함으로써 자연 선택이 강하게 작용하는 시기를 연장시킬 수는 있다. 그러면 오랫동안 잠복돼 있던 해로운 유전자들이 자연 선택의 가차 없는 손 앞에 노출된다. 그렇게 많은 세대가 지나면 그런 유전자들이 도태될 것이다. 그 결과, 우리는 더 오래 그리고 더 건강하게 살 것이다.

최선의 답은 무엇일까?

생식 시기를 지연함으로써 초파리가 더 오래 살 수 있다면, 우리도 그럴 수 있지 않을까? 적어도 이론상으로는 사람이 생식 시기 지연의 혜택을 누리지 못할 이유는 전혀 없다. 그러나 이것이 장기간에 걸친 진화 프로젝트라는 사실을 염두에 두어야 한다. 생식 시기를 지연해도 당장 개체의 수명에 어떤 영향을 미치지는 않는다. 효과를 거두려면 많은 세대에 걸쳐 사회 전체에 대해 대규모 유전공학 실험이 일어나야 하는데, 그러려면 개체군 전체의 협조와 참여가 필요하다. 이 실험에서 생식은 각 세대마다 생식 능력이 있는 늙은 사람들에게만 허용한다. 20대 초에 결혼하여 가정을 꾸리고 싶어 하는 사람들에게는 생식을 허용하지 않는다. 이 모든 것을 감시하고 집행하는 것이 얼마나 힘들지 상상이 가는가? 그것도 현재 세대를 위해서가 아니라 먼 미래 세대를 위해서 말이다.

따라서 장수를 위한 최선의 답은 성적 접촉을 싹 잊어버리는 것일지도 모른다. 초파리가 보여 주었듯이 금욕 생활은 수명에 놀라운 효과를 발휘한다. 교미를 전혀 하지 못한 초파리는 마음대로 교미를 하며 사는 초파리보다 더 오래 산다. 그러나 애석하게도 이와 똑같은 극단적인 방법이 사람에게도 통한다는 증거는 거의 없다. 평생 동안 아이를 전혀 낳지 않고 산 남자나 여자가 보통 사람들보다 더 오래 살지는 않는다. 금욕 생활을 하는 수도승이나 수녀 역시 마찬가지다.

섹스와 상관없이 수명을 늘리는 데 효과가 있는 방법은 많다. 섹스를 절제하는 대신에 음식 섭취량을 줄여도 큰 효과를 볼 수 있다. 초파리를 비롯해 많은 동물이 음식 섭취량을 줄임으로써 수명을 3분의 1까지 늘릴 수 있다.

그렇다고 영양실조가 될 정도로 음식 섭취를 줄이라는 뜻은 아니다. 제한된 음식물에는 필요한 비타민과 무기염류가 모두 들어 있어야 하며, 칼로리만 낮추어야 한다. 오키나와섬 주민이 이러한 소식의 효과를 보여 준다. 오키나와섬 주민은 일본 본토에 사는 사람들보다 칼로리 섭취량이 20% 정도 적다. 100세 이상인 사람이 인구 100만 명당 185명이나 되는 오키나와는 세상에서 100세 이상 장수자 비율이 가장 높다.

소식이 왜 수명을 늘리는지 그 이유는 아직 아무도 확실히 모른다. 심지어 오키나와섬 주민의 장수가 소식 때문인지 아니면 음식 중에 포함된 다른 성분 때문인지도 정확히 밝혀지지 않았다. 오키나와섬 주민은 나머지 일본 사람들과 마찬가지로 생선 기름과 콩, 채소(건강에 좋은 효과를 미친다고 알려진 음식들)를 많이 먹는다. 일본인의 평균 수명이 82.7세(세계에서 가장 높음)나 되는 것은 아마도 이 때문일 것이다.

여전한 수수께끼

노화에 대한 연구는 이제 막 시작되었으며, 사람의 노화는 아직도 수수께끼로 남아 있다. 하지만 적어도 초파리는 다시 살펴볼 만한 가치가 있는 생물학 분야를 확인하는 데 도움을 주었다. 물론 과학의 예언자 역할을 하는 동물은 초파리뿐만이 아니다. '므두셀라'의 왕관에 도전하는 후보는 그 밖에도 수십 종이나 있다. 몇 종만 열거하면 쥐, 생쥐, 원숭이, 선충 등도 장수의 비결을 찾으려는 사람들을 위해 단조로운 식사와 강제적 금욕 생활을 비롯해 수많은 어려움을 견뎌 냈다.

비록 최종 목적지까지는 아직도 갈 길이 멀지만, 쏟아져 나오는 새로운 노화 이론들은 영원한 젊음의 비밀을 찾으려는 노력이 과거 그 어느 때보다 치열하다는 것을 보여 준다. 하지만 개인적으로는 노화를 멈추는 것보다 더 끔찍한 불행은 없다고 생각한다. 상상해 보라! 텔레비전에서 똑같은 프로그램이 끊임없이 재방송되는 것을 영원히 보고 있는 자신을…….

모든 생명에게 늙는 것은 언제나 피할 수 없는 삶의 측면이었다. 문제는 여러분이 그 방식이 변하길 원하느냐 하는 것이다.

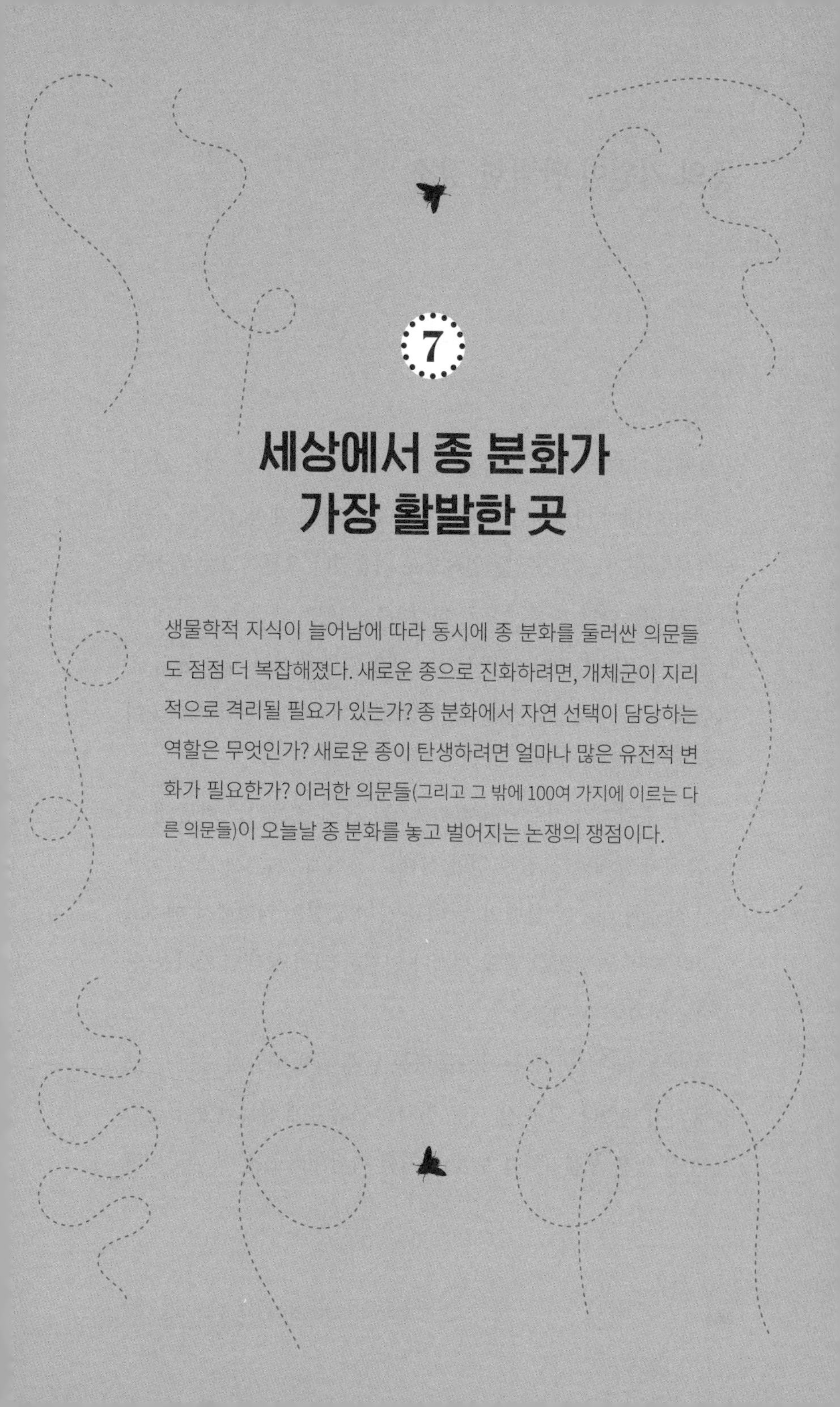

7

세상에서 종 분화가 가장 활발한 곳

생물학적 지식이 늘어남에 따라 동시에 종 분화를 둘러싼 의문들도 점점 더 복잡해졌다. 새로운 종으로 진화하려면, 개체군이 지리적으로 격리될 필요가 있는가? 종 분화에서 자연 선택이 담당하는 역할은 무엇인가? 새로운 종이 탄생하려면 얼마나 많은 유전적 변화가 필요한가? 이러한 의문들(그리고 그 밖에 100여 가지에 이르는 다른 의문들)이 오늘날 종 분화를 놓고 벌어지는 논쟁의 쟁점이다.

종의 기원이 만발한 장소

점보제트기가 착륙을 위해 마지막 동작을 취해야 할 때가 왔다. 3000m 아래에 바늘처럼 보이는 활주로를 향해 계속 진로를 수정하면서 나아가느라 기체를 왼쪽으로 기울였다 오른쪽으로 기울였다 하길 반복한다. 빠른 속도로 하강하는 비행기 엔진은 그 앞에 있는 공기를 꿀꺽 삼킨다. 변덕스러운 상승 기류에 실려 하늘 높이 솟아오른 수천 마리의 곤충이 함께 빨려 들어왔다가 질척한 색종이 조각처럼 공중에 흩뿌려진다

역추력 장치가 가동되면서 비행기가 크게 흔들리는 바람에 나는 잠에서 깨어났다. 잠시 멍한 상태로 자리에 앉은 채 내 의식은 수면 상태와 비수면 상태의 두 대륙 사이에 있는 지협에서 헤매고 있었다. 그곳은 달콤한 꿈의 세계와 완전한 의식 상태의 차가운 현실이 섞여 있는 곳이었다.

창밖을 내다보던 내 눈이 요동하는 날개 밑에 매달려 있는 두 엔진에 가서 멎었다. 그 순간, 나는 갑자기 불안감에 사로잡혔다. 엔진들은 잘 익은 오렌지처럼 보였고, 거센 바람이라도 불면 금방이라

도 나무에서 툭 떨어질 것 같았다. 극도의 불안감에 사로잡힌 나는 마음을 달래기 위해 리벳rivet(빌딩이나 철교 따위의 철골 부재를 조립하거나 선체 철판을 잇는 데 쓰는 굵은 못)의 수를 세기 시작했다.

그러다가 한 구멍에 리벳이 박혀 있지 않은 것을 발견하고는 거의 공황 상태에 빠졌다. 그곳에 리벳이 박혀 있지 않은 것은 공학자들의 계획과 논의를 거친 의도적인 결과일까? 아니면 제대로 보지 못하고 넘어간 인간의 실수에서 비롯된 결과일까? 비행기 날개에 리벳을 용접하는 사람도 실수를 저지를 수 있다. 숙취나 실연, 가족 간의 불화를 비롯해 그 어떤 사정이라도 리벳 하나를 간과하는 원인이 될 수 있다. 그러나 지금 정어리 통조림 같은 곳에 갇혀 하늘 높이 떠 있는 나는 그러한 실수를 절대로 용납할 수 없다.

아침 식사가 나오자 나는 다시 제정신으로 돌아왔다. 시멘트 같은 케이크를 우물우물 씹어 꾸역꾸역 삼키려고 애쓰다 보니 리벳 생각은 싹 사라졌다. 창밖을 다시 내다보았더니 하와이 제도의 독특한 풍경이 한눈에 들어오면서 기분이 좋아졌다. 음울한 화산 봉우리들이 섬들 위로 우뚝 솟아 있었고, 화산들이 빚어낸 자연 지형이 아주 선명하게 눈에 들어왔다.

지표면은 대부분 검은색의 부석으로 뒤덮여 있었지만, 용암이 지나가지 않은 지역에는 열대우림이 울창하다. 마치 삶과 죽음이 나란히 공존하는 매혹적인 물방울무늬처럼 보이는 자연 지형이다. 비행기가 고도를 더 낮추자 양극단이 혼합된 풍경은 사라지고, 눈

앞에 나타난 호놀룰루의 고층 건물들이 우리에게 더 익숙하고 따분한 생태계에 도착했음을 알렸다.

초파리의 천국

하와이 제도는 세상에서 아주 특별한 장소 중 하나이다. 특별하다는 것은 관광 책자에서 이야기하는 그런 이유 때문이 아니다. 섬세한 노란색 모래나 맑고 푸른 바다, 세계적으로 유명한 파도 같은 것은 싹 잊어라. 풀잎 치마나 새로 딴 꽃으로 만든 화환 같은 것도 잊어라. 엘비스도 야한 색깔의 셔츠도 미국 드라마 〈하와이 파이브-오Hawaii Five-O〉도 잊어라. 부서지는 파도의 리듬을 연상시키는 나른한 음악도 잊어라. 이런 것들은 모두 다 싹 잊어버려라. 하와이 제도에서 정말로 매력적인 것은 이런 것들이 아니라, 바로 이러한 정신분열증적인 환경에서 살아가는 야생 생물들이다.

하와이 제도를 이루는 8개의 섬에는 최소한 2만 2000종의 동식물이 살고 있는데, 그중 절반은 지구상의 다른 곳에서는 전혀 볼 수 없는 종들이다. 1000여 종의 꽃식물과 1만 종 이상의 곤충, 60여 종의 조류는 하와이 제도에만 서식하는 고유한 종들이다. 하와이 제도는 멀리 남동쪽에 위치한 갈라파고스 제도와 함께 다윈이 꿈꾸던 장소이다. 즉, 종의 기원이 만발한 장소이다.

그런데도 생태 관광지로서 하와이 제도의 명성이 태평양의 이

웃 제도에 못 미친다는 사실은 기묘하다. 하와이 제도에는 갈라파고스땅거북이나 바다이구아나처럼 눈길을 끄는 동물이 없어서일까, 아니면 다윈핀치처럼 역사적으로 유명한 동물이 없어서일까? 그것도 아니면 하와이 제도에서 진화가 일어나고 있음을 보여 주는 가장 대표적인 증거가 일반인에게 별로 알려지지 않은 초파리이기 때문일까?

전 세계의 모든 초파리종 중 약 절반이 외딴 이곳 화산 제도에 살고 있다. 영국의 보통 주county만 한 면적의 땅에 초파리가 약 1000종이나 살고 있다(반면에 영국 전체에 살고 있는 초파리는 30여 종에 불과하다). 전 세계에 살고 있는 곤충종 수 중 초파리가 차지하는 비율은 약 0.0001%에 지나지 않는다. 그러나 하와이 제도에서는 그 비율이 10% 이상이나 된다. 서식하는 동물들만 놓고 본다면, 갈라파고스 제도가 훨씬 화려할지도 모른다. 하지만 오래되고 몸집이 큰 파충류 사진을 찍는 것이 목적이 아니라, 종의 기원에 관심이 있는 사람이라면 하와이 제도만큼 더 적절한 장소도 없을 것이다.

초파리가 하와이 제도에 처음 도착한 시기는 3000만~4000만 년 전으로 보인다. 알을 밴 암컷 한 마리 또는 작은 무리가 이동해 오면서 정착이 시작되었을 것으로 추정되지만, 확실한 것은 아무도 모른다. 또 초파리가 어디서 왔으며, 어떤 방법으로 왔는지도 알 수 없다.

하지만 한 가지만큼은 분명하다. 내가 하와이를 방문한 일은 초파리의 여행처럼 평생에 단 한 번뿐인 경험이었다. 나는 진화생물학의 메카 순례 여행에 나선 셈이었다. 진화를 주제로 한 회의에 참석하기 위해 전 세계에서 날아온 수백 명의 사람들 역시 그랬다. 젊고 정열이 넘치는 박사 과정 학생에게 그것은 꿈이 실현된 것과 같은 경험이었다.

공짜 하와이 여행의 조건

이 여행이 더욱 즐거웠던 이유는 여행 경비가 전혀 들지 않았기 때문이다. 나는 내 연구비를 지원하는 위원회를 설득한 끝에 이 호사스러운 여행 경비를 타 낼 수 있었다. 이것은 관대한 조처처럼 보이지만, 위원회는 한 가지 조건을 내걸었다. 내가 회의에 참석해 위원회가 연구비를 지원한 연구에 대해 발표를 해야 한다는 것이었다. 그다지 불리한 조건으로 보이지 않았다. 이전에 공식 회의석상에서 강연을 해 본 적은 없었지만, 대학 세미나에서는 여러 차례 발표를 해 보았기 때문이다.

내가 발표를 하는 시간은 오전 8시 40분으로 정해졌는데, 평소 같으면 아직 침대에 누워 있을 시간이었다. 그것보다 좀 더 마음에 걸리는 것은 강연 장소였다. 대회조직위원회는 대학 캠퍼스를 압도하는 2000석 규모의 대형 강당을 강연 장소로 정했다. 하지만 내가 발표를 하는 날까지는 며칠 여유가 있어서 나는 근심을 한쪽으로 밀어 둔 채 다양한 발표가 쏟아져 나오는 회의장 분위기에 푹 빠져 들었다.

회의장에서 하는 발표는 학계의 기묘한 의식이다. 사람들은 과학계의 최신 연구 성과를 듣는다는 명목으로 회의장에 참석한다. 그러나 주변을 둘러보면 진지하게 듣고 있는 사람은 거의 없는 것 같다. 참석자 중 절반 이상이 강연에 관심을 보이는 때는 발표자가 아주 유명한 사람이거나 강연 주제가 아주 흥미로운 경우뿐이다.

주의를 좀 더 기울이면, 청중에 따라 발표에 대한 관심의 차이가 있음을 알아챌 수 있다. 대개 청중은 퇴적층처럼 층층이 구분되어 있다. 으슥한 뒷자리에는 신문을 보거나 전날 마신 술에서 아직 깨어나지 못해 조는 사람들이 앉아 있다. 중간쯤에 앉아 있는 사람들은 발표자가 하는 말에 절반쯤은 귀를 기울이지만, 자신의 강연을 준비한다거나 하는 딴짓을 한다. 맨 앞에 있는 사람들만이 발표자의 말에 집중한다. 발표자가 하는 말 한 마디 한 마디를 모두 적으려고 애쓰는 사람들이 앉아 있는 곳도 바로 이곳이다. 발표자가 기침을 한 번 해도 이들은 펜을 재빨리 움직인다.

대부분의 청중이 무관심한 태도를 보이는 이유는 여러 가지가 있다. 첫째, 무엇보다도 피로 때문이다. 학술 강연은 하나만 발표할 때 가장 효과가 있다. 그런데 다른 강연들과 함께 잇달아 발표하면, 발표 내용이 단조로운 마라톤처럼 다가와 결국에는 누구나 지루함을 느끼게 된다.

또 발표 방법에도 문제가 있다. 연구에 전념하는 과학자들은 대개 대중 앞에서 이야기하는 데 서툴다. 그들은 너무 초조해하거나 거만하거나 따분한 경우가 많으며, 그래서 의사소통의 간극을 메우지 못한다. 청중이 강연 내용을 이해하려면 고도의 집중력이 필요하기 때문에 강연 내용에 일일이 신경 쓰는 것은 몹시 피곤한 일이다. 따라서 잠은 단순히 게으른 도피 수단이 아니다. 종종 의학적으로 필요한 현상이기도 하다.

그러나 청중이 냉담한 반응을 보이는 주된 이유는 발표들이 메인이벤트 이전에 펼쳐지는 사이드 쇼이기 때문이다. 이 발표들은 자유 시장에서 청중의 관심을 끌려고 경쟁하는 광고들과 같으며, 나중에 나올 광란의 인적 네트워크 형성이라는 메인 코스 전에 나오는 전채로서, 5일 동안 이어지는 술과 농담에 질서와 조직을 부여하는 형식적 틀이다.

그러나 내 발표 시간이 30분 앞으로 다가오자, 이런 생각은 마음을 진정시키는 데 전혀 도움이 되지 않았다. 청중 가운데 누가 내 이야기에 귀를 기울이려고 하건 하지 않건, 그런 것은 내 마음 상태하고는 아무 상관이 없었다. 폭풍이 닥치기 전에 구름이 몰려오는 것처럼 불안감이 점점 커져 갔다. 그것은 공포의 사촌인 자기 회의가 드는 순간이었고, 내 마음이 주체하기 힘든 감정에 휩쓸리고 있음을 알려 주었다.

나는 이런 긴장 상태가 불안감이 점점 더 심해지는 정신 여행의 시작에 불과하다는 사실을 알지 못했다. 나는 시곗바늘이 1분 더 재깍거리는 것을 보고 나서 발걸음을 앞으로 내디뎠다. 그리고 그대로 다이빙대 가장자리를 지나 캄캄한 불안의 심연 속으로 거꾸로 곤두박질쳤다. 9.8, 9.9, 9.9. 심판들의 점수가 나의 다이빙을 평가했다. 대단한 다이빙이었다.

그 충격은 마치 마약과도 같이 나를 덮쳤다. 갑자기 낯익은 정신적 풍경은 사라지고, 황량하고 불길한 존재가 나타났다. 낡은 확신에서 팔과 다리와 악마 같은 머리 4개가 자라나더니, 내 공포의 살을 뜯어먹기 시작했다. 초파리가 번식하듯 공포는 공포를 낳았다.

나는 더 깊은 심연 속으로 미끄러져 들어가는 것을 막기 위해 정신적 발판을 찾으려고 애썼다. 그러나 아무 소용이 없었다. 내 머릿속에서는 광란의 오케스트라가 쿵쾅거리면서 공포의 백색 잡음을 향해 자살하려는 듯 돌진하고 있었다.

나는 눈이 마주치거나 미소 짓는 얼굴이 없을까, 그래서 나를 이전 세계의 확실성과 연결해 줄 고리가 없을까 기대하면서 강연장을 둘러보았다. 그러나 의지할 것은 아무것도 없었고, 극도의 소외감만 느껴질 뿐이었다. 나는 캄캄하고 무한한 공간이 펼쳐진 천장을 올려다보면서 지옥의 문에서 흘러나오는 듯한 쾅쾅거리는 메아리 소리를 들었다. 그리고 나의 처형을 기다리면서 광대하게 펼쳐진 어두운 무대 쪽으로 시선을 옮겼다. 나는 이미 죽었는지도 모른다.

분명히 여행은 아주 끔찍한 것으로 변하고 말았다.

잠깐 마음이 조금 가벼워져 정신을 추스를 수 있었다. 이 세계에서 벗어날 수 있는 출구가 하나 있었다. 지금 바로 일어서서 곧장 강연장 밖으로 나가 대학 캠퍼스에서 뻗어 있는 길을 따라 바다를 향해 걸어가기만 하면 되었다. 하지만 그다음에는? 나는 수천 킬로미터 이상의 바다로 둘러싸여 있었다. 그렇다면 결국 출구는 없는 셈이다. 그것은 환상이고 악마의 장난이었다.

사회자가 내 이름을 부르는 소리가 들렸다. 그의 말은 입술의 움직임과 전혀 일치하지 않았다. 그리고 침묵이 아마도 약 1초간 이어졌는데, 내게는 한 시간처럼 느껴졌다. 원초적인 운동 본능이 작용해 내 다리가 나를 연단 앞으로 데려갔다. 사회자를 쳐다보았더니, 그는 무심하면서도 자비로운 미소를 지어 보였다. 마치 임종을 앞둔 사람에게 보내는 것과 같은 미소였다. 나는 계단을 올라 연단 위로 올라갔다. 연탁까지 1마일이나 되는 것 같았다. 연탁에 이르렀을 때, 나는 몸을 지탱하려고 그것을 꽉 붙잡았다. 와이셔츠에 고정시킨 마이크로폰이 뒤틀린 채로 나는 강연을 시작했다.

몇 주일 전에 강연 원고를 준비할 때 나는 농담으로 서두를 꺼내려고 계획했다. 하지만 이런 상황에서 그것은 무리라고 판단했다. 그 농담을 꺼낼 자신감이라곤 전혀 남아 있지 않았으니까. 그러나 놀랍게도 내 입에서는 준비했던 단어들이 내가 기대했던 바로 그 지점에서 튀어나왔다. 5분쯤 지나자 나는 마음의 평정을 되찾았다.

심지어 영사기로 보여 주는 슬라이드의 질이 나쁜 것에 대해 농담도 할 정도였다. 강연은 부드럽게 진행되었다. 강연이 끝난 후 받은 질문에도 침착하게 대처했다. 강연이 모두 끝나자, 나는 다음 사람을 위해 무대에서 느린 걸음으로 내려왔다.

나중에 나는 그날 오전의 일을 되새겨 보았다. 왜 그토록 극도의 공포와 불안을 느꼈더란 말인가! 그것도 순전히 나방 이야기 때문에! 뭔가 중요한 주제에 대해 이야기하지 않은 게 다행이었다. 마치 정신병에 사로잡혔던 시간과도 같았다. 그러나 그러한 트라우마에도 불구하고, 강연은 무사히 잘 끝났다. 사실, 내 강연이 꽤 괜찮았던지 강연을 들었던 사람으로부터 일자리를 제안받기까지 했다. 공황 발작의 세계로 발을 들여놓는 사람이 맞이하는 전통적인 환영 의식에 대한 일종의 위로라는 생각이 들었다.

지구상에서 가장 외딴 군도

그날 하와이섬의 연단에 서서 사우스웨일스의 나방을 주제로 발표를 할 때, 나는 뭔가 부조리한 느낌에 사로잡혔다. 강연 주제에는 조금도 문제가 없었다. 나는 많은 사람들이 진화의 큰 문제로 간주하던 주제인 종 분화(종의 기원)에 초점을 맞추었다. 주제 자체는 아주 훌륭했다. 부조리해 보인 것은 그 맥락이었다. 종 분화라는 관점에서 볼 때, 사우스웨일스의 나방은 하와이의 초파리에 비하면 아주 하찮아 보였기 때문이다. 청중에게 내 연구의 중요성을 인식시키려고 노력하는 것은 세이셸 군도에서 온 관광 대표단에게 영국 블랙풀의 해변이 멋지다고 강변하는 것과 비슷했다.

외딴 섬이나 군도는 늘 진화생물학자들에게 특별한 주목을 받았는데, 그 이유는 쉽게 짐작할 수 있다. 섬은 종이 기원하기에 가장 쉬운 장소이며, 독특한 형태의 종들이 다양하게 생겨날 수 있는 장소이기 때문이다. 하와이 제도의 초파리들도 한 예이지만, 마다가스카르섬의 여우원숭이나 뉴질랜드의 모아(지금은 멸종된 타조 비슷한 새), 갈라파고스 제도의 핀치를 비롯해 그 밖에도 수많은 사례를 쉽게 찾아볼 수 있다. 섬은 종 분화를 연구하기에 안성맞춤인 천연 실험실이다. 또 그중 대다수가 선탠을 하기에 아주 좋은 장소이기도 하다.

가장 가까운 대륙에서도 3500km 이상 떨어진 하와이 제도는 지구상에서 가장 외딴 군도이다. 하와이 제도의 섬들은 처음부터 계속 이렇게 격리된 상태로 존재해 왔다. 하와이 제도의 섬들은 대륙에서 떨어져 나와 태평양으로 이동해 간 육지의 파편이 아니다. 이 섬들은 해저에서 분출한 화산 물질이 수면 위로 솟아올라 생겨났다.

태평양 한가운데 외따로 있는 하와이 제도는 쉽게 갈 수 있는 곳이 아니었다. 운이 아주 좋아야만 망망대해를 건너 그곳에 도착할 수 있었다. 최초로 하와이 제도에 정착한 종들은 태평양 가장자리에서 건너온 몇몇 생물이었을 것이다. 하지만 일단 정착한 이 적은 씨들이 계속 자라고 퍼져 나가 오늘날 우리가 보는 것과 같은 다양한 종들로 꽃을 피웠다.

열점이 만들어 낸 하와이 제도

하와이 제도의 주요 섬은 모두 8개가 있는데, 북서쪽에 있는 카우아이섬부터 시작하여 남동쪽에 있는 빅아일랜드(이 섬의 다른 이름은 '하와이섬'이어서 하와이 제도와 혼동하기 쉽다)에 이르기까지 긴 사슬을 이루고 있다. 이 섬들은 모두 거대한 태평양판 위에 있으며, 태평양판은 아래에 있는 액체 상태의 맨틀에 실려 1년에 약 9cm의 속도로 북서쪽으로 이동하고 있다.

맨틀에 고정된 열점 위로 태평양판이 지나가면서 하와이 제도의 섬들이 차례로 생겨났다. 열점은 용융 상태의 마그마가 솟아오르면서 그 위에 있는 판을 녹이는 장소로, 이렇게 녹은 물질이 해저 바닥으로 솟아오르면서 굳어 화산섬을 만든다.

북서쪽 끝에 있는 카우아이섬이 가장 오래된 섬으로, 약 600만 년 전에 생겼다. 남동쪽 끝에 있는 빅아일랜드섬은 가장 어린 섬으로, 약 50만 년 전에 생겼다. 사실, 이 섬의 남동쪽 끝자락은 열점 위에 위치해 지금도 화산 활동이 활발하며, 계속해서 섬이 만들어지고 있다.

그동안 섬들의 나이에 대해 의문이 제기된 적은 한 번도 없었으나, 몇 년 전에 하와이 제도에 사는 초파리들의 DNA를 조사하면서 섬들의 나이에 대해 의문이 제기되었다. 예상했던 대로 하와이 제도에 사는 모든 초파리종들은 다른 곳에 사는 초파리종들보다 서로 더 가까운 관계에 있었다. 이 사실은 하와이 제도의 종들이 바로 여기서 진화했다는 가설과 잘 들어맞는다.

그러나 여기에서 모순처럼 보이는 사실이 하나 나타났다. 유전자 분석 결과는 하와이 제도의 초파리종들이 적어도 2500만 년 이전에 일어난 정착 사건에서 유래했다고 시사했다. 하지만 가장 오래

되었다는 카우아이섬도 그 나이가 겨우 500만~600만 년밖에 되지 않는다.

다시 말해 초파리가 맨 처음 이곳에 도착했을 때, 하와이 제도의 섬들은 존재하지 않았다는 것이다. 그렇다면 개척자 초파리들은 2000만 년 동안이나 섬이 솟아오르길 기다리면서 임시 뗏목을 타고 태평양을 떠돌아다녔다는 말일까? 아니면 물속에서 살던 초파리종이 나중에 물 위로 나와 섬에 정착했단 말일까? 그러나 어느 설명도 믿음이 가지 않는다.

가장 그럴듯한 설명은 카우아이섬보다 더 오래된 섬들이 있었다가 사라졌다는 것이다. 태평양판의 이동 속도를 감안하면, 최초의 초파리가 상륙했던 섬은 지금은 하와이 제도에서 북서쪽으로 3000km 이상 떨어진 미드웨이 제도 근처 어딘가에 가라앉아 있을 것으로 추정되고 있다.

따라서 하와이 제도에 정착한 초파리의 역사는 섬들을 건너뛰며 이동해 온 역사였을 것이다. 오래된 섬이 수면 아래로 잠기면, 초파리는 새로 생겨난 어린 섬으로 이동해야 했을 것이다. 이 여행은 결코 쉬운 것이 아니었다.

하와이 제도의 섬들 사이에서 이동하는 것은 우유를 사러 동네 슈퍼마켓으로 달려가는 것과는 차원이 다르다. 어떤 섬들은 서로 아주 멀리 떨어져 있다. 예를 들어 빅아일랜드는 가장 가까운 섬인 마우아이섬에서 비행기를 타고 50분이나 날아가야 하는 거리에 있다. 초파리처럼 작은 곤충이 소풍 삼아 날아갈 수 있는 거리가 아니다. 그 여행을 무사히 마칠 수 있는 초파리는 거의 없다.

섬들 사이에서 일어난 이주

현재 하와이 제도에 살고 있는 초파리종들의 분포는 초파리가 섬들 사이에서 자주 이주했다는 가설과 일치한다. 각 섬에는 나머지 섬들에서는 전혀 볼 수 없는 종들이 살고 있다. 게다가 이 고유종들과 가장 가까운 친척들은 앞서 생겨나 더 오래된 섬에서 발견된다. 각 섬은 이주 과정에서 징검돌 역할을 한 것으로 보이며, 그 과정의 각 단계에서 새로운 종이 많이 출현했다.

새로운 종이 이처럼 많이 생겨난 이유는 섬들 사이에서 이동한 개체군의 크기가 작았기 때문이었을 것으로 보인다. 개체군을 이루는 구성원 수가 적었기 때문에, 이주한 개체군은 한 종의 유전자를 대표하는 표본이 아니었다. 따라서 새로운 섬에 정착한 개체군은 떠나온 개체군과는 유전자 명단이 다를 가능성이 높다. 만약 창시자 개체군이 이전과 다른 환경에서 살아가게 된다면, 자연 선택은 유전자 차이를 더욱 늘릴 것이다.

이 효과를 쉽게 설명하기 위해 원래의 개체군을 책, 예컨대 소설이라고 생각해 보자. 창시 사건(소수의 개체로 이루어진 개체군이 새로운 섬으로 이주해 정착하는 사건)은 책에서 몇 페이지를 뜯어내 그 책을 전혀 본 적이 없는 사람에게 건네주면서 전체 이야기를 완성시키라고 말하는 것과 같다. 새로 지어낸 이야기는 당연히 원작과 많이 다를 것이다.

이와 비슷하게 새로운 섬에 정착한 개체군은 원래 개체군과는 전혀 다른 형태로 진화해 갈 가능성이 높다. 섬들 사이에서 이렇게 점점 차이가 벌어져 가는 유전자 명단을 조화시킬 이동이 거의 일어나지 않는 상태에서는 새로운 개체군의 기원은 새로운 종의 기원으로 이어질 수 있다.

하와이 제도에 사는 동식물에게 격리 상태를 초래하는 요인은 단지 사는 섬이 서로 다르다는 것뿐만이 아니다. 하와이 제도의 생물들은 같은 섬에서도 서로 격리된 채 살아왔다. 반복적으로 일어나는 용암의 흐름은 자연 지형을 계속 변화시키면서 숲을 쪼개고 동식물 군집을 분리시켰다. 그 결과, 각 섬은 섬 속의 더 작은 섬들로 쪼개졌다. 이 섬들은 굳은 용암 바다에 의해 서로 분리된 지역들이다.

섬들과 그 자연 지형은 탄생과 죽음이 연속적으로 순환한다는 특징이 있다. 하와이 제도에서 살아온 생물들에게 섬들 사이에서 이동하거나 섬 내부의 격리 지역들 사이에서 이동하는 것은 살아남기 위해 꼭 필요한 생활 방식이었다. 만약 생물학자들이 생각하는 것처럼 섬들 사이의 이주가 새로운 종의 기원을 낳는다면, 섬들로 이루어진 하와이 제도가 세상에서 종 분화가 가장 활발하게 일어나는 장소라는 사실은 놀랄 일이 아니다.

물론 하와이 제도에서 종이 이렇게 풍부하게 생겨난 데에는 그 밖에 다른 요인도 많이 있을 것이다. 기름진 화산재 토양, 고도에 따라 다양한 기후와 환경을 만들어 내는 산, 열대 지역이라는 장소적 특징, 그리고 그 밖의 많은 요인이 합쳐져 다양한 서식지를 만들어 내고, 종 분화에 유리한 환경을 제공했다. 하지만 하와이 제도에서 초파리가 진화하는 데 기여한 가장 큰 요소는 무엇보다도 섬들 사이에서 일어난 이주였을 것이다.

섬들 사이에서 일어나는 이주는 유전자 명단에 우연한 변화를 일으킬 수 있다. 그러나 이러한 종류의 유전자 재구성은 창시 사건에서만 일어나는 게 아니다. 우연한 유전자 변화는 그 크기가 급격하게 줄어드는 모든 개체군에서 일어날 수 있다. 예를 들어 질병이나 환경 재앙은 개체군을 크게 감소시킬 수 있으며, 그 경우 생존자들의 유전자 명단이 이전과 크게 달라질 수 있다.

종 분화의 수수께끼

인류는 최근의 진화사에서 '개체군 병목(한 종의 개체군 중 상당수가 죽음을 당하거나 번식을 하지 못해 전체 개체수가 급격히 감소하는 현상)'을 경험했을지 모른다. 이것 외에는 우리 조상이 지녔던 유전적 다양성 중 상당 부분이 사라진 이유를 제대로 설명할 길이 없다.

사람의 유전자 명단을 가장 가까운 친척인 침팬지나 고릴라와 비교해 보면, 놀라운 통계적 사실이 드러난다. 우선 이 사실부터 지적하고 넘어가자. 아프리카에 사는 한 침팬지 개체군의 유전적 다양성은 전체 인류 종족보다 훨씬 풍부하다. 앞에 나왔던 신발 비유를 다시 빌린다면, 침팬지는 온갖 종류의 허시 퍼피Hush Puppy(가볍고 부드러운 가죽 구두 상표명)를 신고 돌아다니는 반면, 우리는 갈색 슬리퍼 몇 켤레와 누추한 샌들 한 켤레만 신고 다니면서 자랑하는 것과 마찬가지다.

이것은 인류가 마지막 공통 조상에서 갈려 나오며 침팬지와 결별한 뒤 지난 600만 년 사이에 개체군 크기가 급격히 감소하는 재앙이 일어났음을 시사한다. 무엇이 인류의 개체군을 그토록 크게 감소시켰는지에 대해서는 아무 단서도 남아 있지 않다. 그 원인은 전쟁이었을까, 기아나 전염병이었을까, 그것도 아니면 어리석음이었을까? 원인이야 무엇이건, 그 병목은 우리에게 절실히 필요했던 자극—유전적 방향 전환을 위한—이 되었다. 그것은 우리를 오랫동안 지속된 단조로운 수렵 채집 생활에서 깨어나 더 중요한 문제들을 생각하게 만들었다. 초파리에게 일어났던 사건처럼 말이다.

아주 독특한 하와이 제도의 초파리

개체군 병목이 인류의 진화에서 어떤 역할을 했건, 초파리의 진화에는 창조적인 힘으로 작용한 것이 틀림없다. 하와이 제도에만 사는 초파리종들은 전 세계 다른 지역에 사는 종들과 매우 다르다. 이들은 대륙에 사는 먼 친척들보다 더 크고 더 과감하며 더 성급하다. 그중 '그림날개'라는 별명이 붙은 한 집단은 커다란 반투명 날개에 온갖 미묘한 색깔과 무늬가 새겨져 있어 아름답다고까지 표현할 수 있다.

모든 책들(이 책을 포함해)이 하와이 제도에 초파리가 약 1000종 살고 있다고 이야기한다. 나는 이 숫자에 의심을 품지는 않지만, 솔직하게 고백하면 하와이 제도를 여행한 2주 동안 야생 자연에서 초파리를 단 한 종도 보지 못했다. 그러나 연구실에서는 기이하게 생긴 드로소필라 헤테로네우라*Drosophila heteroneura*를 비롯해 수많은 초파리를 보았다. 다소 익살맞게 생긴 이 초파리는 머리가 귀상어처럼 기다랗다. 이 기괴한 모양의 머리는 수컷만 가지고 있으며, 공작의 꼬리깃털처럼 암컷을 유혹하는 기능을 한다.

다른 곳과 마찬가지로 하와이 제도에서도 구애 행동은 초파리의 삶에서 중요한 부분을 차지한다. 하지만 하와이 제도에 사는 초파리의 구애 의식은 다른 어떤 곳보다도 화려하다. 수컷은 필사적으로 싸워 지켜 낸 자신의 세력권 안에서 멋진 자태를 뽐내는 데 많은 시간을 보낸다.

암컷에게 수작을 거는 방법은 종마다 제각각 다르지만, 많은 종이 공통적으로 쓰는 한 가지 전략은 배설물을 내뿜는 것이다. 기묘하지만 놀랍도록 성공률이 높은 이 유혹 방법을 쓸 때, 수컷은 배를 활 모양으로 구부린 뒤 암컷의 얼굴을 향해 항문에서 액체 방울을 발사한다. 만약 암컷이 그 냄새를 좋아하면(아울러 필시 항문을 능숙하게 다루는 솜씨에 감명을 받아) 일이 잘 풀린다. 그러나 흥미를 느끼지 않으면, 암컷은 엉덩이를 수컷의 얼굴로 들이밀면서 고약한 페로몬을 분사하며 거절한다.

앞에서 말했듯이, 하와이 제도에서는 모든 것이 더 대담한 방식으로 일어난다.

꼬리에 꼬리를 무는 의문들

하와이 제도는 종의 기원이 발생하는 장소로 최적의 조건을 갖추고 있다. 하와이 제도만의 독특한 특징(격리, 금방 변하는 자연 지형, 대조적인 환경)들은 종 분화를 촉진하는 데 결정적인 역할을 했다. 적어도 이론상으로는 그렇다.

이 모든 이야기는 아직 가설이라는 것을 미리 분명히 하고 넘어가기로 하자. 적어도 실시간으로 종 분화를 연구하기는 아주 어렵다. 종 분화는 대개 진화생물학자의 수명보다 훨씬 긴 시간에 걸쳐 아주 느리게 일어난다. 그러나 하와이 제도에서는 종들의 진화가 다른 곳에서보다 훨씬 빨리 일어난 것으로 보인다. 예를 들면, 빅아일랜드에는 나타난 지 50만 년밖에 안 되는 초파리종이 수십 종이나 있다. 하지만 이렇게 빠른 진화 속도조차도 실시간으로 기록하기에는 너무 느리다.

종 분화 속도가 이렇게 느리기 때문에, 다윈 이래 생물학자들은 화석 기록이나 지리적 분포 패턴, 근연종들의 유전적 특징과 생태, 그리고 행동을 비교해서 얻은 간접적 증거를 바탕으로 종 분화 이론을 만들 수밖에 없었다.

그러나 이러한 관찰 사실들의 간접적 성격은 다양한 해석과 이견의 여지를 낳았다. 다양한 가설을 놓고 벌어진 논쟁은 생물학계에서 자부심이 강한 일부 사람들을 끌어들였는데, 이들은 각자 자신이 선호하는 가설을 널리 알리려 애쓰면서 진화생물학의 궁극적인 영광(종 분화의 수수께끼를 풀고 다윈의 역할을 계승하는)을 차지하기 위해 필사적으로 노력했다.

생물학자들이 제시한 간접적 증거들은 오히려 창조론자들에게 진화를 통해 새로운 종이 탄생할 가능성을 아예 부정할 구실을 주었다. 물론 창조론자들의 견해가 옳은 것으로 밝혀진다면, 초파리에게는 좋은 소식이 될 것이다. 만약 하와이 제도의 증거를 존중한다면, 하느님은 초파리를 매우 사랑하는 것이 분명하다. 그렇지 않다면, 왜 이 섬들에 1000종이나 되는 초파리를 만들었겠는가? 이 증거를 바탕으로 판단하건대, 하느님은 필시 천국에도 초파리를 위해 특별한 장소를 마련해 두었을 것이다. 썩어 가는 과일과 채소가 가득 쌓여 있는 낙원의 조용한 한쪽 구석에서 초파리들은 거미나 실험복에 대한 공포를 느낄 필요 없이 영원히 평화롭게 살아가리라. 아멘.

창조론자들이 그들의 원칙에 계속 집착한 반면, 생물학자들이 만든 종 분화 이론들은 계속 발전하고 변모해 갔다. 그러나 생물학적 지식이 늘어남에 따라 동시에 종 분화를 둘러싼 의문들도 점점 더 복잡해졌다. 새로운 종으로 진화하려면, 개체군이 지리적으로 격리될 필요가 있는가? 종 분화에서 자연 선택이 담당하는 역할은 무엇인가? 새로운 종이 탄생하려면 얼마나 많은 유전적 변화가 필요한가? 이러한 의문들(그리고 그 밖에 100여 가지에 이르는 다른 의문들)이 오늘날 종 분화를 놓고 벌어지는 논쟁의 쟁점이다.

그런데 아이러니하게도 오늘날 종 분화에 관한 연구는 여전히 '종'이라는 용어가 무엇을 의미하는지를 놓고 벌어지는 혼란과 의견 불일치 때문에 어려움을 겪고 있다. 종이 무엇인지에 대해 합의를 할 수 없다면, 새로운 종이 어떻게 진화하는지에 대해서도 의견 일치가 이루어질 가능성이 희박하다.

'종'을 어떻게 정의할 것인가?

종種의 정의를 놓고 진화생물학의 두 거장 다윈과 도브잔스키는 서로 정반대의 입장에 섰다. 가장 기본적인 단계에서는 두 사람 모두 종이 서로 '다른' 종류의 생물이라는 데 의견이 일치했다. 그러나 철학적 견해는 서로 정반대였다. 두 사람은 제목이 거의 비슷한 책을 썼지만, 다윈의 《종의 기원》에 사용된 '종'과 도브잔스키의 《유전학과 종의 기원》에 사용된 '종'의 의미는 전혀 다르다.

다윈은 종이 서로 비슷한 개체들로 이루어진 집단이며, 종들의 경계는 생물학자의 주관적 판단에 따라 정의된다고 보았다. 그는 《종의 기원》에서 이렇게 썼다.

> 요컨대, 우리는 박물학자들이 속屬을 다루는 것과 같은 방식으로 종을 다루어야 한다. 박물학자들은 속이 편의상 만든 인위적 조합에 불과하다고 인정한다. 이것은 썩 유쾌한 전망은 아니지만, 적어도 우리는 아직 발견되지 않았고 발견할 수도 없는 종이라는 용어의 본질을 찾으려는 헛된 노력에서 해방될 수 있다.

다윈에게 종은(속, 과, 목 등 다른 분류 영역과 마찬가지로) 비록 자의적인 기준이긴 해도 자연계를 조직적으로 분류하는 데 도움을 준다는 점에서 유용한 용어였다.

만약 종이 자의적인 용어라면, 종 분화 역시 그럴 수밖에 없다. 다윈은 종의 기원과 개체군 차이의 기원을 절대적으로 구분할 기준이 없다고 보았다. '인종', '변종', '아종' 같은 용어는 개체군이 갈라져 나가는 정도를 나타내는 데 사용할 수 있다. 그러나 다윈은 '종'이라는 단어와 마찬가지로 이러한 용어들도 자의적이고 상대적이라고 생각했다. 즉, 항상 변하는 자연계에 우리가 정한 추상적 경계라고 본 것이다.

그로부터 70여 년이 지난 1930년대에 도브잔스키가 종을 정의하는 완전히 새로운 개념을 들고 나왔다. 도브잔스키는 다윈의 개념을 일축하면서, 종은 자신만의 고유한 속성을 지닌 실질적인 생물 단위라고 주장했다. 그는 서로 다른 종끼리 교잡交雜을 불가능하게 하는 본질적 장벽이 있다고 믿었다. 종을 이렇게 독립적인 생식 단위로 정의하는 개념은 오늘날의 생물학적 사고를 지배하고 있다.

교잡을 불가능하게 하는 장벽이 있다는 생각은 새로운 것이 아니었다. 하지만 도브잔스키는 그런 생각을 처음으로 유전학의 관점에서 해석했다. 그는 종을 모호하고 자의적인 개체군으로 보지 않았다. 대신 서로 짝짓기를 하고 유전자를 자유롭게 교환하는 능력으로 정의되는 개체들의 집단, 즉 다른 개체들의 집단과는 그런 능력으로 분명히 구별되는 집단이라고 보았다. 도브잔스키가 볼 때, 개체군들 사이의 유전자 이동은 그 종의 생명소이자 종의 고유성을 유지하는 생물학적 접착제였다.

도브잔스키가 아무 근거도 없이 이런 주장을 펼친 것은 아니다. 그는 초파리 말고는 생물학적 데이터를 얻을 곳이 없었다. 생식형 불일치가 종을 분리하는 경계라는 확신을 얻은 것도 바로 초파리 덕분이었다.

종 분화를 정의하는 기준

야생 자연에서는 아무리 애써 찾더라도, 서로 다른 초파리종 사이의 잡종은 사실상 찾기가 불가능하다. 종이 서로 다른 초파리들을 실험실에서 함께 넣어 두더라도, 서로 짝짓기를 하는 경우는 아주 드물다. 대부분의 초파리는 이종 간 짝짓기를 거부했다. 좀 더 모험심이 강한 초파리들이 간혹 이종 간 짝짓기를 시도했지만, 결과는 늘 불행으로 끝났다. 잡종인 자식은 아예 생기지 않거나 죽거나 기형으로 태어나거나 불임 상태로 태어났다. 거의 동일해 보이는 초파리 개체군들도 서로 짝짓기를 하지 않으려 하는 성향이나 후손을 낳지 못하는 것으로 이종임을 구분할 수 있었다. 요컨대, 초파리 연구 결과는 종을 구분하는 기준은 생김새나 행동이 아니라 생식적 및 유전적 불일치라는 생각을 강하게 뒷받침했다.

잡종의 불임이 더 일반적인 진화적 분지分枝의 부산물로 어떻게 진화할 수 있는지 설명하는 유전적 그림이 나타나기 시작했다. 예를 들어 썩어 가는 과일더미 위에서 행복하게 살아가는 단일 초파리 개체군을 상상해 보자. 어느 날, 그중 일부가 이곳 생활에 싫증이 나 다른 곳으로 가서 새 출발을 하기로 결정했다고 하자. 시간이 지나면서 우연한 변화와 새로운 돌연변이의 출현, 그리고 자연 선택의 효과가 결합하여 두 개체군이 각자 다른 진화 경로를 걸어감에 따라 두 개체군의 유전자 명단은 점점 차이가 커진다.

얼마 후, 두 개체군이 다시 만나 어울려 살면서 원하는 대로 실컷 짝짓기를 했다. 서로 오랫동안 떨어져 살았기 때문에 두 개체군 간의 교잡에서는 그동안 서로 어울리지 않았던 유전자들이 합쳐지게 된다. 유전자는 축구 선수들처럼 대개 팀을 이루어 작용한다. 그래서 한 팀에서 제 역할을 충분히 잘하던 유전자가 다른 팀으로 옮겨 가면 아무 짝에도 쓸모 없는 경우가 있다.

도브잔스키는 이러한 유전자 불일치가 종과 종 분화를 정의하는 기준이라고 보았다. 1935년에 그는 이렇게 썼다.

> …… 종은 한때 실제로 혹은 잠재적으로 교잡을 하던 형태들의 집합체가 생리적으로 교잡이 불가능한 둘 또는 그 이상의 집합체들로 분리되는 진화적 분지 단계를 나타낸다.

1940년대에 독일 출신의 미국 생물학자 에른스트 마이어Ernst Mayr가 도브잔스키의 견해를 열광적으로 받아들여 그것을 '생물학적 종 개념'이라는 이름으로 재포장해 내놓았다. 이 개념은 즉시 큰 호응을 얻었다. 종 분화를 엄밀하고 정의 가능한 사건으로 변화시켰기 때문이다. 이제 종 분화는 분지하는(갈라져 나가는) 두 개체군이 서로 생식적으로 격리되어 유전자 교환이 중단되고, 각자 유전적으로 독립하는 단계를 가리키게 되었다.

이로써 종 분화 연구는 이전까지 결여되어 있던 핵심 개념을 얻었다. 이렇게 정의를 명확하게 내리고 나자, 생물학자들은 이제 종 사이의 유전자 이동에 장벽이 되는 생물학적 특징인 '격리 메커니즘'으로 관심을 돌렸다. 유전자 교환에 가장 명백한 장벽은 아마도 잡종의 불임일지 모른다. 그러나 한 종의 정자가 다른 종의 난자와 결합하는 것을 방해하는 생물학적 요인들은 모두 '격리 메커니즘'이라는 깃발 아래로 모이게 되었다.

초파리에서 발견된 종 분화 유전자

이 새로운 물결의 최선봉에는 물론 초파리가 있었다. 생식기 크기와 모양의 차이, 배설물 방울의 화학적 성분 차이, 과시용 날개의 색깔과 형태의 차이, 선호하는 교미 시기와 장소의 차이 등은 관찰 대상이 된 많은 특징 중 일부에 지나지 않는다.

생식적 격리에 대한 훌륭한 연구 중 하나는 우리의 오랜 실험실 친구인 노랑초파리와 그 가까운 친척인 어리노랑초파리*Drosophila simulans*를 대상으로 한 실험에서 나왔다. 겉모습은 서로 비슷하지만, 노랑초파리와 어리노랑초파리는 구애할 때 부르는 노래의 미묘한 차이로 서로를 구별할 수 있다. 두 종 모두 수컷의 노래는 맥동하는 비트와 빨라졌다 느려졌다 하는 템포로 이루어져 있다. 유일한 차이점은 템포의 변화 속도이다. 어리노랑초파리 수컷은 노래 한 사이클을 마치는 데(느린 것에서 빠른 것으로 나아갔다가 다시 느린 것으로 돌아오는 데) 약 35초가 걸리는 반면, 노랑초파리 수컷은 약 55초가 걸린다.

암컷들은 이 미세한 템포 차이에 아주 까다롭다. 또한 자신과 같은 종의 노래를 선호한다. 어리노랑초파리의 노래를 들려주면 어리노랑초파리 암컷들이 다가오는 반면, 노랑초파리 암컷들은 꼼짝도 하지 않는다. 그러나 노래의 템포를 약간 늦추어 좀 더 감미로운 노랑초파리의 템포에 맞추면, 두 종의 역할이 바뀐다. 어리노랑초파리 암컷들은 흥미를 잃는 반면, 노랑초파리 암컷들은 흥분한다.

놀랍게도 두 종 사이에 나타나는 노래의 템포 차이는 '피리어드*period*'라는 한 유전자 때문인 것으로 밝혀졌다. 노래 사이클의 빠르고 느림을 짧은 DNA 조각이 결정하는 것이다. 일부 생물학자들은 '피리어드'를 '종 분화 유전자'라고 부르며 환호하기까지 했다. '피리어드' 유전자에 일어난 돌연변이는 템포를 변화시키는 스위치였는

데, 음악의 취향이 둘로 갈라진 것이 유전자 교환에 장벽이 되면서 한 종이 두 종으로 갈라져 나가게 되었다.

도브잔스키의 종 개념이 흔들리다

도브잔스키의 종과 종 분화 개념은 생물학에 아주 큰 영향을 미쳤다. 오늘날 어느 고등학교를 가더라도, 생물 선생님이 어리고 감수성이 예민한 학생들의 머릿속에 생물학적 종 개념을 뉴턴의 법칙과 동급으로 집어넣으려고 애쓰는 모습을 볼 수 있다.

그런데 도브잔스키의 개념이 과연 옳은 것일까? 혹시 그의 세계관이 자신의 연구 대상에 크게 영향을 받은 것은 아니었을까? 비록 그의 생각은 큰 인기를 얻고 대단한 영향력을 발휘했지만, 만약 그가 초파리가 아니라 나방이나 바다오리, 혹은 산호초에 사는 물고기를 연구했더라면 완전히 다른 발상을 했을지도 모른다.

서로 다른 초파리 '종'끼리는 생식적으로 일치하지 않는다는 도브잔스키의 관찰은 새로운 종 개념을 만드는 데 결정적인 역할을 했다. 그러나 초파리에게 성립하는 것이 반드시 자연계 전체에도 성립한다고 볼 수는 없다. 도브잔스키 이후 생물학자들은 야생에서 교잡이 일어나는 사례를 상당수 수집했다. 그 결과는 생물학적 종의 개념을 지지하는 사람들에게 불편한 것이었다.

현재의 추정에 따르면, 동물종들 중 최소한 10%는 자연에서 교잡하여 잡종을 낳는다고 한다. 특정 집단에서는 이 수치가 더 높을 수도 있다. 예를 들면 전체 바다오리종 중 약 40%는 야생에서 교잡한다. 게다가 그 사이에서 태어난 잡종들 중 다수가 불임도 기형도 아니며, 양쪽 부모의 어떤 종하고도 교잡할 수 있다.

물론 여러분은 이러한 잡종에 대해 별로 들어 본 적도 없을 것이고, 책에서도 본 적이 없을 것이다. 도브잔스키 이후 '잡종'은 '돌연변이'처럼 일종의 금기어가 되었기 때문이다. 생식 능력이 있는 잡종은 종을 응집력 있는 생식 단위로 보는 매력적인 개념에 심각한 의문을 제기하기 때문에, 생물학자들은 그것을 꽁꽁 숨겨 놓고 편리하게도 싹 잊어버렸다.

리처드 도킨스Richard Dawkins는 도브잔스키가 정의한 종의 개념을 '밈meme'이라고 부를 것이다. 밈은 개체군 사이에서 급속하게 퍼져 가는 설득력 있는 개념을 가리키기 위해 도킨스가 만들어 낸 용어로, 하나의 완성된 정보(지식이나 문화)가 마치 살아 있는 것처럼 말과 문자를 매개체로 삼아 세대를 넘어 보존되고 전파되는 것을 말한다. 생식적 격리라는 단순한 기준은 자연계를 말쑥한 꾸러미들로 원자화시켰다. 종이라는 개념이 얼마나 큰 인기를 끌었던지 많은 생물학자는 도브잔스키가 새로운 자연 법칙을 발견했다고까지 믿었다. 이전까지 자의적 분류의 범주에 속했던 개념이 갑자기 확고한 생물학적 실재로 변한 것이다.

이 종 개념을 중심으로 그 주위에 새로운 생물학 전문 용어들이 속속 생겨났으며, 이것들은 종이란 개념을 더욱 실재적이고 독립적인 실체로 강화하는 데 도움을 주었다. 그들은 종은 '생식적 격리 메커니즘'에 의한 '오염'으로부터 '보호'된 '유전적 통합성'을 갖고 있다고 보았다. 이렇게 경직된 종 개념이 유럽에서 순수 종족 개념과 파시즘이 융성하던 시절에 쉽게 받아들여진 것은 단순히 우연의 일치였을까?

다윈핀치가 드러낸 반증

그 역사적 기원과 영향이야 어떠했건, 도브잔스키의 종 개념은 의도했든 의도하지 않았든 자연을 관념적으로 바라보는 견해였다. 결국 그의 정의도 다윈의 정의보다 현실적인 것은 못 되었다. 종은 생식적으로 격리된 개체군이지만, 우리가 종의 정의가 그래야 한다고 생각하기 때문에 그럴 뿐이다.

철학적 오해는 얼마든지 용서할 수 있다. 그러나 생물학적 종이라는 개념은 자연계의 다양성을 제대로 나타내기에 아주 유용한 방법도 아니다. 도브잔스키는 생식적 격리를 객관적 구분 기준이라고 믿었고, 종을 그저 서로 다른 '종류'의 생물로 본 다윈의 모호한 견해보다 훨씬 낫다고 생각했다. 물론 많은 경우에 두 가지 정의는 같은 것을 가리킨다. '종류'가 다른 생물 개체군들은 생식적으로 서로 격리되어 있기도 하니까. 이것을 보여 주는 좋은 예는 멀리까지 갈 것 없이 갈라파고스 제도에서 볼 수 있다. 진화생물학의 상징으로 여겨지는 다윈핀치가 바로 그것이다.

대부분의 사람들은 다소 단조로운 이 14종의 조류를 도브잔스키의 견해에 따라 훌륭한 생물학적 종이라고 생각하겠지만, 사실은 그렇지 않다. 이 새들은 서로 자유롭게 교잡하여 생식 능력이 있는 잡종을 낳는다. 그렇다면 왜 종들 간의 차이가 사라지지 않느냐고 반문할 수 있다. 왜 우리 눈에는 서로 분명히 다른 개체들의 집단이 보이는가? 그 이유는 잡종들은 두 부모 종의 중간에 해당하는 크기의 부리를 갖고 태어나기 때문이다. 잡종 핀치들은 신체적으로 건강하고 아무 문제가 없지만, 그 부리는 갈라파고스 제도에서 나는 열매를 먹기에 부적합하다.

그러나 상황은 정적인 것이 아니다. 1980년대에 한동안 아주 예외적인 폭우가 쏟아지면서 섬들에서 자라는 식물에 일시적인 변화가 생겼다. 열매 종류 분포에도 약간의 변화가 생기면서 잡종 핀치들의 부리가 부모 종들의 부리보다 먹이를 먹는 데 더 유리해졌고, 종들 간의 차이가 줄어들기 시작했다. 하지만 식물들이 예전 상태로 되돌아간다면, 종들 간의 차이가 다시 두드러질지도 모른다.

끊임없이 변화하는 유전자 지형

다윈핀치는 생식적 격리라는 강박 관념에 사로잡히면 진화적 변화의 미묘한 차이를 간과하기 쉽다는 것을 보여 준다. 생식적 격리는 진화적 분지의 한 가지 상태에 지나지 않는다. 생식적 격리가 절대적으로 중요한 지위를 차지해야 할 논리적 이유는 전혀 없다. 우리는 현재 살아 있는 동물 중 가장 가까운 친척인 침팬지나 고릴라와 교잡을 할 수 없기 때문에 스스로를 훌륭한 생물학적 종으로 여긴다. 그러나 이러한 생식적 격리가 언제 일어났는지는 아무도 모른다. 아마도 우리가 신체적·행동학적으로 침팬지나 고릴라와 분명히 갈라지고 나서도 한참 뒤에야 일어났을 것이다. 만약 지금도 우리가 침팬지와 교잡을 하는 것이 가능하다면, 여전히 우리 자신을 별개의 종으로 간주할 수 있을까?

가장 큰 아이러니는 도브잔스키가 주장한 종의 정의가 없는 세상이 실제로는 훨씬 더 단순하고 만족스럽다는 사실이다. 진화가 우리에게 가르쳐 준 것이 있다면, 그것은 지구상의 모든 생명은 항상 변한다는 사실이다. 그러니 굳이 엄격한 공식에 맞춰 종을 규정할 필요가 있겠는가?

변화하는 세상을 스냅 사진으로 찍는다면, 형태들이 완전한 연속체를 이루며 나타나지 않을 것이다. 거기에는 눈에 띄는 틈들이 있어 비슷한 개체들의 집단이 뚜렷이 부각된다. 추상적으로 이 집단들을 기복이 있는 3차원 표면 위로 우뚝 솟은 봉우리들로 생각할 수 있다. 이 표면에는 하와이 제도의 자연 지형처럼 산과 언덕과 계곡이 널려 있다. 표면 위의 봉우리는 비슷한 유전자를 가진 개체들의 집단을 나타낸다. 계곡은 대개 잡종에서 발견되는 희귀한 유전자 조합에 해당한다. 이 구도에서 집단들은 자명하게 드러난다. 그러나 이 집단들이 변종인지 아종인지 혹은 종인지 결정하는 것은 봉우리가 산인지 언덕인지 결정하는 것과 마찬가지로 자의적인 판단이다.

하와이 제도의 자연 지형처럼 유전자 지형도 고정되어 있거나 정적이지 않다. 시간이 지나면서 진화는 표면을 끊임없는 유동 상태로 만든다. 개체군 병목은 작은 언덕을 큰 봉우리에서 멀리 떨어져 나가게 만든다. 자연 선택은 두더지 흙 두둑을 산으로 만들 수 있고, 교잡은 두 봉우리를 평평하게 하여 고원으로 만들 수 있다. 생명이 시작된 이래 이 지형은 끊임없이 개조되고 변화해 왔다. 따라서 자연계의 생명들이 포괄적 정의에 굴복하길 거부해 온 것은 너무나도 당연한 일이다. 다윈이 정의한 종 개념은 모호한 것이었지만, 자연이 실제로 그렇게 만들어져 있기에 그럴 수밖에 없었다.

물론 의심스러운 종 개념을 우리에게 강요했다는 이유로 도브잔스키를 비난할 수는 없다. 이 모든 문제의 근원을 찾고 싶다면, 초파리를 비난하라. 약간 왜곡되긴 했지만 늘 큰 인기를 끌었던, 자연계에 대한 시각을 우리에게 갖도록 부추긴 존재가 바로 초파리이기 때문이다. 그러나 그동안 초파리가 우리를 위해 해 준 많은 일들을 생각한다면, 그런 예외적 실수에 대해 불만을 가져서는 안 될 것이다.

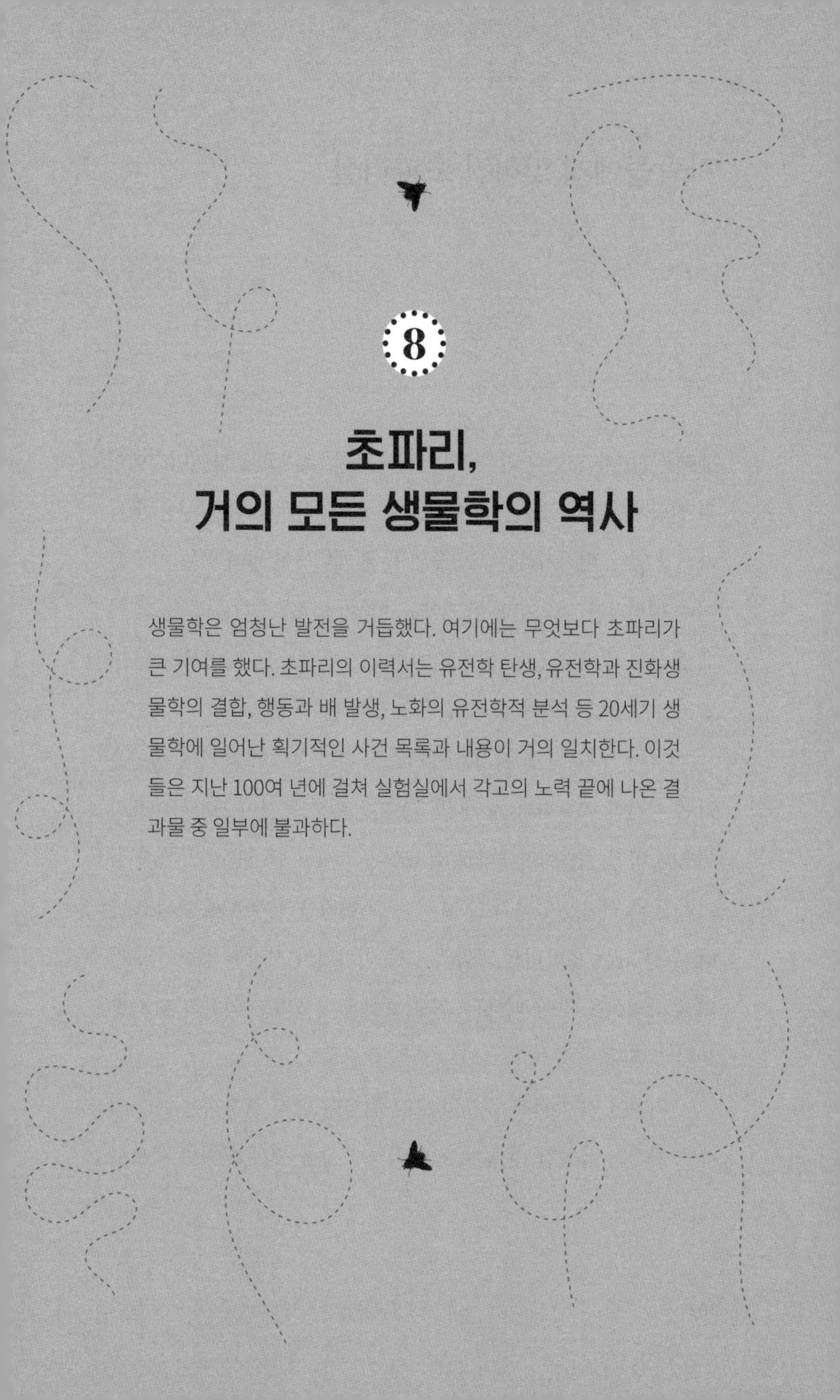

8

초파리,
거의 모든 생물학의 역사

생물학은 엄청난 발전을 거듭했다. 여기에는 무엇보다 초파리가 큰 기여를 했다. 초파리의 이력서는 유전학 탄생, 유전학과 진화생물학의 결합, 행동과 배 발생, 노화의 유전학적 분석 등 20세기 생물학에 일어난 획기적인 사건 목록과 내용이 거의 일치한다. 이것들은 지난 100여 년에 걸쳐 실험실에서 각고의 노력 끝에 나온 결과물 중 일부에 불과하다.

사람들에게 잊혀진 초파리실

맨해튼 5번가 32번 거리와 33번 거리 사이, 그리고 엠파이어스테이트 빌딩에서 조금 떨어진 곳에 'JJ 해츠JJ Hats'라는 작은 남성용 모자 가게가 있다. 삐걱거리는 서랍들과 목제 캐비닛이 널려 있는 이곳은 아주 매력적인 장소이다. 이 가게는 100여 년 전에 처음 문을 연 이래 조금도 변하지 않은 것처럼 보인다. 가게 안으로 들어서는 순간, 1910년 무렵의 뉴욕에 온 것 같은 느낌이 든다.

이 가게가 문을 연 시기는 토머스 모건이 초기에 초파리 실험을 하던 시기와 비슷하다. 누가 알겠는가? 혹시 모건이 모닝사이드하이츠에 있던 컬럼비아대학교 캠퍼스에서 5km 떨어진 이곳까지 걸어와 들른 적이 있었을지. 오늘 나는 그 여행을 거꾸로 해 보려고 한다. 우선 나는 초파리의 과학적 성공 이야기가 시작된 장소인 모건의 초파리실을 찾아 떠나는 순례 여행에 어울리는 역사적 모자를 쓰기로 했다.

그러려면 먼저 어떤 종류의 모자를 사야 할지 결정해야 했다. JJ 해츠 가게는 상상할 수 있는 스타일과 색상을 모두 구비한 곳으로 온갖 종류의 모자가 다 있다. 나는 스테트슨stetson(흔히 카우보이 모자라고 불리는 형태의 모자)과 페도라fedora(챙이 말려 있고 높이가 낮은 중절모)에 유혹을 느꼈지만, 결국에는 좀 더 수수한 카메오cameo를 선택했다. 카메오는 처진 베레모와 피크트 캡peaked cap(앞부분에 챙이 달린 모자) 사이의 잡종에 해당한다. 카메오는 1920년대와 1930년대에 인기를 끌다가 1970년대에 마약상과 뚜쟁이가 선호하는 모자가 되었다. 내게는 좀 우스꽝스러워 보였지만, 거리에 나서니 아무도 신경 쓰지 않는 것 같았다. 하기야 여기는 뉴욕이니까! 이곳에서 우스꽝스러운 모습을 보여 주지 못한다면, 어디에서 그럴 수 있겠는가?

나는 카메오를 기묘한 각도로 걸쳐 쓰고서 5번가를 따라 북쪽으로 나아가다가 센트럴파크로 들어갔다. 아름답고 화창한 2월 아침이었다. 공원은 인라인스케이트와 외발자전거를 타는 사람, 저글링하는 사람, 무언극 공연자 등으로 활기가 넘쳤다. 카메오는 공원의 분위기에 완벽하게 어울렸다.

맨해튼 중심가의 고층 건물들을 뒤로 하고 공원을 배회하다가 센트럴파크 서쪽으로 걸어갔다. 호수 표면은 아직 얼어붙어 있었고, 거기에 반사된 밝은 빛이 어퍼웨스트사이드의 화려한 건축물에 비쳤다. 특히 다코타 아파트는 놀랍도록 아름다워 보였다. 그 웅장한 고딕 건물에 홀린 나는 자신도 모르게 잠깐 몽상에 잠겼다. 그것은 아주 오래전에 존재했던 존과 요코, 그리고 한 젊은이에 대한 우울한 백일몽이었다(다코타 아파트는 뉴욕의 고급 아파트로, 비틀스 멤버 존 레논이 오노 요코와 함께 살았던 곳으로 유명하다).

사라져 버린 과거의 흔적

초파리실에 대한 생각에 이르자 나는 다시 현실로 되돌아왔다. 카메오를 고쳐 쓰고 공원 서쪽을 따라 북쪽으로 계속 걸어가 미국자연사박물관을 지났다. 부유한 아파트 단지가 끝나고 좀 더 지상에 어울리는 도시 생태계가 나타났다. 나는 공원 북서쪽 구석에서 왼쪽으로 나가 커시드럴파크웨이를 걸어가다가 암스테르담 애비뉴가 나오자 거기서 오른쪽으로 방향을 틀어 곧장 걸어갔다. 약간 경사진 길을 따라 계속 올라가니 컬럼비아대학교 후문이 나왔다.

불행하게도 나는 초파리실 방 번호를 잊어버렸다. 그러나 크게 걱정하지 않았다. 나는 그 방이 셔머혼 홀에 있다는 것을 알고 있었고, 그곳은 지도에서 쉽게 찾을 수 있었다. 게다가 세계적으로 유명한 실험실이니 분명히 안내 표지가 있을 것이라고 믿었다. 초파리실이 아직도 원래의 형태 그대로 남아 있는지는 모른다. 하지만 설사 원형 그대로 보존되어 있지 않다 하더라도, 과학사에서 차지하는 위치를 기념하는 명판이 근처에 있을 테고, 어쩌면 작은 박물관도 있을지 모른다.

셔머혼 홀은 쉽게 찾을 수 있었다. 별다른 특징은 없었지만, 평범한 19세기식 정면에 활기를 불어넣으려고 여기저기 신고전주의 양식의 손질을 가미한 멋진 건물이었다. 나는 '모건의 초파리실'이라는 표지를 찾으려고 주위를 둘러보았다. 그러나 어느 곳에도 그런 표지는 없었다.

건물 안은 황량해 보였다. 토요일이라서 그랬을지도 모른다. 하지만 그곳이 그렇게 텅 비어 있으리라고는 전혀 예상하지 못했다. 이곳 과학자들은 주말에 일을 하지 않는단 말인가? 나는 엘리베이터를 타고 아무 층이나 올라가 온통 흰색으로 칠해진 복도들을 어슬렁거렸다. 그리고 모든 방문을 유심히 살피면서 단서를 얻으려고 노력했다(마음속으로는 방 번호를 기억해 내려고 애쓰면서).

인내심이 바닥날 즈음에 두 인류학자를 만났다.

"죄송하지만, 길 좀 묻겠습니다. 모건의 초파리실을 찾는데요."

두 사람은 멍한 표정을 지었다.

"잘 아시잖아요? 초파리, 드로소필라 멜라노가스테르 말입니다."

그들은 여전히 멍한 표정이었다. 어쩌면 카메오가 거부감을 주었는지도 모르겠다. 나는 재빨리 모자를 벗었다.

"초파리실은 이 건물에, 그러니까 컬럼비아대학교의 바로 이곳에 있었어요. 토머스 헌트 모건. 초파리를 유명하게 만든 사람 모르세요?"

그래도 소용이 없었다. 카메오가 문제가 아니었다.

좀 더 설명을 한 끝에 나는 그들도 초파리에 대해 들은 적이 있지만, 모건이나 초파리실에 대해서는 전혀 모른다는 사실을 알게 되었다. 어찌 됐든 나는 유전학사의 냄새라도 맡길 바라는 마음으로 계단과 복도를 왔다 갔다 하며 계속 초파리실을 찾아다녔다.

그러나 시간이 흐르면서 초파리실은 내가 생각했던 것처럼 그렇게 전설적인 장소가 아닐지도 모른다는 생각이 들었다. 결국 30분 동안 아무 소득도 없이 헤매다가 실망한 채 그 건물에서 나왔다. 캠퍼스에서 나오는 길에 여러 사람에게 몇 차례 더 물어보았지만, 아무도 도움을 주지 못했다. 적어도 초파리실이 컬럼비아대학교의 최고 관광 명소 중 하나가 아닌 것은 분명했다.

영국에 돌아온 뒤, 나는 컬럼비아대학교의 초파리 생물학자 짐 에릭슨Jim Erickson에게 이메일을 보냈다. 혹시나 내가 제대로 보지 못하고 지나친 게 아닌지 확인하고 싶었다. 그에게 초파리실은 지금 어떻게 되었느냐고 물어보았다. 그는 내가 의심했던 사실을 확인해 주었다. 초파리실은 더 이상 원래 상태로 남아 있지 않다고 했다. 사실, 모건 시절 이후에 새로운 벽이 세워지면서 초파리실 일부는 복도로 변해 버렸다. 그리고 박물관도 기념 명판도 없다고 했다.

초파리에 관한 또 하나의 위대한 발견

초파리실은 사람들의 기억에서 사라질지도 모른다. 하지만 뉴욕에서 돌아오고 나서 한 달 후, 초파리가 다시 헤드라인을 장식했다. 초파리의 게놈genome(유전체), 즉 초파리의 완전한 유전자 청사진이 해독되었다는 소식이었다. 많은 생물학자로 이루어진 연구팀이 자동 DNA 염기 서열 분석기와 초고성능 슈퍼컴퓨터를 사용해 6개월이 조금 못 되는 시간에 1만 3600개의 초파리 유전자에 들어 있는 모든 DNA 알파벳(모두 약 1억 8000만 자)의 순서를 밝혀냈다고 했다.

이 획기적인 사건을 기념하기 위해 《사이언스》는 특별판을 발행했다. 표지는 A, G, T, C(DNA의 네 가지 염기를 나타내는 문자)와 함께 암수 초파리 한 쌍이 장식했다. 그리고 잡지 안에는 접어 넣은 페이지로 만든 도표와 유명한 과학자들이 쓴 진지한 비평 및 의견이 실려 있었다.

초파리 게놈의 염기 서열 분석은 초파리에 관한 위대한 발견들 중에서 어떤 위치를 차지할까? 이것이 비범한 업적이라는 데에는 의문의 여지가 없다. 하지만 이것은 과학의 승리라기보다는 기술의 승리라고 볼 수 있다. 여러 면에서 이것은 모건의 초파리실에서 시작된 유전자 지도 작성의 오랜 전통이 꽃을 피운 것이라고 볼 수 있다. 기술 수준은 알아볼 수 없을 정도로 크게 변했을지 모르지만, 자동 DNA 염기 서열 분석기의 직계 조상을 추적해 보면, 초파리실에 있던 우유병과 도표로 연결된다는 것을 쉽게 알 수 있다.

유전자 지도 작성이라면, 모건과 스터티번트와 브리지스가 최초의 선구자였다. 그들은 돌연변이 초파리들을 통제된 방식으로 교배시키면서 초파리의 염색체를 따라 일렬로 늘어선 유전자 순서를 알아내는 독창적 방법을 개발했다. 그것은 단순하지만 혁명적인 기술이었다. 모두가 그것을 직접 해 보고 싶어 했고, 전 세계 생물학자들이 유전자 지도 작성에 뛰어들었다.

거기서 시간을 훌쩍 건너뛰어 1970년대에 이르러서는 DNA 염기 서열 분석과 새로운 유전자 지도 작성 시대가 열렸다. 이제 생물학자들은 유전자의 배열 순서 대신에 하나의 DNA 안에 직선상으로 늘어선 문자들의 순서를 알아내는 도구를 갖게 되었다. 강력한 신기술의 개발과 함께 생물학자들은 또다시 미친 듯이 연구에 뛰어들었다.

역설적이게도 이 두 가지 기술(유전자 지도 작성과 DNA 염기 서열 분석)은 박물학의 전통을 되살렸다. 20세기의 유전학자가 19세기의 박물학자와 공통되는 부분이 과연 있을까 하는 의문이 생길 수 있다. 그러나 박물학의 철학을 부정함으로써 발달한 유전학은 다시 뒤로 돌아가 박물학을 포용하게 되었다.

박물학의 철학은 관찰과 기술記述이라는 기본 교리를 바탕으로 한다. 간단히 말해서, 박물학자들은 생물학계의 우표 수집가에 해당한다. 19세기에는 보존된 수백만 점의 동식물 표본이 우표에 해당했고, 박물학자들은 이것들을 수집하고 기술하고 분류했다. 20세기가 되자 그 우표는 유전자나 DNA 염기 서열로 변했지만, 생물학의 기본적인 접근 방법은 이전과 똑같았다. 1920년대와 1930년대에 염색체 지도에서 어떤 유전자를 정확하게 집어내는 일은 많은 생물학자에게 최고의 경력이 되었다. 1970년대와 1980년대에는 DNA 염기 서열을 해독하는 꿈이 아침마다 많은 분자생물학자가 침대에서 벌떡 일어나는 유일한 이유가 되었다.

새로운 유전박물학자 세대는 새로운 기술과 실험 방법을 받아들였지만, 단지 관찰과 기술을 더 정확하게 하기 위해서 그렇게 했다. 이는 마치 박물학자가 새를 관찰하기 위해 쌍안경을 사용하거나 아메바를 자세하게 관찰하기 위해 현미경을 사용하는 것과 같다. 신중하게 제어된 실험을 통해 가설을 검증하는 일(실험철학의 기초를 이루는 태도)은 이제 사라졌다. 수많은 생물학자들이 직접 유전자 지도를 작성하거나 그 염기 서열을 알아내는 것에 만족하기 때문이다.

DNA 염기 서열이 알려 주는 것

19세기 박물학은 3C 작업, 즉 수집collection, 목록 작성cataloguing, 분류classifying 작업이었다. 그러한 소모적 관찰과 강박적 기록 뒤에는 생물 사이에 존재하는 보편적 패턴과 관계를 밝혀내려는 욕구가 숨어 있었다. 그런 패턴이 창조자의 신성한 손에서 나온 것이건 아니면 진화의 맹목적인 힘에서 나온 것이건, 분류의 형식적 절차는 늘 변함없이 그대로 남아 있었다. 여전히 잎을 그려야 했고, 다리 수를 세어야 했고, 부리 크기를 측정해야 했다. 뉴욕과 런던에 있는 것과 같은 자연사박물관들은 보존된 표본들로 이루어진 광대한 도시들을 수용하기 위해 건설되었으며, 질서에 대한 빅토리아 시대의 강박 관념을 보여 주는 기념물이다.

현대에도 이 오래된 박물관에 해당하는 것이 있는데, 인터넷에서 그것을 찾아볼 수 있다. 지난 수십 년 동안 수집된 유전자 지도와 수천 가지 DNA 염기 서열 목록을 작성하고 분류하는 컴퓨터 데이터베이스에 빅토리아 시대 박물학자의 전통이 살아 있다. 이 전자 박물관에서는 유전학의 온갖 인공물을 찾아볼 수 있다. 여기서는 초파리, 효모, 선충, 그리고 많은 세균의 완전한 DNA 염기 서열도 찾아볼 수 있다. 또한 가장 최근에 추가된 놀라운 정보도 볼 수 있는데, 그것은 바로 인간의 완전한 청사진을 구성하는 30억 개의 DNA 문자이다.

여러분은 공짜로 이 박물관을 어슬렁거리며 구경할 수 있다. 예컨대 초파리관을 한번 들여다보기로 하자. 그러면 이것처럼 생긴 것을 만날 수 있다.

AATTCGCCGAATATGCCGTACGTCGATTAACGCTCTT
AGCTTACTACGTCATACTGGTATACTCACGGAGTAAT
CCGTACGTACGTACGTCATCGTATACGTACGTTATCG
CTACTGCTCGT……

정말 황홀하지 않은가?

이번에는 효모관을 들여다보자. 그러면 아마 다음과 같은 것에 마주치게 될 것이다.

GGGCGTAAAATGTTGTGCGCTCTTTACACAGCGTAC
GATCCAAGTACGATTACGTTCATGACTGCGATCAGTA
CCATGGTACGCTACTGCATGCATGGACTACGRACTG
GCATGCTGCTGCATGGCTGACT ……

뭔가 깨달은 느낌이 드는가?

DNA 염기 서열 자체는 그것이 얼마나 끝없이 계속되는지를 제외하고는 우리에게 알려 주는 것이 별로 없다. 곤충 표본의 몸에 난 털의 수를 세는 것만으로는 그 곤충에 대해 아무것도 알 수 없는 것과 마찬가지로, DNA 염기 서열 속에 들어 있는 수백 개의 문자만으로는 알 수 있는 것이 거의 없다. 그러나 거기에 몇 가지 정보를 추가하면, 흥미로운 사실들이 드러나기 시작한다. 유전 암호를 안다는 것은 DNA 염기 서열을 이용해 그 유전자가 만드는 단백질의 모양과 구조를 예측할 수 있음을 의미한다. 또, 단백질의 모양과 구조는 그 단백질이 일상생활에서 담당하는 역할에 대한 단서를 제공한다.

단 하나의 DNA 염기 서열은 별 가치가 없을지 모른다. 그러나 모든 DNA 염기 서열을 함께 모아 놓으면, 비로소 DNA 박물관의 진가가 드러난다. 빅토리아 시대 과학자들이 방대한 표본을 이용해 생물들 사이의 진화 패턴을 유추했듯이, DNA 염기 서열 목록을 이용해 유전자들(같은 종의 유전자들이나 서로 다른 종의 유전자들) 사이의 진화적 관계와 기능적 관계를 유추할 수 있다.

초파리의 세기

어떤 의미에서는 초파리의 게놈 염기 서열을 알아낸 것은 박물학의 전통에 종말을 가져왔다고 할 수 있다. 이제 초파리에 대해서만큼은 유전자 우표 수집이 끝났기 때문이다. 결국 남은 일은 이 방대한 문자 목록이 실제로 어떻게 작용하는지 알아내는 것이다. 21세기의 생물학자들은 이 일에 매달리느라 무척 바쁠 것이다. 여기서 우리는 과거의 경이로운 한 세기, 즉 생물학의 면모를 바꾸어 놓은 초파리의 세기를 돌아보기로 하자.

이 모든 것은 하버드대학교에서 연구하던 윌리엄 캐슬의 예리한 눈에서 시작되었다. 그때는 더 순수한 시대였다. 생물학자들은 아직도 다윈이 주장한 진화론의 신빙성, 유전의 물리적 속성, 다치는 일 없이 더프리스의 방대한 저서 《돌연변이설》을 가장 효율적으로 집으로 가져가는 방법 등 온갖 종류의 문제에 매달려 논쟁을 벌이고 있었다.

그 후 생물학은 엄청난 발전을 거듭했다. 여기에는 무엇보다 초파리가 큰 기여를 했다. 초파리의 이력서는 유전학 탄생, 유전학과 진화생물학의 결합, 행동과 배 발생, 노화의 유전학적 분석 등 20세기 생물학에 일어난 획기적인 사건 목록과 내용이 거의 일치한다. 이것들은 지난 100여 년에 걸쳐 실험실에서 각고의 노력 끝에 나온 결과물 중 일부에 불과하다.

이러한 발견들의 영향은 초파리 생물학이라는 좁은 영역을 벗어나 밖으로 멀리 뻗어 갔는데, 초파리가 그토록 큰 성공을 거둔 이유도 바로 여기에 있다. 초파리는 생명의 보편적 법칙에 빛을 비추는 생물학의 횃불이 되었다. 초파리 연구를 통해 계속 일어난 발견들은 사람을 포함해 많은 생물에서도 같은 것을 발견하는 계기가 되었다.

예컨대 배의 발생을 살펴보자. 1970년대에 초파리의 몸을 만드는 과정을 제어하는 유전자가 발견된 것은 획기적인 사건이었다. 생물학자들은 처음으로 난자가 배로 발생하는 여정이 어떻게 조절되고 제어되는지 어렴풋하게나마 알게 되었다(최소한 초파리의 경우에는). 그러나 곧 해삼, 개구리, 생쥐, 사람에게서도 비슷한 유전자가 발견되기 시작했다. 초파리의 발생 설계도는 유일무이한 것이 아니라, 다른 생물들의 발생 과정을 보여 주는 유익한 안내자 역할을 해낸 것이다.

영원히 살아남은 초파리의 명성

오늘날 우리는 초파리와 포유류가 공유한 유전자가 기본적인 신체 설계를 지휘하는 유전자뿐만이 아니라는 사실을 알고 있다. 눈과 팔다리, 신경, 심장의 발생을 시작하게 하는 유전적 스위치도 공유하고 있다. 사실 일부 유전자는 너무나도 비슷해서 서로 교환해도 이상이 없다. 초파리에서 눈의 발생을 제어하는 유전자를 끄집어내어 생쥐의 같은 유전자와 맞바꾸어 집어넣어도, 초파리의 눈은 정상적으로 발생한다.

발생생물학에서 이렇게 큰 성공을 거둔 뒤에, 초파리는 동물계 전체가 공유하는 많은 유전자와 생화학적 경로를 정확하게 알아내는 데 큰 도움을 주었다. 출생에서 죽음에 이르기까지 초파리는 수많은 유전적 경로를 밝혀 주면서 진화의 놀라운 경제성을 보여 주었다.

이러한 성공적인 역사 때문에 생물학자들은 사람의 알코올 중독이나 마약 중독의 원인을 알코올에 취한 초파리의 행동과 유전학에서 발견할 수 있다고 믿게 되었다. 또 시차증과 수면 장애의 해결책을 단두대에서 잘린 초파리 머리에서 발견할 수 있고, 기억 상실과 정신적 충격의 치료법을 초파리의 간단한 학습 훈련 과정에서 발견할 수 있으며, 영원한 젊음의 비밀이 '므두셀라' 초파리의 특이한 노화 과정에 숨어 있다고 생각하게 되었다.

물론 모든 일이 늘 초파리에게 유리하게 흘러간 것은 아니다. 20세기 내내 초파리는 실험실의 수많은 경쟁자로부터 끊임없는 도전을 받았다. 오늘날 초파리는 생쥐나 예쁜꼬마선충Caenorhabditis elegans으로부터 만만치 않은 도전을 받고 있다. 이 두 동물의 팬들도 상당하다. 생쥐는 포유류라는 이유 때문에 종종 인간생물학 연구에 더 적절한 모형으로 각광받지만, 유전자 조작을 하기가 쉽지 않고 초파리만큼 튼튼하지 못하다. 반면에 예쁜꼬마선충은 단 수천 개의 세포로 이루어진 단순성 때문에 노화나 배의 발생과 같은 분야에서 그 능력을 인정받았다. 그러나 매력이 모자라고 행동 양상이 단순하여 초파리의 호적수가 되기에는 역부족이다.

초파리는 여전히 최고의 만능 실험동물로 남아 있다. 초파리가 처음 실험실에 데뷔할 때만 해도 전망은 그리 밝지 않았지만, 일단 뉴욕에서 데뷔하고 모건의 실험실로 진출한 뒤로는 줄곧 승승장구했다. 그때부터 수천, 수만 명의 생물학자들은 과학의 돛에 새로운 바람을 듬뿍 실어 주는 초파리의 무한한 재능에 매료되었다.

초파리는 역사에 그 이름을 영원히 남겼다. 그러나 초파리와 달리 운이 좋지 못한 이들도 있었다. 맨 처음 초파리를 실험 대상으로 삼았던 윌리엄 캐슬이 바로 그런 경우이다. 그 당시 캐슬은 생물학계에서 상당히 높은 지위에 있었다. 그의 가장 큰 업적은 1909년에 기니피그의 생식샘에 대한 연구를 통해 그 당시 여전히 라마르크식 진화에 매달려 있던 소수의 생물학자들에게 결정타를 가한 것을 꼽을 수 있다. 그러나 초파리 실험의 선구자였던 캐슬의 이름은 오늘날 완전히 잊혀지고 말았다. 과학사를 연구하는 극소수 전문가를 제외하고는 그의 이름을 기억하는 사람은 없다.

이러한 집단 기억 상실을 초래한 원인은 아마도 캐슬이 1919년 자신의 논문에서 했던 말 때문일 것이다.

> 유전자들이 연결 체계 내부에 완전히 직선으로 배열되어 있다는 주장은 여러 가지 이유에서 의심스럽다. 예를 들어 정교한 유기 분자가 단순한 끈 같은 형태를 가지는 것이 정말 가능한지 지극히 의심스럽다.

세월이 지난 지금에 와서는 판단하기가 쉽지만, 이 짧은 문장에서 캐슬은 아주 잘못된 과학적 예측을 두 가지나 하고 말았다. 모건은 유전자들이 염색체 위에 직선으로 배열되어 있다고 밝혔고, 1953년에 왓슨과 크릭은 유전 물질 DNA가 단순한 끈의 형태를 하고 있다는 사실을 발견했다. 돌이켜 보면 캐슬의 예측은 1962년에 데카 음반 회사 제작자가 "기타 그룹은 사양길에 접어들었다."라고 하면서 비틀스를 퇴짜 놓을 때 했던 예측만큼이나 틀린 것이었다.

그러나 과학적 실수만으로는 캐슬이 이렇게 완전히 잊혀졌다고는 설명할 수 없다. 모건도 한때는 멘델의 유전학과 염색체설 그리고 다윈의 자연 선택설을 부정하지 않았던가! 이러한 실수가 나중에 노벨상을 수상하는 데 큰 장애가 되지는 않았다.

진실은 사람들의 기억 속에 오래 남는 과학자가 별로 없다는 사실에 있다. 초파리실을 찾아갔던 내 경험이 이 사실을 뒷받침한다. 설사 자신의 연구가 과학을 크게 발전시켰다고 믿는다 하더라도(실제로 그런 일을 하는 사람들은 아주 많다), 설사 모든 주요 과학 학술지 편집자들과 친한 사이라 하더라도, 설사 명성 높은 연구 지원 위원회의 전폭적인 지원을 얻는다 하더라도, 후세대는 평생에 걸친 당신의 연구 업적을 이름 없는 과학 연감 어느 구석에 단 한 문장의 각주로 처리할 가능성이 매우 높다.

하지만 초파리의 명성은 영원히 살아남을 것이다.

초파리에 관한 흥미로운 사실들

본문에는 나오지 않았지만, 흥미로운 특징을 지닌 돌연변이 초파리 몇 가지를 아래에 소개한다.

- **치코***chico* 정상 초파리보다 체세포 수가 적고 크기도 더 작은 초파리로, 몸 크기가 정상 초파리의 반도 안 된다. 'chico'는 에스파냐어로 '꼬마 남자아이'라는 뜻이다.
- **피루에트***pirouette* 원에 강박증이 있는 듯한 초파리이다. 우리 주위를 큰 호를 그리며 도는 것으로 어른 초파리 생활을 시작한다. 이 초파리가 도는 원의 크기는 점점 작아져서 결국 발레의 피루에트(한 발을 축으로 팽이처럼 도는 춤 동작) 단계에 이른다. 굶주림이나 심한 멀미로, 혹은 두 가지가 결합되어 마침내 죽고 만다.
- **셰이커***shaker* 온몸을 격렬하게 떨기는 하지만, 경련에 가까운 썰

룩임과 리듬이 맞지 않게 떠는 다리 때문에 엘비스 초파리라고 까지 불러 줄 수는 없다. 성충이 되고 나서 얼마 안 돼 죽는다.

- **닥스훈트***dachshund* 이 초파리의 삶은 허리가 길고 다리가 짧은 개인 닥스훈트의 삶과 전혀 비슷하지 않다. 땅딸막하고 작은 다리는 걷는 데 전혀 도움이 되지 않지만, 그래도 '닥스훈트'는 걸으려는 시도를 포기하지 않는다. 며칠 동안 그렇게 용을 쓰며 지내다가 탈수 상태에 이르러 죽고 만다.
- **드롭데드***drop dead* '드롭데드'는 유충과 번데기 시절에는 정상적으로 자라며 건강하게 삶을 시작하지만, 곧 비극이 찾아온다. 어른이 되고 나서도 며칠 동안은 겉으로 보기에 아무 문제가 없으며 정상이다. 그러다가 갑자기 아무런 예고도 없이 비틀거리다가 픽 쓰러져 죽는다. 이름과 잘 어울리는('drop dead'는 '급사'라는 뜻) 최후이다.
- **이글***eagle* 분수 넘는 생각을 가진 듯 보이는 이 돌연변이 초파리는 날개를 몸에서 직각 방향으로 내뻗는다. 상승 기류를 타고 장엄하게 솟아올라 모든 것을 굽어보는 위대한 삶을 꿈꾸는 것처럼. 아니면 그저 부실한 날개를 달고 있는 것인지도 모른다.
- **포크헤드***forkhead* 내장이 있어야 할 곳에 다양한 머리 부분이 자라나는 이 상동 이질 형성 초파리는 틀림없이 급성 소화불량으로 고생할 것이다.
- **그루초***groucho* 이 초파리에게 미국의 희극 배우이자 영화배우,

TV쇼 진행자로 활약한 그루초 막스Groucho Marx의 이름을 붙인 이유는 그루초 막스처럼 숱이 많은 눈썹 때문이다. 재치 있게 짤막한 농담을 던질 줄 아는 초파리라면 정말로 큰 인기를 끌었을 텐데, 안타깝다.

- **반 고흐***van gogh* 따분해 보이는 돌연변이 초파리에게 붙인 이름 치고는 너무 과분한 것 같다. 날개에 난 털은 정상 초파리의 규칙적인 패턴과는 대조적으로 소용돌이 패턴을 이루고 있다. 이 패턴이 "반 고흐가 몇몇 그림에서 사용한 소용돌이 형태의 붓질을 연상시킨다."는 이유로 생물학자들은 이 초파리에 반 고흐라는 이름을 붙였다.
- **칭기즈칸***genghis khan* 이름을 보고 여러 대륙을 휩쓸고 다니면서 강간과 약탈을 자행하는 힘센 초파리가 떠오르는가? 이 초파리에게 칭기즈칸이라는 이름이 붙은 이유 중 하나는 이 돌연변이 초파리의 알에 액틴(근육을 움직이는 '힘'을 제공하는 단백질)이 축적된다는 사실 때문이다. 어쨌거나 '칭기즈칸'이란 이름은 돌연변이 초파리에 다른 독재자의 이름을 유행시킬지도 모른다. '아돌프 히틀러'나 '베니토 무솔리니', '프란시스코 프랑코' 같은 이름을 붙인 돌연변이 초파리가 나올지도 모른다.

초파리에 대해
잘 알려지지 않은 사실 열 가지

1. 드로소필라 멜라노가스테르*Drosophila melanogaster*, 이 노랑초파리의 학명은 문자 그대로 '배가 검고 이슬을 사랑하는 동물'이란 뜻이다. '검은 배'는 어느 정도 이해가 가지만(수컷 초파리는 배 끝 부분이 검은색이므로), 이슬을 사랑한다는 것은 초점에서 벗어나도 너무 벗어난 것처럼 보인다. 이러한 실수는 1833년에 초파리종들을 기술하면서 그 이름을 정한 스웨덴의 곤충학자 카를 프레드릭 팔렌Carl Fredrik Fallén이 초파리와 함께 양조장과 포도밭에서 너무 많은 시간을 보냈기 때문이 아닐까 싶다.

2. 초파리는 영어로 'fruit fly'라고 한다. 문자 그대로 해석하면 '과일 파리'라는 뜻이다. 구어체 영어에서는 그 밖에도 'vinegar fly(초

파리)', 'pomace fly(술찌끼 파리)', 'wine fly(포도주 파리)', 'banana fly(바나나 파리)', 'pickled fruit fly(술에 취한 과일 파리)' 등으로 불러 왔다.

3. 일부 초파리종은 과일을 전혀 좋아하지 않으며, 버섯이나 선인장, 꽃에 알을 낳길 좋아한다. 심지어는 식물을 아예 포기하고 더 무모한 삶을 사는 종들도 있다. 예컨대 드로소필라 카르시노필라*Drosophila carcinophila*는 뭍게의 콩팥으로 이어지는 홈(뭍게의 체내 소변기에 해당하는)에 알을 낳는다. 알에서 부화한 유충은 게의 배설물을 맛있게 먹으며 자란다.

4. 1905년 카펜터F. W. Carpenter는 《아메리칸 내추럴리스트American Naturalist》에 '술찌끼 파리의 반응Reactions of the Pomace Fly'이라는 다소 모호한 제목의 논문을 발표했다. 이것은 별로 주목할 만한 과학 논문은 아니지만, 실험실에서 초파리를 연구한 결과를 최초로 발표한 것이다.

5. 초파리는 대부분 어둠 속에서 자기 종만 부르는 노래로 제 짝을 찾아 교미를 한다. 드로소필라 수브오브스쿠라*Drosophila subobscura*는 예외에 속하는데, 노래를 부르지 않는 극소수의 종 중 하나로서 시각을 이용해 구애 행동을 하며, 밝은 데서만 교미를 한다.

6. 드로소필라 프세우도오브스쿠라*Drosophila pseudoobscura*는 음낭이 투명하다. 물론 엄밀하게 말하면, 곤충에게는 음낭이 없다(음낭은 포유류에게 있다). 그러나 초파리에게도 비슷한 것이 있는데, 고환을 덮개처럼 덮고 있는 부분이다. 드로소필라 프세우도오브스쿠라는 이 덮개가 투명하여 그 아래에 있는 밝은 주황색 고환이 선명하게 보인다. 이 때문에 드로소필라 프세우도오브스쿠라는 잡종의 불임 연구에 큰 도움을 주었다. 고환의 크기는 생식 능력을 가늠하는 데 훌륭한 척도가 된다. 고환이 클수록 정자의 능력이 우수하다. 고환이 투명하면 귀찮게 절개해 볼 필요도 없다. 그냥 초파리의 날개를 붙잡고 뒤로 젖혀 생식샘을 살펴봄으로써 초파리의 생식 능력을 판단할 수 있다.

7. 드로소필라 비푸르카*Drosophila bifurca*는 길이가 58mm가 넘는 정자를 만든다. 이것은 자신의 몸길이의 10배가 넘는다.

8. 초파리 머리는 나름의 용도가 있겠지만, 가끔은 장식으로 붙어 있는 것처럼 보일 때가 있다. 예를 들면, 초파리는 머리가 없을 때 특정 종류의 과제를 더 잘 배운다는 증거가 있다. 그것을 직접 보고 싶으면, 초파리를 한 마리 잡아 막대에 고정시킨 다음, 소금물이 담긴 그릇 위에다 걸쳐 놓아라. 그리고 가느다란 철사를 초파리 다리 하나에 감고 철사 끝이 소금물 표면에 닿을락 말락 하게

한다. 초파리는 이런 취급을 당하는 것에 기분이 좋을 리 없기 때문에 항의의 뜻으로 다리를 마구 휘저을 것이다. 그러나 철사가 소금물에 닿을 때마다 초파리는 약한 전기 충격을 받게 된다. 놀랍게도 머리를 떼어 낸 초파리는 머리가 달려 있는 초파리보다 전기 충격을 피하기 위해 다리를 위로 들어올리는 요령을 더 빨리 배운다. 1970년대에 처음 실시된 이 실험은 머리가 학습에 방해가 될 수 있다는 사실뿐만 아니라, 뇌 밖에 있는 신경에서도 학습이 일어날 수 있음을 보여 주었다.

9. 초파리는 코카인에 중독될 수 있다. 마약에 취한 초파리는 미친 듯이 털을 다듬는 동작에 몰두한다. 복용량을 늘리면 뒤로 걷기도 하고 옆으로 걷거나 원을 그리며 걷기도 한다. 마약을 반복적으로 복용하게 하면, 사람과 마찬가지로 마약에 역내성이 생긴다.

10. 한 쌍의 초파리는 2주 만에 새끼를 약 200마리나 쉽게 낳을 수 있다. 만약 이 각각의 초파리와 그 모든 후손이 계속 이런 식으로 번식한다면, 1년 뒤에는 1000×1조×1조×1조×1조×1조 마리의 초파리가 생길 것이다.

| 감사의 말 |

이 책을 쓰는 데 도움과 지원을 제공한 다음 사람들에게 감사의 인사를 전한다.

제니퍼 브래디Jennifer Brady, 제니 뱅엄Jenny Bangham, 트레이시 채프먼Tracy Chapman, 데이비드 콩카David Concar, 앨리스 헌트Alice Hunt, 오언 로즈Owen Rose, 피터 탤랙Peter Tallack.

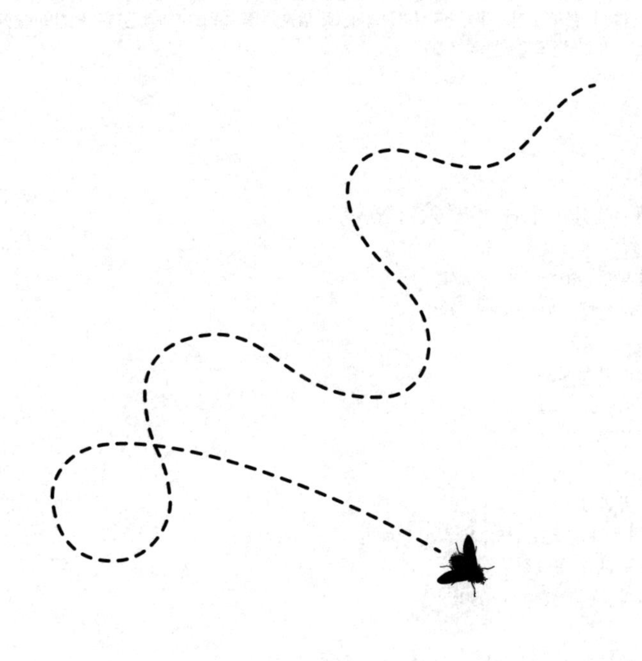

감수 | **전주홍**

분자생리학자. 서울대학교 의과대학 생리학교실 교수로 분자생리학 연구실을 운영한다. 지은 책으로는 《과학하는 마음》《논문이라는 창으로 본 과학》《醫美, 의학과 미술 사이》《마음의 장기 심장》(공저)이 있다. 국가연구개발사업 예비타당성조사 유공에 대한 과학기술정보통신부 장관 표창을 수상한 바 있으며, 국가과학기술 자문회의 평가전문위원회 위원, 과학기술정보통신부 연구제도 혁신기획단 위원, 과학기술정보통신부 과학기술 현장규제 점검단 위원, 한국보건산업진흥원 연구위원, 제4차 생명공학육성기본계획 기획위원을 역임했다. 현재 보건복지부 연구윤리심의위원회 위원, 서울대학교 미래혁신연구원 창의혁신의학연구교육센터 부센터장으로 활동하고 있다.

초파리

생물학과 유전학의 역사를 바꾼 숨은 주인공

초판 1쇄 발행 2013년 12월 27일
개정판 1쇄 발행 2022년 8월 16일

지은이 • 마틴 브룩스
옮긴이 • 이충호
감수 • 전주홍

펴낸이 • 박선경
기획/편집 • 이유나, 강민형, 오정빈, 지혜빈
마케팅 • 박언경, 황예린
제작 • 디자인원(031-941-0991)

펴낸곳 • 도서출판 갈매나무
출판등록 • 2006년 7월 27일 제395-2006-000092호
주소 • 경기도 고양시 일산동구 호수로 358-39 (백석동, 동문타워 I) 808호
전화 • 031)967-5596
팩스 • 031)967-5597
블로그 • blog.naver.com/kevinmanse
이메일 • kevinmanse@naver.com
페이스북 • www.facebook.com/galmaenamu
인스타그램 • www.instagram.com/galmaenamu.pub

ISBN 979-11-91842-26-5/03400
값 17,000원